商管全華圖書
叢書 BUSINESS MANAGEMENT

餐旅財務管理 第4版

Hospitality and Tourism Financial Management

李顯儀 編著

四版序

　　2020 年突來的武漢肺炎疫情，確實對全球觀光業帶來極大的衝擊，國內有幸防範得宜，讓該產業仍在逆境中透露出欣欣曙光。放眼未來，臺灣會因這次的疫情，讓全世界看到我們是一塊寶島，將足以吸引全球觀光客到此數遊，屆時就是國內餐旅業大展身手的好機會。

　　對該產業從業人員之訓練，除了充實專業技能以外，更應讓他們具備財務管理之素養。因此餐旅財管一科，對於該產業學子而言，是一門可增廣投資理財知識的實用課程。

　　本書此次改版，除更新案例與影片檔外，亦增補些許內容，希望讓教材能夠更具可讀性。個人感謝國內大學院校師生的支持與肯定，才能使本書不斷的成長茁壯；也要感謝全華圖書業務部的大力推廣，商管部編輯鈺鈴的用心編修，以及美編部優秀的排版協助，才能使得此書順利再版發行。

　　本書此版修訂，個人雖竭盡心力，但謬誤疏忽之處在所難免，敬祈各界先進賢達不吝指正，以匡不逮。若有賜教之處，請 email 至：k0498@gcloud.csu.edu.tw。

李顯儀　謹識

2020 年 11 月

作者序

近年來國內隨著週休二日的實施與大陸民眾到臺灣觀光的開放，餐飲、旅遊休閒等相關行業也隨之蓬勃發展，連帶著該產業的公司規模亦日漸壯大，造就了不少上市、上櫃與興櫃公司。這些公司的經營優劣，與公司的財務規劃息息相關，因此財務管理中所學到的技能，對於欲從事餐旅行業的莘莘學子而言，是一門很重要的學科。

坊間財務管理的教材中，著眼於餐旅業的教科書較不多見。有鑑於此，本書將個人的《財務管理》一書增修改編為《餐旅財務管理》。書中加入該產業所需的重要關鍵元素，期能契合該產業的需求，亦期使有別於坊間同類的教科書。以下將介紹本書的特色：

1. 章節架構循序漸進，內容敘述簡明易讀，並輔以豐富圖表，有利教學。
2. 每章一開始的「實務案例與其導讀」，以貼近生活的實務案例，讓讀者對本章內容先有概念性的了解。
3. 每章中的「財管新鮮事與其短評」，以相關輕鬆的趣聞，提升讀者學習財務管理的興趣與樂趣。
4. 書中部分例題具連貫性並輔以 Excel 說明，讓教授者能夠有系統且多樣性的解說例題。
5. 章末皆附練習題與解答，可供讀者自修，另提供教授者各章題庫與詳解教學光碟以利出題使用。
6. 另提供每章相關實務影片連結、解說與其 Q&A（教學光碟），讓上課內容更加豐富多元，增加師生互動機會，並引導學生進行延伸性的思考訓練，以提升學習興趣。

個人於編撰此書期間，搜集眾多此產業的相關案例與影片（教學光碟），增廣不少此行業的相關訊息，但卻也花費相當多心力，希望這些資料能對教授者與讀者引起共鳴，對財務管理教育有其貢獻。此書能順利完成，首先，感謝全華圖書公司的厚愛提供個人出版創作發揮的舞台；其次，感謝全華的奇勝、瓊慧為此書提供撰寫的方向，讓此書增色不少；此外，感謝編輯婉綺的用心編

修以及美編優秀的排版協助，才得使此書順利出版。再者，感謝太太吳幸姬協助教養兩位小女，讓個人能較專心投入寫作。最後，將此書獻給具教養之恩的雙親——李德政先生與林菊英女士，個人的一切成就將歸屬於我敬愛的雙親。

　　個人對本書之撰寫雖竭盡心力，傾全力以赴，奈因個人才疏學淺，謬誤疏忽之處在所難免，敬祈各界先進賢達不吝指正，以匡不逮。若有賜教之處請email 至：davidlsy2@yahoo.com.tw 或 davidlsy3@gmail.com。

李顯儀　謹識

2014 年 6 月

目次

CONTENT

目次

Part 4 資金管理運用篇

CONTENT

目次

Part　1
餐旅財務管理
基礎篇

　　餐旅財務管理對於欲從事餐旅行業的莘莘學子而言，是一門較陌生但重要的學科，該學科對於企業經營管理與個人投資理財都是很重要的學問。本篇的內容共包含 4 大章，主要介紹餐旅財務管理基礎，其內容提供讀者學習財務管理時，所必須瞭解的基本與必備的常識，並架構未來的學習的方向。

Chapter

1

餐旅財務管理概論

 本章大綱

本章內容為金融市場與機構，主要介紹公司營運時，從事融資、投資與避險活動所必須透過的各種金融市場與機構之運作，詳見下表。

節次	節名	主要內容
1-1	餐旅產業簡介	介紹餐旅產業的行業分類、以及相對應的上市櫃與興櫃公司。
1-2	餐旅財務管理簡介	介紹財務管理的意義、功能與目標。
1-3	餐旅業企業組織型態	介紹各種企業組織型態，如：獨資、合夥與公司等企業型態之意義與優缺點。

1-1 　餐旅產業簡介

　　國內自從 1979 年政府開放國人出國觀光後，逐漸增展國人的國際視野、也帶動旅遊風潮，且之後政府進一步開放國人赴中國探親，使得出國觀光探親人數逐年成長。近年來，國人對於休閒活動的需求日漸提升，於是政府於 2001 年後推動周休二日政策，使得工作時數減少，休息時間增加，讓國人從事旅遊休閒活動逐漸蔚為風氣。

　　爾後，2008 年政府開放中國民眾至臺灣觀光旅遊，使得國內的餐旅業呈現蓬勃榮景。但 2016 年隨著政府的更迭，雖中國旅客來臺被限縮，但卻積極開發新南向與其他客源，讓該產業可朝向更廣、更深與更遠的發展。

　　2020 年全球受到世紀大災難「武漢肺炎」的肆虐，還好之前中客被限縮來臺，且政府防疫成績有目共睹，雖國內觀光產業初期受到影響，但很快的就恢復生機，讓國內的餐旅產業能在逆境中，仍透露出欣欣曙光。

　　通常一個國家餐飲旅遊業的發展，不僅攸關整個國家經濟脈動，更對整體文化脈絡的傳承深具意義。當今全世界各國都非常注重這個產業的發展，國內在政府振興經濟的推動下，餐旅業是政府極為重視的指標行業，其產業的發展已與國人的生活脈動息息相關。

　　所謂的餐旅產業應包含「餐飲業」（Food Service Industry）與「旅遊休閒業」（Tourism and Leisure Industry）這兩大產業。其中餐飲業又可大致分為「餐點業」與「飲品業」這兩類；旅遊休閒業又可大致分為「旅行業」、「住宿業」與「休憩業」等這三類。這些行業各有其相對應的主力與周邊店家，這些廠商店家，小則鄰居街坊到處可見，大則公司股票已上市上櫃。如圖 1-1 將介紹這些產業的分類與相對應的店家、以及國內相關的上市、上櫃與興櫃公司[1]之情形。

　　由圖 1-1 知：國內餐旅產業每一子產業已經有 52 家上市、上櫃與興櫃的公司[2]，顯見該產業的公司規模日漸壯大。因此這些公司的經營優劣，攸關於公司內外部的財務規劃，所以財務管理中所學到的技能相顯重要。因此學習財務管理對於欲從事餐旅行業的莘莘學子而言，是一門很重要的學科。

1　上市、上櫃與興櫃公司的差異：「上市公司」乃在「證券交易所」進行交易的股票；「上櫃公司」乃在「櫃檯買賣中心」進行交易的股票；「興櫃公司」乃在「櫃檯買賣中心」登錄但尚未上櫃的股票。

2　統計至 2020 年 11 月底止，餐旅業國內共有 17 家上市、25 家上櫃與 10 家興櫃的公司。

🍴 餐點業

中西餐廳、速食店、便當店、火鍋店、麵包店、糕餅店

- (上市)
  2727 王品
- (上櫃)
  1259 安心
  (摩斯漢堡)
  1268 漢來美食
  2729 瓦城泰統
  2740 天蔥
  2752 豆府
  2754 亞洲
  　　　藏壽司
  3522 御頂
- (興櫃)
  1269 乾杯
  2733 維格餅店
  2741 老四川
  2753 八方雲集
  2755 揚泰

🍸 飲品業

冷熱飲店、冰淇淋店、茶飲店、咖啡店

- (上市)
  2723 美食-KY
  (85度C)
  8940 新天地
- (上櫃)
  2726 雅茗-KY
  2732 六角
  (日出茶太)

🧳 旅行業

旅行社、票務公司

- (上市)
  2731 雄獅
  5706 鳳凰
- (上櫃)
  2719 燦星旅
  2734 易飛網
  2743 山富
  2745 五福

☎ 住宿業

觀光飯店、商務旅館、休閒度假村、民宿、汽車旅館

- (上市)
  2702 華園
  2704 國賓
  2705 六福
  2706 第一店
  2707 晶華
  2712 遠雄悅來
  2722 夏都
  2739 寒舍
  2748 雲品
- (上櫃)
  2718 晶悅
  2724 富驛-KY
  2736 高野
  3252 海灣
  5364 力麗店
  5703 亞都
  5704 老爺知
  8077 洛基
- (興櫃)
  2721 楷捷-KY
  2730 美麗信
  2750 桃禧

👓 休憩業

遊樂場、觀光工廠、休閒農場、網咖、電影院、健身房、賭場、休閒購物中心、俱樂部、圖書館、藝文中心

- (上市)
  2701萬企
  (電影院)
  8462 柏文
  9943好樂迪
- (上櫃)
  2928 紅馬-KY
  4804 大略-KY
  5301 寶得利
  5701 劍湖山
- (興櫃)
  7566 亞果遊艇
  8359 錢櫃

●●●▶ 圖 1-1　餐旅業的行業分類與相對應的店家、以及國內相關的上市櫃與興櫃公司

1-2 餐旅財務管理簡介

　　從事餐旅業需要學習財務管理嗎？答案是肯定的。學生出了社會不管從事何種行業，既使是從事餐旅業都會有薪水收入，就必須有理財的基本觀念，雖然財務管理所學習的知識，比較適用於大公司、大企業的經營管理，但該科所涉及到的金融知識，對於一般市井小民的投資理財亦有所幫助。況且財務管理中會學到的融資決策、投資計畫、股利分配與營運資金管理……等公司的經營管理知識，對經營公司而言是一項重要的常識。因此財務管理對於企業經營管理與個人投資理財而言，都是一門很重要的學問。

一　財務管理的意義

　　財務管理（Finance Management）的意義泛指資金流進與流入的管理，通常應用於企業的管理。一般而言，企業經營者依據公司的特性和需求，對公司資金的籌措與運用進行適當的規劃與管理，使得企業能夠有效率的運用資金，以達成股東財富最大化之財務管理目標。

二　財務管理的功能

　　財務活動，亦即企業的資金流動。企業的任何生產經營活動都需仰賴資金的流通，企業要知道該如何妥善有效率的運用資金，才能使得企業不斷的成長與進步。因此「資金的管理與運用，如何對公司的經營績效產生最大的功能」是一項很重要的議題，以下將明確說明財務管理的功能。

1. 最適當的資金募集

　　企業營運資金募集成本的高低，對公司的利潤有甚大的影響。企業依據本身的財務狀況，透過金融市場募集資金。公司管理者必須將自有資金（權益）與外來資金（負債）作適當的搭配，避免舉債過多所帶來的風險。將公司負債權益比維持在一個最適當比例，才能使資金成本降到最低，並使公司價值最大化。

2. 最合宜的財務規劃

　　公司經營者需將募集而來的資金，編製預期性報表及現金流量表，並將資金分成短期運用的營運資金及中長期資本預算所需的資金，進行妥善的財務規劃。各項營運

活動的資金運作，皆依據各種財務預算與財務報表分析。管理者經由報表指引，可以了解營運計畫是否有適當的執行。

3. 最有效的資金運用

管理者必須將募集而來的資金制定最有效率的投資決策，使其投資報酬率最大化。企業平時需保有足夠的現金來償付平時帳款及支付營業費用，以防止流動性不足。企業若將多餘的閒置資金投資於短期有價證券，應著重安全性的考量，以避免證券價格波動過大，造成嚴重損失。至於企業所賺得的盈餘，應部分作為股利發放，部分保留下來，以供再投資或購併使用。

財務管理的目標

企業管理者透過財務管理，應該要達成企業所有者（即股東）所希望達成的目標。公司管理者不論進行任何決策，都須以這些目標為依據。財務管理的目標包含利潤最大化、股東財富最大化、市場佔有率最大化與社會責任最大化等，其中以利潤最大化與股東財富最大化，這兩個企業目標最受到重視。以下將詳細說明之。

（一）利潤最大化

所謂利潤是指財務報表顯示的純益，亦即等於「總收入」減去「總支出」，一般企業使用每股盈餘（Earnings Per Share, EPS）來衡量利潤的高低。通常公司股東都希望利潤愈高愈好，但利潤愈高伴隨的風險亦愈高；且公司短期追求高利潤，長期不一定就是高利潤。因此在風險與長短期利潤不一致情形下，公司利潤最大化之目標可能是公司管理者追求的目標，並不一定符合股東的需求。

（二）股東財富最大化

通常股東最在意與自身利益具直接相關的就是公司股價，股價上升代表股東財富增加，因此管理者能讓股價上漲所作的決策，會與股東自行管理公司所作的決策目標一致。所以將股票價值極大化，就是讓股東的財富最大化，這才是公司財務管理最重要的目標。

 餐財 NEWS

亞洲藏壽司在臺上櫃，放眼中國東南亞市場

來自日本的亞洲藏壽司 2020 年 9 月掛牌上櫃，亞洲藏壽司目前資本額為 3.7873 億元，上櫃後資本額為 4.498 億元，預計增資 7,107 張，承銷價 55 元。上櫃後將是首家日商集團來臺成立子公司並掛牌上櫃的餐飲品牌，同時也是臺灣首家掛牌的迴轉壽司業者。未來在臺展店將達 50 店以上，目標 3 年內插旗中國、東南亞等亞洲市場。

為什麼在臺灣掛牌上櫃，主要是有以臺灣為據點，前往亞洲國家發展的想法，因此有相關的資金需求，另外，也來自日本藏壽司社長的想法，希望在有展店的國家，藉由掛牌上櫃讓員工持有公司股份，共享公司營運成果。

亞洲藏壽司財務長補充，日本在東京證交所、美國子公司在納斯達克都有掛牌，接下來就是在臺灣掛牌上櫃，母公司掛牌、子公司在各國市場上櫃的案例其實很罕見，因為以集團全體來看，這樣的方式未必有效率，但代表每個子公司都可以有獨立經營判斷的能力。

亞洲藏壽司 2014 年在臺北市松江南京設立「臺灣一號店」，2017 年首次導入土藏造型街邊店，2019 年全年營收新台幣 19.26 億元創下新高，年增 34.15%，稅後盈餘 8,872 萬元，每股盈餘 2.47 元。雖然各家餐飲業者在今年上半年都受到疫情直接衝擊。展望下半年，在疫情緩和之後公司的營運狀況也逐漸回穩，亞洲藏壽司將希望能夠在今年底達到在臺店鋪數突破 30 間的目標。

（圖文資料來源：節錄自科技新報 2020/08/12）

解說

　　餐旅財務管理課程，主要是學習公司如何進行資金「融資」、「投資」與「分配」等三種營業活動，以增加公司的經營績效。上述的案例中，日系餐飲品牌－「亞洲藏壽司」，藉由在臺上櫃，以增強融資管道，並將取得的資金分別投資於臺灣、中國與東南亞的展店，且再將所賺的盈餘分配給股東。因此「亞洲藏壽司」的資金融資、投資與分配之營業活動，正是財務管理課程中所會學習到的技能，因此財務管理對餐旅業的經營是一項重要的課程。

1-3　餐旅業企業組織型態

　　一般而言，企業的組織型態以獨資（Sole Proprietorship）、合夥（Partnership）與公司（Corporation）三種型態為主。財務管理領域中，一般探討的企業組織型態以「公司」型態為主，因為其資產價值、員工數量與營業收入等都是最具規模。雖現在的餐旅業的業主，很多仍停留於獨資或合夥的階段，但「萬丈高樓平地起」，既使現在檯面上的餐飲業的龍頭－「85度C」亦如此，可能都是由獨資或合夥的型態起步，然後才逐漸擴大成現在的公司規模。因此獨資與合夥在企業組織型態，仍具有其重要性。以下將針對這三者的意義與優缺點說明之。

一 獨資

　　獨資又稱個人企業，是由一人出資經營，業主須獨自承擔損益與風險的企業型態。獨資是世界上最常見的企業型態，許多大企業往往皆是由獨資企業型態起身，其優缺點詳見表 1-1。

●●▶ 表 1-1　獨資企業的優缺點

	項目	說明
優點	設立簡單便利	獨資企業不須設置公司章程，所以設立手續簡單便利且成本低廉，受政府法令管制亦相對較少。
	決策效率迅速	由於獨資企業之經營者與出資者同一人，無代理問題，且任何決策事項，業主可立即決定，決策效率高。

缺點	募集資金有限	由於獨資企業組織結構簡單，資金來源受限於業主本身的財力與銀行貸款能力，故資金籌措額度受限，因此一般規模不大。
	不易永續經營	通常獨資業主死亡，若無人繼承，獨資企業就必須結束營業，因此壽命短，不易永續經營。
	無限清償責任	獨資業主須對其獨資企業的債務，負有無限清償責任（Unlimited Liability）。亦即當企業發生經營困難時，資產若不足以清償企業債務時，則業主本身的私人財產，必須用以清償之。
	所有權移轉難	獨資業主欲將獨資企業全部移轉給其他人時，若無人接手，並不容易將所有權移轉。

合夥

合夥是指二人或二人以上相互訂立契約，共同出資經營，雙方按出資比例承擔損益與風險。合夥企業的各種特性與獨資企業類似，其優缺點詳見表 1-2。

●●▶ 表 1-2　合夥企業的優缺點

	項目	說明
優點	組設簡單便利	合夥企業只需合夥人同意訂立契約即可成立，不須經繁雜程序，受政府法令管制亦相對較少。
	損益共同承擔	合夥企業雙方按出資比例承擔損益，因此經營風險較獨資企業小。
缺點	募集資金有限	合夥企業仍受限合夥人財力與銀行貸款能力，因此籌措資金能力仍有限。
	不易永續經營	合夥企業仍受限合夥人的壽命，若無人繼續繼承則必須結束營業，因此仍不易永續經營。
	無限清償責任	合夥企業的財產，若不足清償對外債務時，每一合夥人均須負起全部清償責任。
	合夥易起爭執	合夥人常因個人私慾與利益糾紛起爭執，最後雙方常常拆夥分離或另起爐灶，在經營上較不穩定。

三 公司

公司是指多人出資事業，現行組織型態大都以「股份有限公司」籌組，股份有限公司是指由二人以上股東所組織，全部資本分為若干股份，股東依據其所擁有的股份比例，分享公司利益並承擔風險。現行公司組織因有眾多股東投資，股權分散，形成所有權與管理權分離之情形，其優缺點詳見表 1-3。

●●▶ 表 1-3　公司組織的優缺點

	項目	說明
優點	資金募集容易	由於股份有限公司乃將資本劃分為股份，公司管理者可以於公開市場發行新股，易於籌措大量資金，增加投資成長。
優點	可以永續經營	公司股票可自由轉讓，不受舊股東去世或退出的影響，公司得以永續經營。
	有限清償責任	當公司倒閉，股東頂多損失出資的股份，若公司尚有未清償之債務時，與股東私人財產無關，因股東對公司僅須負有限清償責任。
	所有權易移轉	公司股份可以自由買賣，且股份單位標準化，易於流通，因此所有權容易移轉。
缺點	籌設程序繁雜	政府對於籌設公司之法令規章約束多，且申請程序較繁複與耗時。
	易起代理問題	由於公司所有權（股東）與管理權（管理當局）分開，由管理當局代理股東管理公司，若管理當局未努力經營公司，股東與管理者容易出現利益衝突。

餐財小常識

通常一家「獨資」或「合夥」型態的公司，規模逐漸擴大轉變成「股份公司」型態之後，為了謀求更大的營業規模，會選擇「上市」、「上櫃」的籌資之路。所以一家公司要「上市」、「上櫃」之前，或許會要求先在「證券櫃檯買賣中心」成立的「興櫃」登錄，要成為「興櫃」公司一定會被要求先成為「公開發行公司」。以下表 1-4 為國內餐旅業的公開發行公司。圖 1-2 為公司規模成長的演進。

●●▶ 表 1-4　餐旅業公開發行公司

證券代碼	公司名稱
2711	凱撒大飯店股份有限公司
2716	長榮國際股份有限公司
2920	海景世界企業股份有限公司
2751	王座國際餐飲股份有限公司

資料來源：臺灣證券交易所（2020/9）

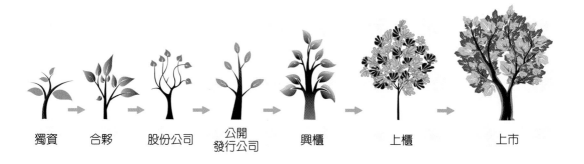

●●▶ 圖 1-2　公司規模演進

獨資　　合夥　　股份公司　　公開發行公司　　興櫃　　上櫃　　上市

Chapter

2

金融市場與機構

本章大綱

　　本章內容為金融市場與機構，主要介紹餐旅業公司行號，在進行融資、投資與避險活動時，必須透過各種金融市場與機構的運作，方能順利的進行營業活動，其內容詳見下表。

節次	節名	主要內容
2-1	金融市場種類	介紹金融市場的四種基本類型。
2-2	金融市場結構	介紹金融市場運作中，因交易層次不同而有不同的金融結構。
2-3	金融機構種類	介紹公司從事金融活動，所必須運用的各種金融仲介機構。

2-1　金融市場種類

　　「金融」是指企業在進行財務規劃、資產管理與資金融通的活動中，須透過金融市場與金融機構的運作過程。至於「金融市場」最簡明的定義就是金錢的交易市場。金融市場是資金供給者與需求者的媒介市場，其將資金有效率的由剩餘單位流向不足單位，使資金的分配具效率，以求發揮生產功能，並有效的降低交易成本，以促進經濟效率與提高整個社會經濟福祉。

　　餐旅業的公司行號，若欠缺短期營業資金時，除了可透過銀行借貸外，亦可至「貨幣市場」發行票券，籌措短期資金；若需要長期資本資出時，除了可透過銀行進行長期融資，亦可至「資本市場」發行股票或債券，籌措長期資金；若從事海外營業活動，需透過「外匯市場」的運作，才能使國內外的資金順利流通；若營業活動中收到不同幣別的遠期支票、匯票與信用狀，可透過「衍生性商品市場」中的遠期或期貨合約進行避險。

　　因此企業在進行融資、投資與避險活動時，必須透過各種金融市場與機構的運作。基本上「貨幣市場」、「資本市場」與「外匯市場」是屬於實體標的資產的「現貨市場」，「衍生性商品市場」為「現貨市場」所對應衍生發展出來的市場。以下將介紹四種基本的金融市場，並於圖 2-1 顯示金融市場的架構圖。

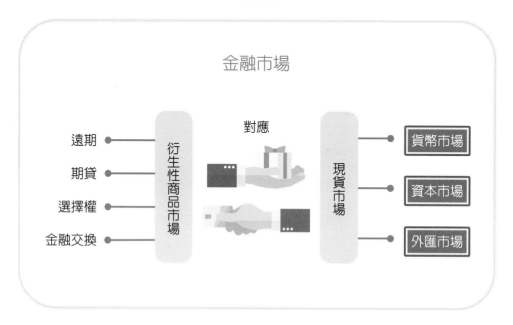

●●▶ 圖 2-1　金融市場架構圖

一　貨幣市場

　　貨幣市場是指短期資金（1 年期以下）供給與需求的交易市場，市場內以短期的信用工具作為主要的交易標的，目的在使短期資金能夠有效的運用，以提高流動性與變現性。貨幣市場包括「票券市場」與「金融同業拆款市場」。其中票券市場為該市場之要角，其交易工具包括國庫券、商業本票、銀行承兌匯票及銀行可轉讓定期存單等。

（一）國庫券

　　國庫券（Treasury Bills, TB）是由中央政府為調節國庫收支所發行的短期政府票券，並藉以穩定金融。國庫券採貼現方式發行，乃票面不附載利息，到期時按面額清償。

（二）商業本票

　　商業本票（Commercial Paper, CP）是由公司組織所發行的票據。其又分為第一類及第二類兩種商業本票。

1. **第一類商業本票（簡稱 CP1）**：是指工商企業基於合法交易行為所產生之本票，具有自償性。由買方開具支付賣方價款的本票，賣方可持該本票，經金融機構查核後所發行的商業本票；又稱交易性商業本票。

2. **第二類商業本票（簡稱 CP2）**：是工商企業為籌措短期資金，由公司所簽發的本票，經金融機構保證所發行的商業本票，或依票券商管理辦法所規定無須保證發行的本票，又稱為融資性商業本票。

（三）銀行承兌匯票

　　銀行承兌匯票（Banker Acceptance, BA）是指工商企業經合法交易行為而簽發產生的票據，經銀行承兌，並由銀行承諾指定到期日兌付的匯票，此匯票屬於自償性票據。通常稱提供勞務或出售商品之一方為匯票賣方，其相對人為買方。

（四）銀行可轉讓定期存單

　　銀行可轉讓定期存單（Bank Negotiable Certificates of Deposit, NCD）是指銀行為充裕資金的來源，經核准簽發在特定期間，按約定利率支付利息的存款憑證，不得中途解約，但可在市場上自由轉讓流通。

資本市場

　　資本市場是指提供長期（1 年期以上或未定期限）金融工具交易的市場。其主要功能是成為中、長期資金供給與需求的橋樑，以促進資本流通與形成。資本市場主要包括股票與債券兩種交易工具，其亦是公司資本形成的兩大來源。

（一）股票

　　股票（Stock）是由股份有限公司募集資金時，發行給出資人，以表彰出資人對公司所有權的有價證券。股票可分為普通股及特別股兩種。

1.　普通股（Common Stock）：為股份有限公司之最基本資本來源。普通股股東對公司具有管理權、盈餘分配權、剩餘資產分配權與新股認購權；其經營公司之風險，以出資的金額為限，對公司僅負起有限責任。

2.　特別股（Preferred Stock）：通常被認為介於普通股與債券之間的一種折衷證券，一方面可享有固定股利的收益，近似於債券；另一方面又可表彰其對公司的所有權，在某些情形下甚至可享有投票表決權，故亦類似於普通股。

（二）債券

　　債券（Bonds）由發行主體（政府、公司及金融機構）在資本市場為了籌措中、長期資金，所發行之可轉讓（買賣）的債務憑證。一般依發行者的不同可分為政府公債、金融債與公司債三種。

1.　政府公債（Government Bonds）：指政府為了籌措建設經費而發行的中、長期債券，其中包括「中央政府公債」及「地方政府建設公債」兩種。

2.　金融債券（Bank Debentures）：是指根據銀行法規定所發行的債券，其主要用途為供應銀行於中長期放款，或改善銀行的資本適足率。

3.　公司債（Corporate Bonds）：是為公開發行公司為了籌措中長期資金，而發行的可轉讓債務憑證。

三　外匯市場

外匯市場（Foreign Exchange Market）是指各種不同的外國通貨（包含外幣現鈔、銀行的外幣存款、外匯支票、本票、匯票及外幣有價證券）的買賣雙方，透過各種不同的交易方式，得以相互交易的場所。外匯市場是連接國內與國外金融市場之間的橋樑。其主要功能為幫助企業進行國際兌換與債權清算、融通國際貿易與調節國際信用以及提供規避匯率變動的風險。

四　衍生性金融商品市場

衍生性金融商品（Derivative Securities）是指依附於某些實體標的資產所對應衍生發展出來的金融商品。其主要功能為幫助公司或投資人進行避險與投機的需求，並協助對金融商品之未來價格進行預測。其主要商品有遠期、期貨、選擇權及金融交換等四種合約。

1. **遠期（Forwards）**：是指買賣雙方簽定合約，約定在未來的某一特定時間，以期初約定的價格，來買賣一定數量及規格的商品，當約定期限到期時，雙方即依期初所簽定的合約來履行交割。

2. **期貨（Futures）**：是指交易雙方在期貨交易所，以集中競價的交易方式，約定在將來的某一時日，以市場成交的價格，交割某特定數量、品質與規格商品的合約交易。通常大部分的期貨交易都在合約到期前，僅對期貨合約的買賣價差進行現金結算，鮮少進行實物交割。

3. **選擇權（Options）**：是一種賦予選擇權買方具有是否執行的權利，而賣方需相對盡義務的合約。選擇權合約的買方在支付賣方一筆權利金後，享有在選擇權合約期間內，以約定的履約價格，買賣某特定數量標的物的一項權利。反之，選擇權合約的賣方，因必須負起以特定價格買賣某標的物的義務，故先收取權利金，但須盡履約義務。

4. **金融交換（Financial Swap）**：是指交易雙方同意在未來的一段期間內，以期初所約定的條件，彼此交換一系列不同現金流量的合約。通常金融交換簽一次合約，則在未來進行多次的遠期交易，所以金融交換合約，可以說是由一連串的遠期合約所組合而成。

2-2 金融市場結構

　　金融市場依據交易者不同的需求，產生不同的市場結構。一般而言，金融市場結構可依交易層次、交易場所、資金籌措方式與區域性進行分類。以下我們將依序介紹之。

一 依交易層次分類

1. 初級市場（**Primary Market**）：是指有價證券的發行者（政府、公司）爲了籌措資金，首次出售有價證券（股票、債券、票券等）給最初資金供給者（投資人）的交易市場，又稱爲發行市場（Issue Market）。

2. 次級市場（**Secondary Market**）：是指已通過發行程序的有價證券在外買賣所構成的交易市場，又稱爲流通市場（Circulation Market）。

二 依交易場所分類

1. 集中市場（**Listed Market**）：是指金融商品的買賣集中於一個固定的交易場所，採取「競價」方式交易。「競價」是指買賣雙方會在一段時間內，對商品價格進行相互比價，成交價格以誰出的價格愈好愈先成交。例如：買價以出價愈高者，愈先成交；賣價則以出價愈低者，愈先成交。由於集中市場採競價方式交易，所以交易商品必須被標準化，才有利於交易流通。

　　實務上，投資人至證券商買賣證券交易所或證券櫃檯買賣中心的「上市」或「上櫃」股票，或者至期貨商買賣期貨交易所「上市」的期貨與選擇權商品，皆採集中交易方式。只要投資人在一段時間內，在不同的交易商下單進行買賣，都會被集中傳輸至交易所進行競價撮合，以產生商品價格。

2. 店頭市場（**Over The Counter**）：是指金融商品的買賣，不經集中交易所，而是在不同的金融場所裡買賣雙方以「議價」方式進行交易。「議價」是指買賣雙方會在一段時間內，對商品價格進行相互商議，成交價格可能因買賣的單位不一樣而有所改變。例如：可能以買或賣的單位數愈多者，其所出的價格優先成交。由於店頭市場採議價方式交易，所以交易商品不一定會被標準化，就可交易流通。

實務上，投資人在不同票券商買賣票券、在不同銀行承做定存，或在不同證券商買賣證券櫃檯買賣中心的「興櫃」股票，皆採店頭交易方式。投資人在一段時間內，在不同的交易商下單進行買賣，並不會被集中傳輸至交易所進行競價撮合，而僅是在交易商之間，相互聯繫的議價之下，產生商品價格。

　　傳統的金融交易所，通常只有提供金融商品的交易（如：股票、債券、期貨、選擇權、外匯等商品），但中國的北京有成立專門提供「旅遊合約」交易的「產權交易所」、四川蒙頂山也有提供「普洱茶」交易的「茶葉交易所」、香港成立「人參交易所」，提供實體「人參」交易。這些商品的交易都跳脫傳統金融交易所的樣貌，其目的為促進旅遊產業的發展、以及茶葉與人參交易的流動性與透明性。

三 依資金籌措方式分類

1. **直接金融市場（Direct Financial Market）**：乃指政府、企業等機構為了籌措資金，直接在貨幣、資本市場發行有價證券，向不特定的個體直接取得資金，而不須經過銀行仲介的管道。所以資金需求者知道資金是由哪些供給者提供。

2. **間接金融市場（Indirect Financial Market）**：乃是經由銀行作為資金籌措的仲介機構。銀行先吸收大眾存款，再扮演資金供給者將資金貸款給需求者的管道。所以資金需求者並不知道資金是由哪些供給者提供。

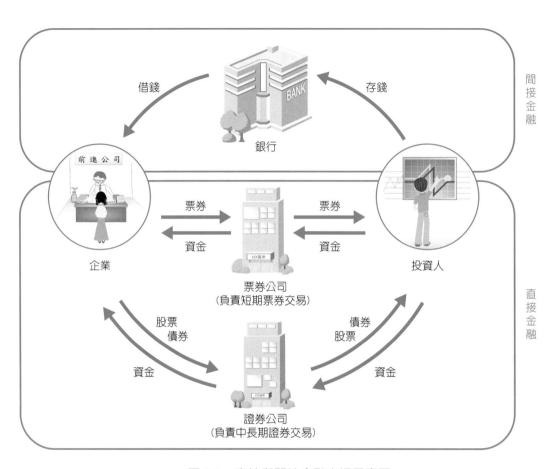

●●▶ 圖 2-2　直接與間接金融市場示意圖

四 依區域性分類

1. 國內的金融市場（**Domestic Financial Market**）：乃指所有金融交易僅限國內者，稱國內的金融市場。

2. 國際的金融市場（**International Financial Market**）：是指國際間資金借貸的活動場所。若依資金融通期限可分爲國際貨幣市場和國際資本市場。若依金融管制鬆緊程度可分爲傳統國際金融市場和境外金融市場（Offshore Financial Market）。

    (1) 傳統國際金融市場：允許非本國居民參加的國內金融市場，受貨幣發行國當地有關法令的管轄。例如：臺灣的公司至美國發行債券，此債券須受到美國當地稅法及交易制度的限制，且僅能發行美元，並僅提供美國境內的投資人購買。

    (2) 境外金融市場：乃允許非本國居民參加的當地金融市場，但從事金融活動不受當地貨幣發行國當地法令的管轄。此乃是眞正涵義上的國際金融市場，此市場

型式又稱為「歐洲通貨市場」（Euro-currency Market）。

例如：臺灣的公司至歐洲「盧森堡」發行債券，此債券不用受到該國法令、稅法的限制，亦可發行歐元、美元、英鎊等國際貨幣，更不受限該國境內的投資人才可購買，境外投資人亦可投資。

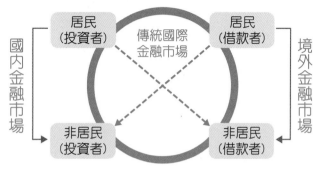

●●▶ 圖 2-3　國內與國外金融市場示意圖

五 依仰賴中介程度分類

1. **數位金融**（**Digital Finance**）：是指「傳統金融機構」利用網路、行動裝置等科技設備，提供許多數位化的金融服務。此服務不管從事資金借貸、匯款、或者涉及證券籌資，仍須分別透過銀行或證（票）券商等金融機構當作中介，由它們所提供的網路平台來完成交易程序。例如：網路銀行提供即時的存款貸款利息資訊，也提供網路換外幣的服務；證券商提供手機 APP 下單，讓買賣股票只要透過手機就可交易。

2. **金融科技**（**Financial Technology, Fin Tech**）：是指「電子商務科技公司」利用網際網路、行動裝置等科技設備，架設各種網路社群交易平台（如：支付、借貸、籌資平台等），藉由網戶相互連結，以完成網戶對網戶（Peer-To-Peer, P2P）之間的資金移轉、借貸與籌資等金融活動。因此金融科技的服務型態，以降低傳統金融中介的依賴，達到金融脫媒的營運模式。例如：「電子支付平台」，可以提供網戶間在封閉式儲值帳戶內相互轉帳；「P2P網路借貸平台」，可以提供網戶間的資金借貸；「群眾募資平台」提供創意發想者或公益者，可以向平台的網戶籌集資金。

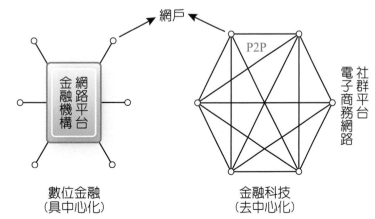

●●▶ 圖 2-4　數位金融與金融科技

2-3　金融機構種類

　　企業於金融市場進行財務規劃、資產管理與資金融通，需透過專業的仲介機構，擔任中介的服務，這些中介者稱為金融中介者（Financial Intermediary），因這些專業的金融中介者皆為法人團體，所以亦稱為金融機構（Financial Institutions）。依據現行臺灣金融統計是以是否會影響貨幣供給為準則，將金融機構劃分為「貨幣機構」與「非貨幣機構」。以下將介紹這兩者與其主管機關（如圖 2-5）。

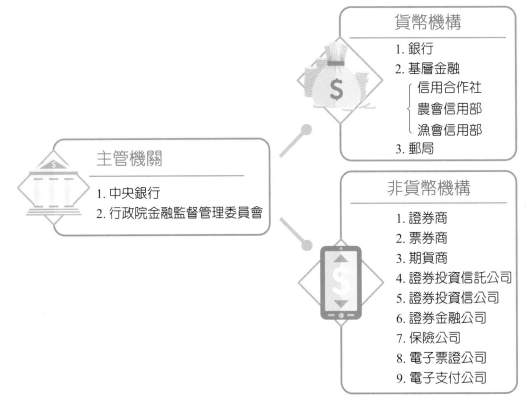

貨幣機構
1. 銀行
2. 基層金融
   - 信用合作社
   - 農會信用部
   - 漁會信用部
3. 郵局

主管機關
1. 中央銀行
2. 行政院金融監督管理委員會

非貨幣機構
1. 證券商
2. 票券商
3. 期貨商
4. 證券投資信託公司
5. 證券投資信公司
6. 證券金融公司
7. 保險公司
8. 電子票證公司
9. 電子支付公司

●●▶ 圖 2-5　國內金融機構種類

■ 貨幣機構

　　貨幣機構是指能同時吸收存款與放款，且能發行貨幣性間接證券，可影響貨幣供給額者。貨幣機構包括「銀行」、「基層金融機構」與「郵局」。

1. 銀行（Bank）：乃辦理支票存款、活期存款、活期儲蓄存款、定期存款與定期儲蓄存款的主要機構，提供短中長期的存放款業務。銀行是創造存款貨幣的最重要成員。其成員包含商業、專業與外商銀行。

2. **基層金融機構**：基層金融機構包括「信用合作社」（Credit Union）與「農漁會信用部」。信用合作社是由社員組成，其主要功能是將社員的儲蓄貸放給其他有資金需求的社員。農漁會信用部是由農漁民為信用部會員，其主要功能也是將會員的儲蓄貸放給其他有資金需求的會員。

3. **郵局**：乃指中華郵政公司（簡稱：郵局），它除了從事郵件遞送的服務外，郵局的儲匯處亦被政府賦予須協助一般公眾進行基礎金融事務。它可像銀行一樣，吸收各期間的存款，但這些存款大都用於轉存央行或其他銀行、或供其他金融業借款、購買公債與短期票券等用途，且也對民眾提供匯款、簡易保險、保單借款、基金代銷與房屋貸款等金融服務。因此現在郵局儲匯處，已是國內貨幣機構的一份子。

非貨幣機構

非貨幣機構是指不能同時吸收存款與放款，且不能發行貨幣性間接證券，不可影響貨幣供給額者。非貨幣機構包括證券商、票券商、期貨商、證券投資信託公司、證券投資顧問公司、證券金融公司、保險公司、電子票證公司與電子支付公司。

1. **證券商（Securities Firms）**：是指提供投資人買賣證券交易服務的法人組織，證券商包括「經紀商」（Brokers）、「自營商」（Dealers）與「承銷商」（Underwriter）或稱投資銀行（Investment Bankers）。經紀商是指經營有價證券買賣之行紀、居間、代理等業務。自營商是指經營有價證券之自行買賣等業務。承銷商則是指經營有價證券之承銷業務。

2. **票券商（Bills Corporation）**：主要擔任短期票券的簽證、保證與承銷業務，為短期票券的主要仲介機構。且提供企業財務與短期投資諮詢服務，並提供貨幣市場交易行情報導。

3. **期貨商（Future Corporation）**：主要擔任期貨或選擇權等衍生性商品的交易業務。期貨商包括期貨經紀商與期貨自營商。期貨經紀商主要從事期貨交易之招攬或接受期貨契約之委託並收受保證金，負責期貨交易人與經紀商或期貨交易所之仲介商。期貨自營商則為自行在期貨市場內買賣期貨契約，以賺取差價的機構。

4. **證券投資信託公司（Securities Investment Trust Funds）**：又稱為基金公司，以發行受益憑證的方式成立「共同基金」（Mutual Funds），向大眾募集資金，再將資金

投資於各種金融商品。證券投資信託公司則負責做妥善的資金規劃與應用，並利用投資組合，達到最佳利潤及分散風險的目的。

5. 證券投資顧問公司（Securities Investment Consulting Corporation）；簡稱投顧公司，其主要的業務乃提供投資人在進行證券投資時，相關的投資建議與諮詢服務，並向投資人收取佣金。

6. 證券金融公司（Securities Finance Corporation）：又稱證券融資公司，主要是負責證券市場的信用交易的法人機構，也就是融資融券的業務。

7. 保險公司（Insurance Company）：其主要以收取保費的方式自被保險人處獲取資金，然後將資金轉投資在股票、債券以及房地產上，最後保險合約到期時再支付一筆金額給受益人。壽險公司又分「人壽保險公司」（Life Insurance Company）與「產物保險公司」（Fire and casualty Insurance Company）。

8. 電子票證公司（Digital Payment Company）：主要發行儲值卡式電子錢包，民眾先將現金存入儲值卡內，待民眾購物或消費時，店家會自動從卡片所儲存的現金扣除。例如：悠遊卡、一卡通。

9. 電子支付公司（Electronic Payment Company）：主要是讓民眾於網路上開立儲值帳戶，以進行網戶之間（P2P）的資金流動；當民眾於網路上或實體店家進行消費支出時，只要透過這個閉環式的儲值帳戶，就可完成資金相互移轉，不用再透過銀行居間；所以一般又稱為「第三方支付」。例如：中國－支付寶；臺灣－街口支付。

餐財小常識

電子票證與電子支付將整併，以便儲值帳戶互轉

國內這幾年來積極推動各種行動支付管道，但業者實在太多元，導致消費者使用上的不方便，因此主管機關將整合國內的「電子票證」與「電子支付」業者。目前市場上，經營電子票證是以實體卡片為主，包括：一卡通、悠遊卡等；經營電子支付是以線上支付為主，包括：街口支付等。未來兩業者將整合成同一法規，「電子票證」

業務將走入歷史，全數都稱為「電子支付」業。因此，以後只要是電子支付業者的儲值帳戶，即可進行相互轉帳，例如：悠遊卡、一卡通與街口支付的帳戶內的資金就可以互轉。

買排骨飯請操作 KIOSK！
臺灣連鎖餐飲店「梁社漢」為何大膽擁抱電子支付？

　　由八方雲集轉投資的連鎖餐飲品牌「梁社漢排骨」，近年來快速展店，更大膽全面推行無現金收付，各門市店口牆上擺出 3 到 4 台自助結帳點餐系統，讓消費者自行點餐後，再用 Line Pay、悠遊卡、信用卡結帳，叫號領餐。梁社漢排骨成為臺灣第一家開門做排骨飯生意，卻不收現金的連鎖餐飲店。

年輕族群比例高，大膽推行無現金

　　「別人都喊喊而已，我們是真的做了！」八方雲集供應商表示，無現金支付是趨勢，但有決心推行的連鎖店卻罕見，由於梁社漢排骨的客群以學生及上班族居多，中學生身上就有學生悠遊卡，上班族用卡頻率高，外帶興盛，讓這家今年展店速度凌厲的餐飲新銳大膽採用科技助陣。

（圖文資料來源：節錄自數位時代 2019/08/26）

　　隨著科技的進步，利用網路通訊、行動設備進行支付愈來愈普及。國內由八方雲集轉投資的連鎖餐飲品牌「梁社漢排骨」，近期全面推行無現金收付，將提供各種行動支付管道，以方便進行付款。

主管機關

目前國內與金融業務息息相關的兩個政府主管機關，分別爲中央銀行與行政院金融監督管理委員會。

（一）中央銀行（Central Bank）

中央銀行經營目標明訂爲促進金融穩定、健全銀行業務、維護對內及對外幣值的穩定，並在上列的目標範圍內，協助經濟發展。隨著經濟快速成長，中央銀行所肩負的首要任務由原先的追求經濟高度成長，轉變爲維持物價與金融穩定，並積極參與金融體系的建制與改革。中央銀行爲國內執行貨幣、信用與外匯政策的最高決策組織。其業務包含調節資金、外匯管理、金融穩定、支付清算、經理國庫、發行貨幣等六項。

（二）行政院金融監督管理委員會（Financial Supervisory Commission）

金融監督管理委員會成立宗旨在建立公平、健康、能獲利的金融環境，全面提升金融業競爭力，並包含四項目標：維持金融穩定、落實金融改革、協助產業發展、加強消費者與投資人保護以及金融教育。目前金管會下設四個業務局，分別爲「銀行局」、「證券期貨局」、「保險局」及「檢查局」、並設置「金融科技發展與創新中心」與「中央存款保險股份有限公司」，以分別負責所屬的金融產業發展。

1. 銀行局：其主要掌管銀行業與票券業等相關事宜。

2. 證券期貨局：其主要掌管證券業、期貨業與投信投顧業等相關事宜。

3. 保險局：其主要掌管保險業等相關事宜。

4. 檢查局：其主要掌管對金融業的監督事宜。

5. 金融科技發展與創新中心：其主要掌管金融科技產業等相關事宜。

6. 中央存款保險公司：其主要提供金融機構存款人權益保障相關事宜。

Chapter

3

資金的時間價值

 本章大綱

本章內容為資金的時間價值,主要介紹資金本身所具有的時間價值,詳見下表。

節次	節名	主要內容
3-1	終值與現值	介紹一筆資金滾利之後的終值,以及折現之後的現值之觀念。
3-2	年金終值與現值	介紹定期繳交一筆資金後,全部滾利至最末期的年金終值;與全部折現至最初期的年金現值之觀念。
3-3	有效年利率	介紹一筆資金經過一段期間(例如一季、半年)滾利之後,換算成實際有效年利率之觀念。

3-1 終值與現值

企業從事營業活動或個人從事投資理財活動，都需要資金的流通。如果我們把「資金」當作一項「商品」，利率就是它的價格，通常一項商品過去的價格及未來的價格，有可能經過時間的增減而出現不一樣的價格。同樣現在的一筆「資金」，經過一段時間往後「滾利」，有其未來的價格，我們稱之爲「終值」；同樣未來的一筆「資金」，經過一段時間往前「折現」，有其現在的價格，我們稱之爲「現值」。所以資金的價格與時間、利率有著密不可分的關係。

一 終值

所謂終值（Future Value, FV）是代表資金未來的價值。每一筆資金都有其價格高低，亦即利率（Interest Rate）高低，經過一段時間之後，這筆資金將滾利成一筆本金加利息的本利和。

（一）單利與複利

一般在計算資金的利息可分成爲「單利」（Simple Interest）與「複利」（Compound Interest）兩種型式，詳見表 3-1。

●●▶ 表 3-1　資金利息的型式

單利	說明	本金（Principle）經過一段期間後所滋生的利息，本金是本金，利息是利息，下一期的本金計算，並不併入上一期之利息。
	範例	現在有一筆 100 元資金，存入銀行 3 年，銀行採單利計算，年利率爲 6%，則 3 年後的本利和爲 118 元。
	公式	本利和＝本金＋3 年利息 　　　　＝ 100 + (100×6% + 100×6% + 100×6%) 　　　　＝ 100×(1 + 6%×3) = 118

複利	說明	本金經過一段期間後所滋生的利息，下期將上一期的利息自動併入本金計算，成為下一期計息的本金，也就是利滾利的概念。
	範例	現在有一筆 100 元資金，存入銀行 3 年，銀行採複利計算，年利率為 6%，則 3 年後的本利和為 119.10 元。
	公式	本利和＝本金＋三年利滾利的利息 $= 100 \times (1 + 6\%) \times (1 + 6\%) \times (1 + 6\%) = 100 \times (1 + 6\%)^3 = 119.10$

（二）終值的表示

如果沒有特別說明，我們通常都是以「複利」的方式在計算本利和，其計算表示式如（3-1）式：

$$FV = PV (1+r)^n \qquad\qquad (3\text{-}1)$$

其中，FV 表示終值，PV 表示最初本金值，r 表示利率，n 表示期數，如圖 3-1 所示。

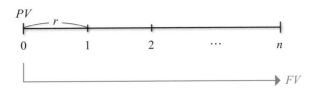

●●▶ 圖 3-1　終值示意圖

由上面的公式得知，終值與投資本金、利率、期數都是呈現正比的關係，也就是投資本金、利率或期數增加，都會使終值增加。此外，終值的表示除了 (3-1) 式的數學計算式之外，我們亦可以利用附錄的表 A-1「終值利率因子表（Future Value Interest Factor, FVIF）」，以查表的方式求算終值，其表示式如（3-2）式：

$$FV_n = PV \times FVIF_{(r,n)} \qquad\qquad (3\text{-}2)$$

其中，$FVIF_{(r,n)}$ 代表利率為 r，期數為 n 的終值利率因子。由 (3-1) 式與 (3-2) 式可知 $FVIF_{(r,n)} = (1+r)^n$，終值利率因子可於本書附錄的表 A-1「終值利率因子（FVIF）表」中查得，此表內所標示的數值所指的是「每 1 元，以利率 r 複利，在經過了 n 期之後，所得到的終值」。

例題 3-1

【終值】

假設現在你有 1,000 元的資金，預計存入 3 年的銀行定存，銀行年利率為 5%，請問 3 年之後你擁有多少本利和？

解 ▷▷

【解法 1】

利用數學公式或終值表，計算機或查表解答

(1) 利用數學式解答

$$FV = 1,000 \times (1+5\%)^3 = 1,157.6 \text{（元）}$$

(2) 利用終值利率因子（FVIF）表，查利率 $r = 5\%$，期數 $n = 3$，

$$FVIF_{(5\%,3)} = 1.1576$$

$$FV = 1,000 \times FVIF_{(5\%,3)} = 1,000 \times 1.1576 = 1,157.6 \text{（元）}$$

【解法 2】

利用 Excel 解答，步驟如下：

(1) 選擇「公式」

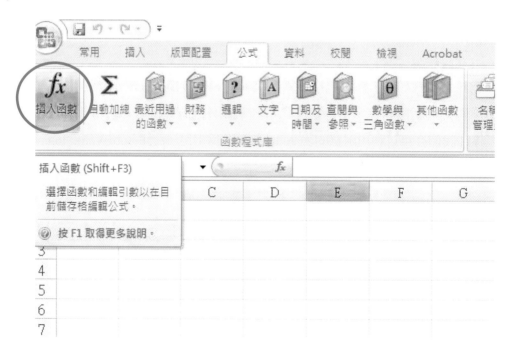

(2) 選擇函數類別「財務」

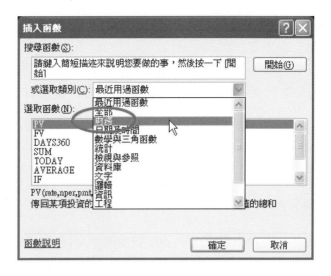

(3) 選取函數「FV」

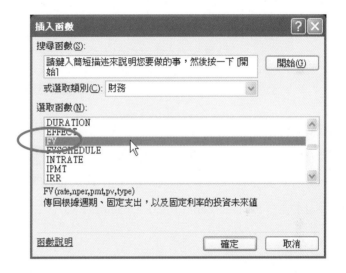

(4)「Rate」填入「5%」
(5)「Nper」填入「3」
(6)「Pv」填入「－1000」
(7)「Type」填入「0」
(8) 按「確定」計算結果
　　「1,157.625」

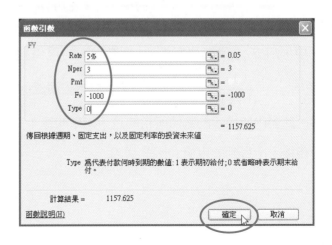

現值

所謂現值（Present Value, PV）是代表未來資金的現在價值。其觀念與終值相反，為未來有一筆資金，將時間往前推至現在時點，則這筆資金被複利折現成現在的價值。

現值如同終值一樣，都是以「複利」的方式在計算折現值，其計算表示式如（3-3）式：

$$PV = \frac{FV}{(1+r)^n} \qquad (3\text{-}3)$$

其中，PV 表示現值，FV 表示資金的未來值，r 表示利率，n 表示期數，如圖 3-2 所示。

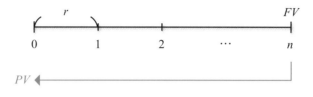

●●▶ 圖 3-2　現值示意圖

由上面的公式得知，現值和未來的資金額成正比關係，但與利率、期數都是呈反比的關係，也就是未來的資金額增加，則使現值增加；但利率與期數增加，都會使現值減少。此外，現值的表示除了（3-3）式的數學計算式之外，我們亦可以利用附錄的表 A-2「現值利率因子表（Present Value Interest Factor, PVIF）」，以查表的方式求算終值，其表示式如（3-4）式：

$$PV_n = FV \times PVIF_{(r,n)} \qquad (3\text{-}4)$$

其中，$PVIF_{(r,n)}$ 代表利率為 r，期數為 n 的現值利率因子。由（3-3）式與（3-4）式可知 $PVIF_{(r,n)} = \dfrac{1}{(1+r)^n}$，現值利率因子可於本書附錄的表 A-2「現值利率因子（$PVIF$）表」中查得，此表內所標示的數值所指的是「未來的每 1 元，將時間往前推 n 期，並以利率 r 進行折現後，所得到的現值」。

例題 3-2

【現值】

假設你 3 年後有 1,000 元的資金，在年利率爲 5% 的情況下，請問 3 年後有 1,000 元之現值爲多少？

解 ▷▷

【解法 1】

利用數學公式或現值表，計算機或查表解答

(1) 利用數學式解答

$$PV = \frac{1,000}{(1+5\%)^3} = 863.8 （元）$$

(2) 利用現值利率因子（PVIF）表，查利率 $r = 5\%$，期數 $n = 3$，
$PVIF_{(5\%,3)} = 0.8638$

$$PV = 1,000 \times PVIF_{(5\%,3)} = 1,000 \times 0.8638 = 863.8 （元）$$

【解法 2】

利用 Excel 解答，步驟如下：

(1) 選擇「公式」

(2) 選擇函數類別「財務」

(3) 選取函數「PV」

(4)「Rate」填入「5%」

(5)「Nper」填入「3」

(6)「Fv」填入「－1000」

(7)「Type」填入「0」

(8) 按「確定」計算結果「863.84」

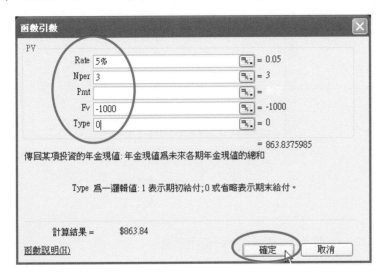

3-2 年金終值與現值

　　近年來，政府推動「勞工退休金制度」中所實施的「個人退休金專戶」指明雇主應為適用勞基法之本國籍勞工，按月提繳不低於其每月工資 6% 勞工退休金，儲存於勞工保險局設立之勞工退休金個人專戶，退休金累積帶著走，不因勞工轉換工作或事業單位關廠、歇業而受影響，專戶所有權屬於勞工。勞工年滿 60 歲即得請領退休金，提繳退休金年資滿 15 年以上者，應請領「月退休金」。此「個人退休金專戶」就是年金的觀念，餐旅業的從業人員，適用「勞工退休金制度」，因此年金的觀念對於每個公司或個人都是應該具備的常識。

　　年金（Annuity）是指在某一段期間內，每一期都收到等額金額的支付。例如，在 10 年內，每年年底收到固定 1,000 元的現金流量，則此現金流量就稱為年金。通常年金的現金流量是發生在每期的期末，此種年金稱作「普通年金（Ordinary Annuity）」；如果年金的現金流量是發生在每期的期初，則此種年金稱作「期初年金」。如果沒有特別聲明，通常都是以普通年金為主。以下將逐一介紹年金的終值與現值。

■ 年金終值

（一）普通年金終值

　　假設每年有一筆現金流量 C，在利率為 r 情形下，則 n 期後，所有現金流量的終值總和稱為普通年金終值（如圖 3-3）。普通年金終值的計算式如（3-5）式：

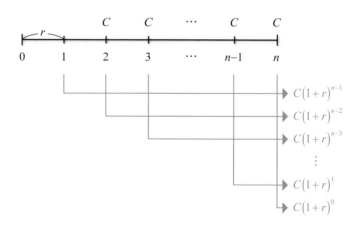

●●▶ 圖 3-3　普通年金終值示意圖

$$FVA_n = C(1+r)^0 + C(1+r)^1 + C(1+r)^2 + \cdots\cdots + C(1+r)^{n-2} + C(1+r)^{n-1}$$
$$= C \times FVIFA_{(r,n)} \qquad\qquad (3\text{-}5)$$

其中，為年金終值利率因子（Future Value Interest Factor for an Annuity, FVIFA），我們可以利用附錄的表 A-3「年金終值利率因子表（FVIFA）」，以查表的方式計算出普通年金終值。

（二）期初年金終值

假設每年年初有一筆現金流量 C，在利率為 r 情形下，則 n 期後，所有現金流量的終值總和稱為期初年金終值（如圖 3-4）。期初年金終值的計算式如（3-6）式：

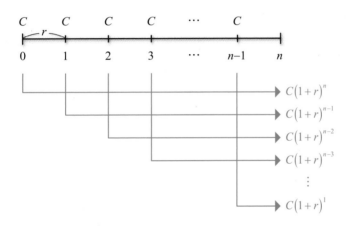

●●▶ 圖 3-4　期初年金終值示意圖

$$FVA_n = C(1+r)^1 + C(1+r)^2 + C(1+r)^3 + \cdots\cdots + C(1+r)^{n-1} + C(1+r)^n$$
$$= C \times FVIFA_{(r,n)} \times (1+r) \qquad\qquad (3\text{-}6)$$

由（3-6）式得知，期初年金終值與普通年金終值的差異，就是將每一期普通年金的現金流量多一次複利，亦即乘以（1 + r）就等於期初年金的現金流量。因此兩者終值的總合差異，就是差一次（1 + r）複利的金額。兩者關係如（3-7）式：

$$FVA_n(\text{期初年金}) = FVA_n(\text{普通年金}) \times (1+r) \qquad\qquad (3\text{-}7)$$

例題 3-3

【年金終值】

假設有一筆 10 年到期的年金，每年年底可領 1 萬元，在利率為 6% 的情形下，

(1) 請問 10 年後年金終值是多少？

(2) 若改為每年年初可領 1 萬元，請問此種情形下，10 年後年金終值是多少？

解 ▷▷

【解法 1】

利用年金終值表與數學公式，查表或計算機解答

(1) 年底存入（普通年金終值）：

$$FVA_{10} = 10,000 + 10,000(1+6\%)^1 + 10,000(1+6\%)^2$$
$$+ \cdots\cdots + 10,000(1+6\%)^9$$

$$= 10,000 \times FVIFA_{(6\%,10)} = 131,808$$

(2) 年初存入（期初年金終值）

$$FVA_{10} = 10,000(1+6\%)^1 + 10,000(1+6\%)^2 + 10,000(1+6\%)^3$$
$$\cdots\cdots + 10,000(1+6\%)^{10}$$

$$= 10,000 \times FVIFA_{(6\%,10)} \times (1+6\%) = 139,716.4$$

【解法 2】

利用 Excel 解答，步驟如下：

(1) 選擇「公式」

(2) 選擇函數類別「財務」

(3) 選取函數「FV」

(4)「Rate」填入「6%」

(5)「Nper」填入「10」

(6)「Pmt」填入「-10,000」

(7)「Type」若填入「0」為年底存入；若填入「1」為年初存入

(8) 按「確定」計算結果「131,807.95」（普通年金終值）；「139,716.43」（期初年金終值）

●●▶ 普通年金終值

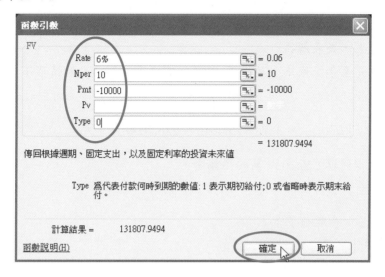

●●▶ 期初年金終值

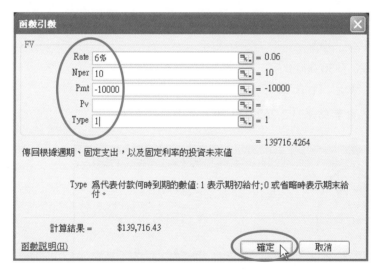

例題 3-4

【年金終值】

假設有一在老爺酒店上班的員工，參加勞工退休年金制度，該員工每年公司與自己共提領 3 萬元至年金帳戶。自他開始上班到退休，共提撥 40 年的年金至退休金帳戶，在年利率為 3% 的情形下，請問該員工最後可以領到多少退休金？

解 ▷▷

【解法 1】

利用年金終值表，查表解答

每年提領 3 萬元至年金帳戶，共提領 40 年，在年利率爲 3% 的情形下，年金終值爲

$$FVA_{40} = 3 \ 萬 \times FVIFA_{(3\%,40)} = 3 \ 萬 \times 75.4013 = 226.2039 \ 萬（元）$$

該員工最後可以領取 226.2039 萬的退休金。

【解法 2】

利用 Excel 解答，步驟如下：

(1) 選擇「公式」

(2) 選擇函數類別「財務」

(3) 選取函數「FV」

(4)「Rate」填入「3%」

(5)「Nper」填入「40」

(6)「Pmt」填入「-30,000」

(7)「Type」若填入 「0」

(8) 按「確定」計算結果「2,262,037.79」

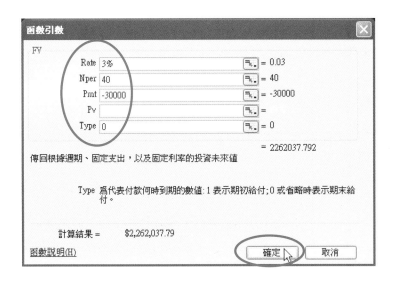

「繳多領少延後退」？　勞保年金幾歲請領報你知

年金改革爭議不斷，不管是公務人員，還是勞工，通通擔心退休生活費沒有著落。隨著勞保年金請領年齡門檻提升，明年起將上調至 61 歲，未來每 2 年在往後延 1 歲，直到 65 歲為限，到底幾歲才能領到退休金？

1. 幾歲才可以領勞保年金？

勞保年金從 2009 年上路，根據《勞保條例》規定，老年年金請領資格為 60 歲、保險資格須滿 15 年，不過明年起，依法調高請領年齡，改為 61 歲才能領取，之後每 2 年提高 1 歲，直到 65 歲為限。從出生年次來看，46 年次（含）以前的勞工請領年齡是 60 歲，但 47 年次的人，因明年起延後請領年齡至 61 歲，必須到後年（2019 年）滿 61 歲才能領，48 年次法定請領年齡為 62 歲、49 年次為 63 歲、50 年次 64 歲、51 年次以後都是 65 歲。

2. 什麼時候領最划算？

按照《勞保條例》，勞工可選擇「減額年金」或「增額年金」2 種機制，在符合法定請領年齡的前後 5 年，每提前或延後 1 年，年金增減額 4%。此外，勞工一旦選擇提早或延後領取，經過核付後，日後增加或減給的比例就不得再變更。「減額年金」：如果提前領取年金，最多僅可提前 5 年，每提早 1 年，年金就少 4%、最多減 20%。「增額年金」：如果延後請領年金，最多僅可延後 5 年，每延後 1 年，年金就多 4%、最多增加 20%。

換句話說，若是 47 年次的勞工來看，雖然要等到 2019 年滿 61 歲才能請領勞保年金，不過最早在 2014 年（56 歲）已可請領減給 20% 的「減額年金」；反之，最晚可延後至 2024 年（65 歲）領取，就可增加 20% 的「增額年金」。

（資料來源：節錄自 ETNEWS 財經 2017/5/28）

 解說

所有的餐旅業從業人員，都是適用勞基法，原本勞保年金請領資格為 60 歲、保險資格須滿 15 年，不過 2018 年起，依法調高請領年齡，改為 61 歲才能領取，之後每 2 年提高 1 歲，直到 65 歲為限。根據新的制度不同年紀的勞工，可以請領年金的時間不同，且可選擇「減額年金」與「增額年金」兩種方式。上述的報導中，可以讓學生明瞭勞工退休金「年金制度」的特性，並間接強調「資金時間價值」的重要性。

勞保年金幾歲才可以領		
出生時間	法律請領年齡（歲）	請領時間
46年次以前	60	2009–2017
47年次	61	2018–2019
48年次	62	2020–2021
49年次	63	2022–2023
50年次	64	2024–2025
51年次以後	65	2026

●●▶ 圖 3-5　勞保年金法定請領年齡與時間
（圖片來源：ETNEWS 財經）

年金現值

（一）普通年金現值

假設每年有一筆現金流量 C，在利率為 r 情形下，則 n 期後，所有現金流量的現值總和稱為普通年金現值（如圖 3-6）。普通年金現值的計算式如（3-8）式：

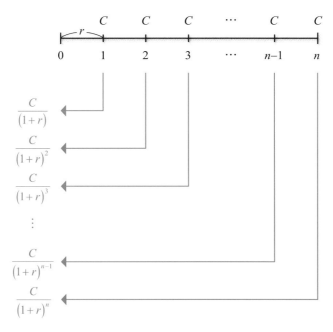

●●▶ 圖 3-6　普通年金現值示意圖

$$PVA_n = \frac{C}{(1+r)} + \frac{C}{(1+r)^2} + \frac{C}{(1+r)^3} + \cdots + \frac{C}{(1+r)^{n-1}} + \frac{C}{(1+r)^n}$$

$$= C \times PVIFA_{(r,n)}$$

（3-8）

其中，為年金現值利率因子（Present Value Interest Factor for an Annuity, PVIFA）。普通年金現值我們可以利用附錄的表 A-4「年金現值利率因子表（PVIFA）」，以查表的方式計算出。

（二）期初年金現值

假設每年年初有一筆現金流量 C，在利率為 r 情形下，則 n 期後，所有現金流量的現值總和稱為期初年金現值（如圖 3-7）。期初年金現值的計算式如（3-9）式：

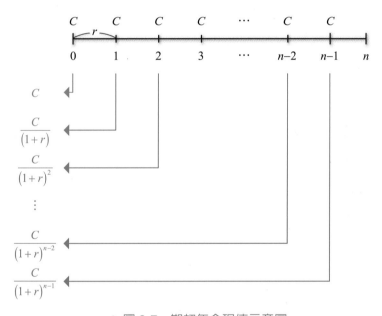

●●▶ 圖 3-7　期初年金現值示意圖

$$PVA_n = C + \frac{C}{(1+r)^1} + \frac{C}{(1+r)^2} + \cdots + \frac{C}{(1+r)^{n-2}} + \frac{C}{(1+r)^{n-1}}$$

$$= C \times (PVIFA_{r,n}) \times (1+r)$$

（3-9）

由（3-9）式得知，期初年金現值與普通年金現值的差異，就是將每一期普通年金的現金流量少一次折現，即乘以（$1+r$），就等於期初年金的現金流量。因此兩者現值的

總合差異，就是差一次（$1 + r$）複利的金額。兩者關係如（3-10）式：

$$PVA_n(\text{期初年金現值}) = PVA_n(\text{普通年金現值}) \times (1 + r) \qquad (3\text{-}10)$$

例題 3-5

【年金現值】

假設有一筆 10 年到期的年金，每年年底可領 1 萬元，在利率為 6% 的情形下

(1) 請問現在年金現值是多少？

(2) 若改為每年年初可領 1 萬元，請問此種情形下，現在年金現值是多少？

解 ▷▷

【解法 1】

利用年金現值表與數學公式，查表或計算機解答

(1) 年底存入（普通年金現值）

$$PVA_{10} = \frac{10,000}{(1+6\%)} + \frac{10,000}{(1+6\%)^2} + \cdots\cdots + \frac{10,000}{(1+6\%)^{10}}$$

$$= 10,000 \times PVIFA_{(6\%,10)} = 73,601$$

(2) 年初存入（期初年金現值）

$$PVA_{10} = 10,000 + \frac{10,000}{(1+6\%)} + \frac{10,000}{(1+6\%)^2} + \cdots\cdots + \frac{10,000}{(1+6\%)^{10}}$$

$$= 10,000 \times PVIFA_{(6\%,10)} \times (1+6\%) = 78,017$$

【解法 2】

利用 Excel 解答，步驟如下：

(1) 選擇「公式」

(2) 選擇函數類別「財務」

(3) 選取函數「PV」

(4)「Rate」填入「6%」

(5)「Nper」填入「10」

(6)「Pmt」填入「-10,000」

(7)「Type」若填入「0」為年底存入；若填入「1」為年初存入

(8) 按「確定」計算結果「73,600.87」（普通年金現值）；「78,016.92」（期初年金現值）

●●▶ 普通年金現值

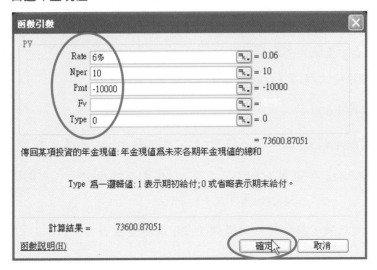

●●▶ 期初年金現值

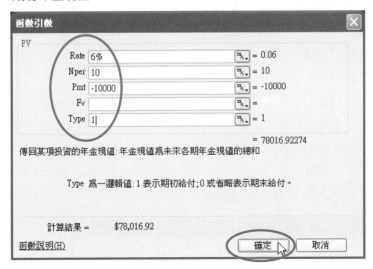

例題 3-6

【年金現值】

假設有一奧運選手在比賽得到金牌，政府將頒發一筆獎金，若獎金領取的方式有兩種，一種是現在就一次提領 1,600 萬獎金；另一種則為每月 5 萬，但只能採年領 60 萬的方式提取，一直到此選手離開人間為止。若此選手自從拿到奧運金牌後，假設仍有 30 年的壽命，請問在這低利率時代（年利率僅 1%）的情形下，此運動員應選擇何種方式提領獎金對他而言最有利？

解 ▷▷

【解法 1】

利用年金現值表，查表解答

(1) 方式一：若採一次提領 1,600 萬獎金

　　獎金現值即為 1,600 萬（元）

(2) 方式二：若採年領 60 萬，連續領 30 年，在年利率 1% 的情形下

　　獎金現值為 PVA_{30} = 60 萬 $\times PVIFA_{(1\%, 30)}$ = 60 萬 $\times$ 25.8077

　　　　　　　　= 1,548.46 萬（元）

由兩種方式比較結果，應該採一次提領 1,600 萬獎金較有利。

【解法 2】

利用 Excel 解答，步驟如下：

(1) 選擇「公式」
(2) 選擇函數類別「財務」
(3) 選取函數「PV」
(4)「Rate」填入「1%」
(5)「Nper」填入「30」
(6)「Pmt」填入「−600,000」
(7)「Type」若填入 「0」
(8) 按「確定」計算結果「15,484,624.93」

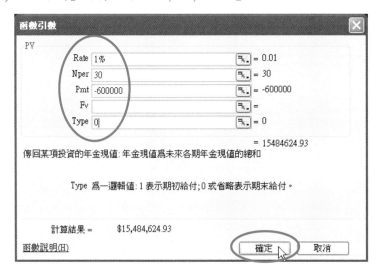

例題 3-7

【年金現值】

若承上例 3-6，奧運選手可每月月領 5 萬，可領 30 年，但年利率改為 0.9% 的情形下，請問此選手所領的獎金的現值為何？

解 ▷▷

【解法 1】

利用數學公式，計算機解答

在年利率 0.9% 的情形下，每月為 $0.075\% \left(\dfrac{0.9\%}{12} \right)$，30 年共有 360 個月（$30 \times 12$）

獎金現值為 $PVA_{360} = 50,000 \times PVIFA(0.075\%, 360)$

$$= 15,769,549.88$$

【解法 2】

利用 Excel 解答，步驟如下：

(1) 選擇「公式」

(2) 選擇函數類別「財務」

(3) 選取函數「PV」

(4) 「Rate」填入「0.075%」

(5) 「Nper」填入「360」

(6) 「Pmt」填入「−50,000」

(7) 「Type」若填入「0」

(8) 按「確定」計算結果「15,769,549.88」

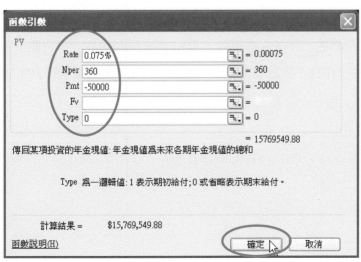

當一個運動選手，能夠代表國家參加奧運，乃畢生榮耀，若又能得到獎牌，更是名留青史。我國政府頒給奧運奪牌選手的獎金有兩種選擇，奧運金、銀、銅牌選手，除可選擇一次分別領 2,000 萬元、700 萬元、500 萬元的獎金外，或亦可改領 12.5 萬元、3.8 萬元、2.4 萬元的「月終身俸」。這兩種選擇何者較利於選手，端視選手當時的資金需求、存續年齡、未來的利率而定，但年金的提領方式確實提供選手後續生活的穩定保障。

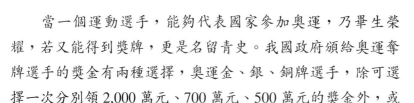

3-3　有效年利率

日常生活中，我們向銀行借貸利率皆以年利率報價，但計息的期間如果不是以年為單位，則實質上支付或領取的利息，並不是銀行所宣稱的年利率。例如，銀行對信用卡客戶尚未繳清的餘額，宣稱年利率 12% 的借款利率，但實際上銀行卻是採每日計息，所以實際客戶在繳交利息時，必須換算成實質的有效年利率才準確。

一般實務與學理中，如果沒有特別宣稱，通常名目利率以「年」為計算標準。但如果計息的標準不是以「年」為單位，例如，以季、月、日等，那麼實際在計算利息時，就必須換算成以年為計價單位的有效年利率（Effective Annual Rate, EAR）。

假設甲向銀行借款 10 萬元，期限 1 年，借款年利率為 8%，並以半年複利一次為計息標準。半年後甲應付年利率的一半 4% 給銀行，但由於複利的緣故，會自動的將半年所應付的利息加入本金之中，作為下次計息的基礎。因此甲於 1 年後應還銀行 108,160 元。金額計算如下：

$$\$100,000 \times (1+4\%) \times (1+4\%) = \$100,000 \times (1+\frac{8\%}{2})^2 = 108,160 \text{（元）}$$

所以甲雖然借款年利率為 8%，但實際因半年複利一次的關係，卻支付比 8% 更高的利息。其實際支付的利息為 8.16% $[(1+\frac{8\%}{2})^2 -1]$，因此甲所付的 8.16% 為以年為計價單位的有效年利率。同理，若上例中，若以一季複利一次為計息標準，則有效年利率應約為 8.24% $[(1+\frac{8\%}{4})^4 -1]$。

因此，我們將有效年利率寫成一般通式，如（3-11）式：

$$EAR = \left(1+\frac{r}{m}\right)^m - 1 \qquad\qquad (3\text{-}11)$$

（3-11）式中，EAR 表有效年利率，r 為年利率，m 為一年中複利的次數。

例題 3-9

【有效年利率】

假設清泉溫泉民宿向銀行借款 100 萬元，借款利率為 6%，銀行採每季複利一次，一年付息一次收取利息，則

(1)請問有效年利率為何？

(2)請問 1 年後應付多少本利和？

(3)若借款利率為 9%，銀行採每月複利一次，一年付息一次收取利息，請問有效年利率為何？

解 ▷▷

【解法 1】

(1) 利率 6%，每季複利一次，有效年利率

　　$EAR = (1+\frac{6\%}{4})^4 - 1 = 6.1364\%$

(2) 利率 6%，每季複利一次，1 年後本利和

　　$FV_1 = 1{,}000{,}000 \times (1+\frac{6\%}{4})^4 = 1{,}061{,}363.55$（元）

(3) 利率 9%，每月複利一次，有效年利率

　　$EAR = (1+\frac{9\%}{12})^{12} - 1 = 9.3807\%$

【解法 2】

利用 Excel 解答，步驟如下：

(1) 選擇「公式」

(2) 選擇函數類別「財務」

(3) 選取函數「EFFECT」

(4)「Rate」分別填入「6%」與「9%」

(5)「Nper」分別填入「4」與「12」

(6) 按「確定」計算結果「6.1364%」與「9.3807%」

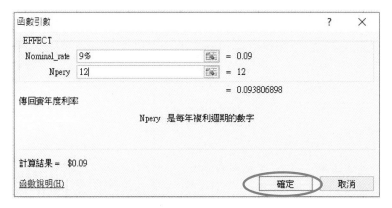

例題3-10

【有效年利率】

茶王手搖杯飲料店，因最近景氣不好使得短期營運出現問題，因本身信用不好，無法向銀行借錢，於是轉向地下錢莊調頭寸 10 萬元，其借款條件為借貸 10 萬元，每日只要還 800 元利息。

(1)請問此借款條件以「單利」與「複利」計算的有效年利率各為何？

(2)請問若借 50 天後須付多少本利和？

解 ▷▷

【解法 1】

(1)借 10 萬元，每日還 800 元利息，其每日利息為 0.8%（800/100,000）

單利：$EAR = 0.8\% \times 365 = 292\%$

複利：$EAR = (1 + 0.8\%)^{365} - 1 = 1,732.71\%$

地下錢莊通常都是採每日複利，所以換算成年利率高達 1,732.71%。

(2)借 50 天後須付多少本利和

$FV = 100,000 \times (1 + 0.8\%)^{50} = 148,945.2$（元）

【解法 2】

利用 Excel 解答，步驟如下：

(1) 選擇「公式」

(2) 選擇函數類別「財務」

(3) 選取函數「EFFECT」

(4) 「Rate」分別填入「292%」

(5) 「Nper」分別填入「365」

(6) 按「確定」計算結果「1732.71%」

NOTE

Chapter 4

經營績效指標分析

本章大綱

本章內容為經營績效指標分析，主要介紹財務報表的基本內容，以及如何運用財務比率來分析公司的財務狀況，並介紹餐旅業特殊經營性指標，內容詳見下表。

節次	節名	主要內容
4-1	財務報表分析概論	介紹財務報表的目的、內容及分析的方法。
4-2	財務比率介紹	介紹對公司財務狀況進行診斷的五種財務分析比率，包括：「流動性比率」、「資產管理比率」、「負債管理比率」、「獲利能力比率」與「市場價值比率」。
4-3	財務比率分析比較	介紹對不同公司（同公司跨年度）的財務狀況，進行財務比率分析比較。
4-4	餐旅業特殊經營績效指標	介紹「住宿率」與「翻桌率」這兩種餐旅產業特殊經營性指標。

4-1 財務報表分析概論

經營者或投資人欲瞭解公司的經營績效與預測公司未來的營運情形，就必須從財務報表中獲取資訊，才能對此公司有較正確與客觀的認知。財務報表內的數據是死的，使用者該如何利用各種分析方法，將數據進行剖析變成有意義的資訊，是一項很重要的議題。

財務報表分析（Financial Statement Analysis），是指使用者從四種基本財務報表「資產負債表（財務狀況表）、現金流量表、綜合損益表與權益變動表」中，運用各種財務分析工具，分析整理出一些對決策有用的資訊，幫助使用者瞭解公司過去、評價現在和預測未來績效及經營成果，以提供使用者做決策分析使用。

一 基本財務報表

會計人員根據日常公司的交易紀錄，加以分類彙整，一段期間後必須編製財務報表，將公司的經營狀況呈現出來。依據最新國際財務報導準則（International Financial Reporting Standards, IFRSs）的規定，將基本財務報表分[1]爲「資產負債表（財務狀況表）」、「現金流量表」、「綜合損益（淨利）表」與「權益變動表」等四種，以下將分別介紹每一種報表的功能與組合科目。

（一）資產負債表（Balance Sheet）（財務狀況表）

資產負債表（財務狀況表）是表達公司某一特定時點的財務狀況，其內容由「資產」、「負債」與「權益」三部分所組合而成。其中資產總額等於負債與權益的總額，三者關係如下：

資產總額＝負債總額＋權益總額

1. 資產（Assets）：通常依據資產流動性高低排列，分爲流動資產（Current Assets）與非流動資產（Non-current Assets），詳見表 4-1。

---

1 依據最新國際財務報導準則（International Financial ReportingStandards, IFRSs）的規定，爲了更能反映財務報表的內涵與功能，以將財務報表中「資產負債表」改稱爲「財務狀況表」，且將以往「綜合損益表」改爲「綜合淨利表」。在國內因金管會並未強制要求更改報表名稱，所以企業仍可依習慣沿用「資產負債表」與「綜合損益表」名稱。

●●▶ 表 4-1　資產的類型

類型	說明	項目
流動資產	在短期內（通常指一年或一個營業週期以內）可以迅速變現的資產。	現金、有價證券、應收帳款、存貨及應付費用等。
非流動資產	流動資產以外的資產，通常變現性與流動性較差。	土地、房屋及建築、商標權、專利權、商譽、存出保證金、代付款與暫付款等。

2. 負債（**Liabilities**）：通常依據負債流動性高低排列，分為流動負債（Current Liabilities）與非流動負債（Non-current Liabilities），詳見表 4-2。

●●▶ 表 4-2　負債的類型

類型	說明	項目
流動負債	在短期內（一年或一個營業週期以內）必須清償的債務。	短期借款、銀行透支、應付帳款與應付票據等。
非流動負債	流動負債以外的負債，通常流動性較差。	公司債、長期借款、抵押借款、存入保證金、代收款與暫收款等。

3. 權益（**Owner's Equity**）：包括股本（Capital Stock）、資本公積（Add Paid-in Capital）、保留盈餘（Retained Earning）與其他權益（Other Owner's Equity）等，詳見表 4-3。

●●▶ 表 4-3　權益的類型

類型	說明	項目
股本	公司股東所出資的資本。	又分為普通股與特別股兩種。
資本公積	企業所收到投資者的超出法定資本之部分。	股本溢價、資產重估增值與處分固定資產利益等。
保留盈餘	公司歷年累積之純益，未以現金或其它資產方式分配給股東，保留於公司內。	法定盈餘公積、特別盈餘公積與未分配盈餘等。
其他權益	非股本、資本公債、保留盈餘之餘項。	庫藏股、金融商品未實現損益、未實現重估增值與累積換算調整數等。

（二）綜合損益（淨利）表（Statement of Comprehensive Income）

綜合（損益）淨利表是表達公司某一特定期間內的經營能力。其科目由營業收入、營業成本（損失）、營業毛利（毛損）、營業費用、營業利益（損失）、營業外利益（損失）、稅前淨利、稅後淨利與每股盈餘等項目所組合而成，詳見表 4-4。

●●▶ 表 4-4　綜合（損益）淨利表

項目	說明
營業收入	企業在經營活動中，因銷售產品、提供勞務或居間代理所取得的各項收入。其包括銷貨收入、勞務收入與業務收入三種型式。
營業成本	企業在經營活動中，因銷售產品、提供勞務或居間代理所負擔的成本。
營業毛利（毛損）	營業收入減營業成本，若為正值則為「營業毛利」，若為負值則為「營業毛損」。
營業費用	公司營業活動有關之經常性支出。其包括銷售費用與管理費用兩大類。
營業利益（損失）	公司營業活動所產生的利潤。營業利益為營業毛利減營業費用，若為正值則為「營業利益」，若為負值則為「營業損失」。
營業外利益（損失）	與企業經營活動無直接關係的收益和支出。
稅前淨利	為公司營業利益與營業外收支相加而得。
稅後淨利	為稅前淨利減所得稅而得。
每股盈餘	為稅後淨利除以流通在外股數，表示股東持有一單位股票可享得的單位利潤。

（三）現金流量表（Statement of Cash Flows）

現金流量表是表達某一特定期間，公司營業活動所引起的現金流入與流出之變動情形。現金流量表主要是為反映出資產負債表（財務狀況表）中各個項目對現金流量的影響，並根據其用途劃分為營業、投資及籌資等三種活動類型，詳見表 4-5。

（四）權益變動表（Statement of Changes in Equity）

權益變動表是表達公司某一特定期間，股東權益的變動情形。權益係指公司之資產減去其負債之後的剩餘價值。股東權益的加項包含股東增資或純益等。股東權益的減項包含提取現金、其他財產以及本期之淨損等。

●●▶ 表 4-5　現金流量表的活動類型

活動類型	說明	項目
營業活動	公司銷售或提供勞務所產生的現金流量，主要以銷貨收支為主。	• 現金流入如：現金銷貨、利息收入及應收帳款收現等。 • 現金流出如：支付原料費用、員工薪資及租賃費用等。
投資活動	公司因購買或出售長短期投資、固定資產、無形資產等，所產生的現金流量。	• 現金流入如：處分有價證券、機器與廠房等。 • 現金流出如：購入有價證券、機器與廠房等。
籌資活動	公司從事籌資活動所產生的現金流量。	• 現金流入如：發行普通股或公司債籌措資金等。 • 現金流出如：發放股利與償還債務本金等。

財務報表分析方法

隱藏在財務報表中的數據，必須透過分析方法，才能從財務報表內擷取有用的資訊，一般常見的分析方法，可分為「靜態分析」與「動態分析」兩大類。

（一）靜態分析（Static Analysis）

靜態分析是指將同一年度財務報表的各項目與某一數據加以比較，以分析各科目的相對重要性與比率是否合理。常用的靜態分析分為「垂直分析」與「比率分析」兩種。

1. **垂直分析（Vertical Analysis）**：利用同一年度財務報表的數據除以某一基礎項目，加以分析比較，以瞭解各科目的相對重要性。以表 4-6 假日飯店的綜合損益表為例，2019 年假日飯店營收淨額 6,835 萬元，營業毛利 1,860 萬元，稅後淨利 256 萬元。我們計算出假日飯店營業毛利率為 27.21%（1,860 / 6,835），純益率僅有 3.74%（256 / 6,835）。這代表此公司雖為高毛利率公司，但卻是低淨利率的公司，所以垂直分析可將公司內部的財務結構，進行分析比較，以瞭解結構性差異。

2.　比率分析（Ratio Analysis）：利用同一年度財務報表的數據除以某一基礎項目，然後跟同性質公司相比較，以瞭解此比率是否合理。以表 4-6 假日飯店的綜合損益表為例，我們計算出 2019 年假日飯店純益率僅有 3.74%（256 / 6,835），若此公司同業的純益率平均值為 5%，那代表假日飯店的純益率偏低，有待加強。

（二）動態分析（Dynamic Analysis）

動態分析是指將財務報表不同年度的相同項目加以比較，以瞭解其增減變動的情形與趨勢。常用動靜態分析分為「水平分析」與「趨勢分析」兩種。

1.　水平分析（Horizontal Analysis）：將財務報表中，兩個不同年度的同一項目進行比較，以瞭解其增減變動的情形。以表 4-7 假日飯店的資產負債表（財務狀況表）為例，2018 與 2019 年假日飯店總負債分別為 1,430 與 1,680 萬元，負債與股東權益合計分別為 3,200 與 3,340 萬元，其負債比率分別為 44.69%（1,430 / 3,200）與 50.30%（1,680 / 3,340）。假日飯店經過水平分析得知，2019 年的負債比率較 2018 年增加 5.61%（50.30% － 44.69%），其負債有增加的情形。

2.　趨勢分析（Trend Analysis）：將財務報表中，若干年度的相同項目加以比較，以瞭解其變動之軌跡，藉以預期未來之營運方向。以表 4-6 假日飯店的綜合損益表為例，2017、2018、2019 年假日飯店營收淨額分別為 5,020、5,524、6,835 萬元，稅後淨利分別為 140、192 與 256 萬元，計算出純益率分別 2.79%（140 / 5,020）、3.48%（192 / 5,524）、3.74%（256 / 6,835）。假日飯店經過趨勢分析得知，假日飯店的純益率有逐年增加之趨勢，可預期將來會繼續成長。

4-2　財務比率介紹

將財務報表中的數據，透過不同科目的相互比較，可得到一個較具義意的比率，此種分析稱為「財務比率分析」。利用財務比率分析，就可以將財務報表中的單純數據轉換成可供比較分析的比率，使財務報表更能有效率的揭露公司營運狀況，以了解公司過去與現在的財務狀況，並可作為預測未來營運方向之參考。

一般而言，財務比率分析大致可分「流動性比率」、「資產管理比率」、「負債管理比率」、「獲利能力比率」與「市場價值比率」等五種，以下將進一步詳細說明。

一 流動性比率（Liquidity Ratios）

　　流動性是指資產轉換成現金的能力。股東通常會注意公司資產的流動性，關心公司是否有足夠的流動性資產，能夠在短時間內以合理的價格轉換為現金。一般而言，常用於衡量公司資產流動性的比率有兩種指標，分別為「流動性比率」與「速動比率」。以下將以假日飯店 2017 ～ 2019 年的綜合損益表（表 4-6）與 2018 ～ 2019 年的資產負債表（財務狀況表）（表 4-7）為例，詳細介紹這些指標的用途。

●●▶ 表 4-6　假日飯店 2017 ～ 2019 年的綜合損益表

假日飯店的綜合損益表			單位：萬元
	2017 年	2018 年	2019 年
營收淨額（銷貨淨額）	5,020	5,524	6,835
營收成本（銷貨成本）	3,715	4,111	4,975
營業毛利	1,305	1,413	1,860
營業費用	980	1,011	1,324
營業淨利	325	402	536
利息費用	150	162	216
稅前收益	175	240	320
所得稅（20%）	35	48	64
稅後淨利	140	192	256

●●▶ 表 4-7　假日飯店 2018 ～ 2019 年的資產負債表（財務狀況表）

假日飯店的資產負債表（財務狀況表）					單位：萬元
資產	2018 年	2019 年	負債與權益	2018 年	2019 年
流動資產			流動負債		
現金	522	580	應付帳款	340	400
應收帳款	1,165	1,194	應計項目	530	660
存貨	816	846	流動負債合計	870	1,060
流動資產合計	2,503	2,620	非流動負債	560	620
固定資產	597	610	負債合計	1,430	1,680
其它資產	100	110	普通股	610	630
非流動資產合計	697	720	保留盈餘	1,160	1,030
			權益合計	1,770	1,660
資產合計	3,200	3,340	負債與權益合計	3,200	3,340

1. 流動比率（Current Ratio）：其最主要的用途是衡量公司償還短期債務的能力。若此比率愈高，表示公司償還短期債務的能力愈強。流動比率的計算公式如下：

$$流動比率 = \frac{流動資產}{流動負債}$$

以表 4-7 假日飯店 2019 年的流動比率為例：

$$流動比率 = \frac{2,620}{1,060} = 2.47$$

一般而言，流動比率在正常情況下約為 2.0 左右，但不同產業通常會有不同的平均流動比率。所以觀察流動比率時，應該比較該公司與同業平均水準是否有顯著差異。

2. **速動比率（Quick Ratio）**：又稱酸性測驗比率（Acid Test Ratio）。速動比率與流動比率類似，其最主要的用途是衡量公司償還短期債務的能力。唯一差別在於速動比率並沒有考慮流動資產中的存貨，存貨是流動資產之中流動性最差的。因為存貨不容易輕易出售，即使出售，公司通常也無法立即收到現金，而是會變成應收帳款。因此速動比率在衡量公司償還短期債務的能力較流動比率嚴格。速動比率的計算公式如下：

$$速動比率 = \frac{流動資產 - 預付費用 - 存貨}{流動負債}$$

以表 4-7 假日飯店 2019 年的速動比率為例：

$$速動比率 = \frac{2,620 - 846}{1,060} = 1.67$$

一般而言，速動比率大於 1.0 就算是合理的，但不同的產業通常會有不同的標準。所以觀察速動比率時，仍應該與同業一起比較客觀。此外，在觀察一家公司的資產流動性時，若該產業的特性是存貨流動性較低，應該用速動比率來取代流動比率；反之，若該產業的特性是存貨流動性較高，則流動比率是比較好的選擇。因此我們可以端看產業的存貨流動性，權衡到底要選擇速動或流動比率，較能客觀的衡量此公司的資產流動性。

📋 資產管理比率（Asset Management Ratios）

資產管理比率是用來衡量公司管理資產的能力。此比率可以檢測出公司的資產是否被充分利用或閒置，以及公司運用資產的能力為何。一般而言，常用於衡量公司資產管理比率有六種指標，分別為「存貨週轉率」、「存貨平均銷售天數」、「應收帳款週轉率」、「應收帳款回收天數」、「固定資產週轉率」與「總資產週轉率」，以下將詳細介紹這些指標的用途。

1. **存貨週轉率（Inventory Turnover Ratio）**：其最主要的用途是用來衡量一家公司存貨的活動程度及流動性。若此比率愈高，表示公司存貨的出售速率愈快，公司管理存貨的效率也就愈高。存貨週轉率的計算公式如下：

$$存貨週轉率 = \frac{銷貨成本}{平均存貨}$$

以表 4-6 與 4-7 假日飯店 2019 年的存貨週轉率為例：

$$存貨週轉率 = \frac{4,975}{846} = 5.88$$

　　此時所計算出的存貨週轉率仍要與同業的其他公司、或與公司過去的歷史數據比較才有意義。因為每個產業的產品特性不一樣，存貨週轉率也就不會相同。

2. **存貨平均銷售天數**（Day's Sales in Inventories）：其最主要的用途是用來衡量存貨週轉一次所須時間。存貨週轉率愈高，存貨平均銷售天數就愈短，公司管理存貨的效率也就愈高。存貨平均銷售天數的計算公式如下：

$$存貨平均銷貨天數 = \frac{365\ 天}{存貨週轉率}$$

以表 4-6 與 4-7 假日飯店 2019 年的存貨平均銷貨天數為例：

$$存貨平均銷貨天數 = \frac{365}{5.88} = 62.07$$

　　同樣的，此計算出的存貨平均銷售天數仍要與同業的其他公司、或與公司過去的歷史數據比較才有意義。因為每個產業的產品特性不一樣，存貨平均銷售天數也就不會相同。

3. **應收帳款週轉率**（Accounts Receivable Turnover）：其最主要的用途是用來衡量一家公司應收帳款的收現速度與收帳效率。若此比率愈高，表示公司的應收帳款的進帳或收現的週轉次數愈多，則應收帳款收款效率較佳。應收帳款週轉率計算公式如下：

$$應收帳款週轉率 = \frac{銷貨淨額}{平均應收帳款}$$

以表 4-6 與 4-7 假日飯店 2019 年的應收帳款週轉率爲例：

$$應收帳款週轉率 = \frac{6,835}{1,194} = 5.72$$

應收帳款週轉率的高低與公司是否使用嚴格的信用政策有關，若使用過於嚴格的信用政策來限制顧客的付款條件，有可能會影響銷售額的成長；相對的，若使用過於寬鬆的信用政策，或許可以招攬到信用能力較差的客戶，但日後可能會有較多的呆帳產生。

4. 應收帳款回收天數（**Accounts Receivable Average Collection Period**）：其最主要的用途是用來衡量應收帳款回收所須時間。應收帳款週轉率愈高，應收帳款回收天數就愈短，則公司應收帳款收現的效率就愈高。應收帳款回收天數計算公式如下：

$$應收帳款回收天數 = \frac{365\ 天}{應收帳款週轉率}$$

以表 4-6 與 4-7 假日飯店 2019 年的應收帳款回收天數爲例：

$$應收帳款回收天數 = \frac{365}{5.72} = 63.81$$

此數據代表假日飯店須要花費 63.81 天才能收到應收帳款，如前所述，應收帳款回收天數與公司的信用政策有關。如果假日飯店給予顧客 60 天的付款期限，則63.81 天還算準時。若應收帳款回收天數比公司給予顧客的付款期限還要高出許多，如此一來將會剝奪公司有效運用現金的機會，也顯示顧客的財務狀況有困難。

5. 固定資產週轉率（**Fix Asset Turnover**）：又稱「不動產、廠房及設備週轉率」其最主要的用途是用來衡量公司利用固定資產創造收入的能力。若此比率較高，表示公司廠房、設備與土地皆被充分利用，營運效率較佳。固定資產週轉率計算公式如下：

$$固定資產週轉率 = \frac{銷貨淨額}{平均淨固定資產}$$

以表 4-6 與 4-7 假日飯店 2019 年的固定資產週轉率：

$$固定資產週轉率 = \frac{6,835}{610} = 11.20$$

使用此數據來研判公司固定資產創造收入的能力，仍會有盲點。若公司歷史較悠久，可能早期就購入成本較為低廉的土地與廠房，則固定資產淨額會被低估，使得固定資產週轉率會偏高。因此使用此比率，須加入使用者的經驗判斷，才不會被比率所誤導。

6. 總資產週轉率（**Total Asset Turnover Ratio**）：其最主要的用途是用來衡量公司利用資產創造銷售的效率。通常總資產週轉率愈高，公司運用資產的效率就愈好。總資產週轉率的計算方式如下：

$$總資產週轉率 = \frac{銷貨淨額}{平均總資產}$$

以表 4-6 與 4-7 假日飯店 2019 年的總資產週轉率為例：

$$總資產週轉率 = \frac{6,835}{3,340} = 2.05$$

此數據表示假日飯店利用公司總資產在 2019 年創造了 2.05 倍的銷售淨額。觀察此比率時，與固定資產週轉率同樣必須注意總資產週轉率，是否使用歷史的總資產成本。因為公司的總資產可能包含了以往較舊的資產，舊的固定資產會低估成本，因此使用此比率仍要考量舊的固定資產項之干擾。

負債管理比率（Debt Management Ratios）

負債管理比率是用來衡量公司償還長期債務的能力。通常公司負債愈多，營運風險愈高。負債及還款能力是公司管理者、股東與債權人都十分關心的項目。一般而言，常用於衡量負債管理比率有兩種指標，分別為「負債比率」與「利息賺得倍數」，以下將詳細介紹這些指標的用途。

1. 負債比率（**Total Debt Ratios**）：其最主要的用途是用來衡量公司的財務槓桿程度。若此比率若太高，表示公司財務槓桿程度太高，則公司營運風險愈高，對債權人保障愈低。反之，若負債比率過低，可能使企業缺乏「利息支出可以抵稅」的財務槓桿效果，因此公司應有最適負債比率。負債比率的計算方式如下：

$$負債比率=\frac{總負債}{總資產}$$

以表 4-7 假日飯店 2019 年的負債比率為例：

$$負債比率=\frac{1,680}{3,340}=50.29\%$$

　　此數據代表假日飯店超過一半的資產是透過舉債而來。一般而言，一家公司的負債比率不宜超過 50%。因為高負債比率可能侵蝕公司的獲利或甚至使公司因週轉不靈而倒閉。每一產業負債比率的標準並不一致，因此仍須與同業相較才客觀，但基本上不宜過高。

2. 利息賺得倍數（**Times Interest Earned Ratio**）：又稱為利息保障倍數（Interest Coverage Ratio），其最主要的用途是用來衡量公司所賺盈餘用來支付利息成本的能力。若利息賺得倍數愈高，表示公司償還債務的能力就愈好。利息賺得倍數的計算方式如下：

$$利息賺得倍數=\frac{稅前息前盈餘（EBIT）}{利息費用}$$

　　其中，稅前息前盈餘（Earnings Before Interest and Taxes, EBIT）等於營業毛利減去營業費用。

　　以表 4-6 假日飯店 2019 年的利息賺得倍數為例：

$$利息賺得倍數=\frac{1,860-1,324}{216}=\frac{320+216}{216}=2.48$$

此數據代表公司所賺的盈餘是利息費用的 2.48 倍，通常利息賺得倍數應大於 1，公司才沒有立即倒閉的風險。如果當一家公司的利息賺得倍數接近或超過 5.0 時，即使公司的稅前息前盈餘大幅縮水，公司仍依舊有能力償還利息支出。當然倍數越高，企業長期償債能力越強，反之，若倍數過低，則企業償債的安全性與穩定性會有較大風險。

四 獲利能力比率（Profitability Ratios）

獲利能力比率是用來衡量公司獲取盈餘的能力。一般而言，常用於衡量獲利能力比率有五種指標，分別為「營業毛利率」、「營業利益率」、「淨利率」、「總資產報酬率」與「股東權益報酬率」。以下將詳細介紹這些指標的用途。

1. 營業毛利率（**Gross Profit Margin**）：其最主要的用途是用來衡量公司銷貨收入扣除銷貨成本之後的獲利能力。當毛利率愈高，表示公司的生產成本控制愈佳或與進貨廠商議價能力愈好。營業毛利率的計算方式如下：

$$營業毛利率 = \frac{營業（銷貨）淨額 - 營業成本}{營業（銷貨）淨額} = \frac{營業毛利}{營業（銷貨）淨額}$$

以表 4-6 假日飯店 2019 年的營業毛利率為例：

$$營業毛利率 = \frac{6,835 - 4,975}{6,835} = 27.21\%$$

此數據愈高，只能代表公司控制成本的能力很好，並無法完全顯示公司真正的獲利情形，仍須扣除營業、利息費用與稅額後，才能較精準的呈現公司獲利能力。

2. 營業利益率（**Operation Profit Margin**）：其最主要的用途是用來衡量營業毛利扣除營業費用之後的獲利能力。因為此比率沒有計算公司利息及稅率成本，所以營業利益僅能代表公司銷貨淨額中所能賺得的純利益。當然營業利益率愈高，表示公司銷貨後所得的純利益愈好。營業利益率的計算方式如下：

$$營業利益率 = \frac{營業毛利 - 營業費用}{營業（銷貨）淨額} = \frac{稅前息前盈餘（EBIT）}{營業（銷貨）淨額}$$

以表 4-6 假日飯店 2019 年的營業利益率爲例：

$$營業利益率 = \frac{1,860 - 1,324}{6,835} = 7.84\%$$

此數據與營業毛利率相比較，就可得知公司的營業費用到底佔營業額多少比例。可間接控制營業費用的支出，將公司的有關的營業成本控制在一定的水準，才能使公司的獲利能提升。

3. 營業淨利率（Net Profit Margin）（營業純益率）：其最主要的用途是用來衡量公司營業收入能幫公司股東獲取稅後盈餘的能力。此比率愈高，代表公司每一元的營業收入，最後幫股東所創造的淨利愈高。營業淨利率的計算公式如下：

$$營業淨利率 = \frac{稅後淨利}{銷貨淨額}$$

以表 4-6 假日飯店 2019 年的營業淨利率爲例：

$$營業淨利率 = \frac{256}{6,835} = 3.75\%$$

一家公司的淨利率當然是愈高愈好，但在眞實世界中，一家淨利率很高的公司，不見得會比淨利率較低的公司經營成功。因爲要有高淨利率可能必須採取高價格的銷售策略，最終可能導致銷售量下降，公司淨利反而減少；反之，若公司採取薄利多銷的策略，雖然淨利率不高，但公司也有可能會經營較長久。

4. 總資產報酬率（Return on Total Assets, ROA）：其最主要的用途是用來衡量公司運用資產創造淨利的能力。此比率愈高，代表公司每一元資產，幫股東所賺到的淨利就愈高。總資產報酬率的計算公式如下：

$$總資產報酬率（ROA） = \frac{稅後淨利}{總資產}$$

以表 4-6 與 4-7 假日飯店 2019 年的總資產報酬率為例：

$$總資產報酬率（ROA）=\frac{256}{3,340}=7.66\%$$

　　總資產報酬率高，表示資產利用效率越高，亦可表示公司在增加收入、節約資金等方面取得良好的效果。評價總資產報酬率時，須要與公司前期的比率、或與同行業其他公司一起進行比較，如此才能進一步找出影響該指標的不利因素，以利於企業加強經營管理。

5. 股東權益報酬率（**Return on Equity, ROE**）：其最主要的用途是用來衡量公司股東的自有資本運用效率。若股東權益報酬率較高，表示股東投資的資金，被較有效率的運用。股東權益報酬率的計算公式如下：

$$股東權益報酬率（ROE）=\frac{稅後淨利}{平均股東權益}$$

以表 4-6 與 4-7 假日飯店 2019 年的股東權益報酬率為例：

$$股東權益報酬率（ROE）=\frac{256}{1,660}=15.42\%$$

　　此數據表示股東投入 100 元資金，可以創造出 15.42 元的報酬。此為股東最有興趣的數據，此比率當然是愈高對股東愈有利，但仍須觀察公司的淨利是否有很高的比例來自於業外收入或高負債所產生盈餘，這些因素都有可能在短期成就很高的股東權益報酬率，但長期而言不一定對公司有利。

五 市場價值比率（Market Value Ratios）

　　市場價值比率是用來衡量公司的真正價值，由公司的盈餘、帳面金額與股價相連結而成。這些比率是一般股票投資人最常用於衡量公司現在價值的重要參考指標。一般而言，常用於衡量市場價值比率有三種指標，分別為「每股盈餘」、「本益比」與「市價淨值比」。以下將詳細介紹這些指標的用途。

1. 每股盈餘（Earnings Per Share, EPS）：其最主要的用途是用來衡量公司流通在外的每股股票可以賺得多少報酬。當然每股盈餘愈高，公司愈值得投資。每股盈餘的計算方式如下：

$$每股盈餘（EPS）=\frac{稅後淨利－特別股股利}{流通在外普通股股數}$$

以表 4-6 與 4-7 假日飯店 2019 年的每股盈餘（EPS）為例：

$$每股盈餘（EPS）=\frac{256}{\frac{630}{10}}=4.06$$

每股盈餘常會隨著公司流通在外的股票數增加而被稀釋，所以觀察一家公司的每股盈餘，須拿歷年的資料進行比較，才會知道其獲利趨勢。且亦須跟同業相比較，才會知道經營成果之優劣。

2. 本益比（Price/Earnings Ratio, P/E Ratio）：其最主要的用途是用來衡量公司每賺 1 元的盈餘，投資人願意付多少價格購買股票。亦即衡量投資人對於公司未來績效的信心程度。通常較有願景的公司，投資人願意付出價高的本益比去購買此股票。本益比的計算公式如下：

$$本益比=\frac{每股股價}{每股盈餘}$$

假設假日飯店 2019 年的每股股價為 100 元，以表 4-6 與 4-7 假日飯店 2019 年的本益比為例：

$$本益比=\frac{100}{4.06}=24.63$$

此數據表示假日飯店每賺得 1 元的盈餘，投資人僅願意花 24.63 元購買。通常本益比偏低的公司有可能是公司股價被嚴重低估，亦有可能公司為較成熟或沒有前景的公司，投資人不願意出太高的價格去購買。所以利用本益比來選股，須衡量此時這檔股票的價格是暫時被低估或高估，將來會恢復正常股價，還是前景很光明或

暗淡。若是暫時性可以買進低估或賣出（放空）高估；若是將來前景不錯的公司，可繼續加碼高本益比之股票；反之將來前景黯淡公司，再低的本益比亦不值得投資。當然投資人給予每一產業的本益比皆不盡相同。

3. 市價淨值比（Price to Book Ratio, P/B Ratio）：其最主要的用途是用來衡量投資人願意付出幾倍的價格去購買公司的帳面金額。通常比較有遠景的公司，投資人願意付出價高的市價淨值比去購買此股票。市價淨值比的計算公式如下：

$$市價淨值比 = \frac{每股價格}{每股帳面金額（每股淨值）}$$

以表 4-6 與 4-7 假日飯店 2019 年的市價淨值比為例：

$$市價淨值比 = \frac{100}{26.35} = 3.80$$

其中，假日飯店在 2019 年的每股帳面金額為 26.35 元。

$$每股帳面價值 = \frac{平均股東權益}{流通在外股數} = \frac{1,660\ 萬元}{\frac{630}{10}\ 萬股} = 26.35\ 元$$

（假設股票每股面額 10 元）

　　一般而言，股票價格意謂著公司未來的價值，通常一家具有前景的公司股價應高於現在的帳面金額（淨值），因此一家公司的市價淨值比通常應高於 1。若市價淨值比偏低的公司，有可能是公司股價被嚴重低估，亦有可能公司為較成熟或沒有前景的公司，投資人不願意出太高的價格去購買。所以利用市價淨值比來選股與本益比一樣，須衡量此時這檔股票的價格是暫時被低估或高估，將來會恢復正常股價，還是前景很光明或暗淡。若是暫時性可以買進低估或賣出（放空）高估；若是將來前景不錯公司，可繼續加碼高市價淨值比之股票；反之將來前景黯淡公司，再低的市價淨值比或小於 1 的股票亦不值得投資。

例題 4-1 ....

【財務比率計算】

假設某一年大統餐飲公司，普通股每股市價 150 元，且每股面額 10 元，該年需付 180 萬元的債務本金，公司所得稅率為 20%。請利用大統餐飲公司某一年的資產負債表（財務狀況表）與綜合損益表，試求下列各種財務分析比率。

(1) 流動比率	(2) 速動比率
(3) 存貨週轉率	(4) 存貨平均銷貨天數
(5) 應收帳款週轉率	(6) 應收帳款回收天數
(7) 固定資產週轉率	(8) 總資產週轉率
(9) 負債比率	(10) 利息賺得倍數
(11) 營業毛利率	(12) 營業利益率
(13) 營業淨利率	(14) 總資產報酬率
(15) 股東權益報酬率	(16) 每股盈餘
(17) 本益比	(18) 每股帳面金額
(19) 市價淨值比	

大統餐飲公司的資產負債表（財務狀況表）			單位：萬元
資產		負債與權益	
流動資產		流動負債	
現金	600	應付帳款	400
應收帳款	1,200	應計項目	550
存貨	800	流動負債合計	950
流動資產合計	2,600	非流動負債合計	550
固定資產	750	負債合計	1,500
其它資產	150	普通股	850
非流動資產合計	900	保留盈餘	1,150
		權益合計	2,000
資產合計	3,500	負債與權益合計	3,500

大統餐飲公司的綜合損益表	單位：萬元
銷貨淨額（營收淨額）	5,200
銷貨成本（營收成本）	3,700
營業毛利	1,500
營業費用	950
營業淨利	550
利息費用	150
稅前收益	400
所得稅（20%）	80
稅後淨利	320

解 ▷▷

(1) 流動比率 $= \dfrac{流動資產}{流動負債} = \dfrac{2,600}{950} = 2.74$

(2) 速動比率 $= \dfrac{流動資產 - 預付費用 - 存貨}{流動負債} = \dfrac{2,600 - 800}{950} = 1.89$

(3) 存貨週轉率 $= \dfrac{銷貨成本}{平均存貨} = \dfrac{3,700}{800} = 4.63$

(4) 存貨平均銷貨天數 $= \dfrac{365 \ 天}{存貨週轉率} = \dfrac{365 \ 天}{4.63} = 78.83 \ 天$

(5) 應收帳款週轉率 $= \dfrac{銷貨淨額}{平均應收帳款} = \dfrac{5,200}{1,200} = 4.33$

(6) 應收帳款回收天數 $= \dfrac{365 \ 天}{應收帳款週轉率} = \dfrac{365 \ 天}{4.33} = 84.30 \ 天$

(7) 固定資產週轉率 $= \dfrac{銷貨淨額}{平均淨固定資產} = \dfrac{5,200}{750} = 6.93$

(8) 總資產週轉率 $= \dfrac{銷貨淨額}{平均總資產} = \dfrac{5,200}{3,500} = 1.49$

(9) 負債比率 $= \dfrac{總負債}{總資產} = \dfrac{1,500}{3,500} = 42.86\%$

(10) 利息賺得倍數 $=\dfrac{稅前息前盈餘（EBIT）}{利息費用}=\dfrac{1,500-950}{150}=3.67$

(11) 營業毛利率 $=\dfrac{營業（銷貨）淨額-營業成本}{營業（銷貨）淨額}=\dfrac{營業毛利}{營業（銷貨）淨額}=\dfrac{1,500}{5,200}$
$=28.85\%$

(12) 營業利益率 $=\dfrac{營業毛利-營業費用}{營業（銷貨）淨額}=\dfrac{稅前息前盈餘（EBIT）}{營業（銷貨）淨額}=\dfrac{1,500-950}{5,200}$
$=10.58\%$

(13) 營業淨利率 $=\dfrac{稅後淨利}{銷貨淨額}=\dfrac{320}{5,200}=6.15\%$

(14) 總資產報酬率（ROA）$=\dfrac{稅後淨利}{總資產}=\dfrac{320}{3,500}=9.14\%$

(15) 股東權益報酬率（ROE）$=\dfrac{稅後淨利}{平均股東權益}=\dfrac{320}{2,000}=16.0\%$

(16) 每股盈餘（EPS）$=\dfrac{稅後淨利-特別股股利}{流通在外普通股股數}=\dfrac{320}{\dfrac{850}{10}萬股}=3.76$ 元

(17) 本益比 $=\dfrac{每股股價}{每股盈餘}=\dfrac{150}{3.76}=39.89$

(18) 每股帳面價值 $=\dfrac{平均股東權益}{流通在外股數}=\dfrac{2,000\ 萬元}{\dfrac{850}{10}萬股}=23.53$ 元

(19) 市價淨值比 $=\dfrac{每股價格}{每股帳面金額}=\dfrac{150}{23.53}=6.37$

4-3　財務比率分析比較

一　靜態分析

　　下列我們針對臺灣的兩家上市飯店－國賓飯店（證券代碼：2704）與晶華酒店（證券代碼：2707），2019 年的各項財務比率，進行靜態分析比較：

（一）流動性比率

國賓飯店的「流動比率」與「速動比率」都高於晶華酒店，可見國賓飯店短期間內，要將流動性資產轉換成現金能力優於晶華酒店，所以國賓飯店償還短期債務能力優於晶華酒店。晶華酒店的「流動比率」遠低於正常水準 2，「速動比率」接近正常水準 1，因此晶華酒店雖面臨較高的短期償債風險，但公司存貨管控得宜，所以短期償債風險仍在安全範圍內。

（二）資產管理比率

晶華酒店的「存貨週轉率」與「存貨平均銷貨天數」分別高於與低於國賓飯店，所以晶華酒店的管理存貨的效率優於國賓飯店，也就是說晶華酒店的住房率較國賓飯店高。晶華酒店的「應收帳款週轉率」與「應收帳款回收天數」分別高於與低於國賓飯店，所以晶華酒店對於應收帳款的收款效率稍優於國賓飯店。

此外，晶華酒店的「固定資產週轉率」與「總資產週轉率」均高於國賓飯店，所以晶華酒店在固定資產與總資產的使用效率優於國賓飯店。總之，晶華酒店在資產管理能力大致優於國賓飯店。

（三）負債管理比率

晶華酒店的「負債比率」與「利息賺得倍數」均高於國賓飯店，顯示晶華酒店的財務槓桿使用程度較高，但該公司所賺的錢用來支付利息的能力卻較國賓飯店差很多，所以晶華酒店具較高的財務風險，若市場出現較長期性的系統風險時，晶華酒店較容易發生財務危機。

（四）獲利能力比率

國賓飯店的「營業毛利率」高於晶華酒店，但「營業利益率」卻低於晶華酒店，顯示國賓飯店的經營狀況相較晶華酒店，是屬於高毛利低淨利的型態，所以應該是國賓飯店的營業費用（管銷費）相對晶華酒店高出甚多。

此外，晶華酒店的「營業淨利率」、「總資產報酬率」與「股東權益報酬率」均高於國賓飯店，此顯示晶華酒店每一元的營收與資產幫股東所創造的淨利愈高，所以表示晶華酒店的股東所投資的資金，相較國賓飯店能有效率的被運用。因此晶華酒店的整體獲利能力是優於國賓飯店。

（五）市場價值比率

晶華酒店的「每股盈餘」遠高於國賓飯店，所以表示晶華酒店的獲利能力遠高於國賓飯店，此情形也反映在晶華酒店的高股價上，雖國賓飯店的股價較低，但晶華酒店的「本益比」卻低於國賓飯店，也表示晶華酒店的股價比國賓飯店有成長空間。

此外，晶華酒店的「市價淨值比」高於國賓飯店，且晶華酒店「市價淨值比」為 6.55，相較一般數值 3 的情形，顯示該公司每股市價相較於公司每股淨值，有被高估的情形；但國賓飯店的「市價淨值比」僅略高於 1，雖然股價較合理，但也顯示投資人對該公司未來的經營遠景較無太大的期待。

因此從市場價值比率評斷，晶華酒店的股價相較淨值稍具不合理，但若以本益比與國賓飯店相比，卻仍有成長空間，因此晶華酒店的股價雖有被高估之虞，但投資人對於晶華酒店的未來性仍較國賓飯店的經營具信心。

●●▶ 表 4-8　2019 年國賓大飯店與晶華國際酒店財務比率之比較

	國賓飯店	晶華酒店	比較短評
一、流動性比率			
流動比率	3.31	1.08	國賓飯店較優
速動比率	3.16	1.03	國賓飯店較優
二、資產管理比率			
存貨週轉率	17.47%	63.50%	晶華酒店較優
存貨平均銷貨天數	20.90 天	5.75 天	晶華酒店較優
應收帳款週轉率	23.88%	26.20%	晶華酒店較優
應收帳款回收天數	15.28 天	13.98 天	晶華酒店較優
固定資產週轉率	0.54	2.38	晶華酒店較優
總資產週轉率	0.25	0.68	晶華酒店較優
三、負債管理比率			
負債比率	12.29%	68.60%	國賓飯店較優

	利息賺得倍數	123.34	17.20	國賓飯店較優
四、獲利能力比率				
	營業毛利率	38.67%	33.49%	國賓飯店較優
	營業利益率	6.52%	19.33%	晶華酒店較優
	營業淨利率（營業純益率）	13.11%	21.19%	晶華酒店較優
	總資產報酬率	7.30%	13.81%	晶華酒店較優
	股東權益報酬率	3.70%	35.19%	晶華酒店較優
五、市場價值比率				
	每股盈餘	1.05 元	10.58 元	晶華酒店較高
	本益比	29.86	15.64	晶華酒店較低
	市價淨值比	1.02	6.55	國賓飯店較低

資料來源：臺灣經濟新報資料庫 & 臺灣證券交易所

🖥 動態分析

下列我們針對臺灣的餐飲上市公司－美食 -KY（85 度 C）（證券代碼：2723），2013 年～ 2019 年這七年來的各項財務比率，進行動態分析。

（一）流動性

美食 -KY（85 度 C）這七年來的「流動比率」與「速動比率」，在 2017 年以前，除了 2014 年發生食安風暴那一年，其餘年度尚呈現平穩趨勢，但 2018 年後，就逐步下滑。所以可能是公司這幾年短期負債增加、現金部位短少、應收帳款被延遲、存貨銷售天期被拉長等原因，使得這兩項數據，前幾年開始呈現下滑趨勢。

整體而言，該公司這七年來，將流動性資產轉換成現金能力呈現下滑趨勢；且兩數據已低於一般認定的水準之下，所以公司償還短期債務的能力可能比以往差。

（二）資產管理能力

美食-KY（85度C）這七年來的「存貨週轉率」趨向下降，導致「存貨平均銷貨天數」趨向上升，此顯示公司的存貨的銷售效率下降。再者，該公司這七年來的「應收帳款週轉率」呈現上升後下降，導致「應收帳款回收天數」呈現下降後上升，此顯示公司收回應收帳款的效率趨向下降。此四項數據顯示，可能公司擴大營業規模後，市場又出現競爭者（如：路易莎（LOUISA）咖啡），讓存貨出現堆積的情形，且下游廠商也出現遲還貨款的情形。

另外，該公司這七年來的「固定資產週轉率」前幾年呈現上升，爾後，又有小幅下降；此顯示公司剛擴大營業規模後，剛建好的廠房與剛購入的機器設備較被充分利用，但隨著市場競爭對手加入，營業業績衰退，導致廠房與機器設備的使用減少。此外，該公司這七年來的「總資產週轉率」趨向下降，此顯示公司在固定資產使用效率呈現下滑。

整體而言，該公司的資產管理能力，在存貨管理與應收帳款管理效率均呈現下降趨勢，且固定資產管理能力與總資產管理能力也是呈現下滑趨勢。綜合上述，該公司這七年來的資產管理能力是呈現下滑的趨勢。

（三）負債管理能力

美食-KY（85度C）這七年來的「負債比率」與「利息賺得倍數」分別呈現逐年上升與下降的情形，此顯示公司擴大營業規模，使得財務槓桿使用程度逐年增加，並使得每年欲支出的利息增加，但營業收入並沒有同幅增加，才導致利息賺得倍數出現嚴重下降之情形。

整體而言，該公司的負債管理能力是呈現下降趨勢，且公司的負債比率已超過一般水準以上，且賺的錢用來支付利息的能力也嚴重衰退，因此公司這七年來的負債管理能力呈現嚴重下滑趨勢。

（四）獲利能力

美食-KY（85度C）這七年來的「營業毛利率」逐年微幅上升，但「營業利益率」與「營業淨利率」，自從2014年食安風暴後，呈現上升趨勢，但2018年後，就逐步下滑。此顯示：2014年食安風暴後，消費者逐漸恢復消費信心，公司營業逐漸成長，但隨著2018年後，市場可能出現新競爭對手，又讓業績逐漸受到影響，使得公司營業費用增加的速度，比營業毛利增加的速度還要快，才會導致營業的獲利能力呈現下滑的情形。

此外，該公司這七年來的「總資產報酬率」與「股東權益報酬率」，自從 2014 年食安風暴後，呈現上升趨勢，但 2018 年後，就逐步下滑。此顯示該公司在 2014 年食安風暴後，公司營業逐漸成長，讓公司較能充分利用固定資產，且也較充分運用自有資本來創造利潤，但隨著 2018 年後，新競爭對手出現，業績逐漸受到影響，又讓公司固定資產與自有資本創造利潤的能力下降。

整體而言，該公司的營業獲利能力、運用資產創造淨利能力、以及運用自有資本創造利潤的能力，這七年來是呈現上升後下滑趨勢，但數據仍與七年前相距不遠，是唯一值得欣慰之處。

（五）市場價值

美食 -KY（85 度 C）這 7 年來的「每股盈餘」，自從 2014 年食安風暴後，呈現上升趨勢，但 2018 年後，就逐步下滑。此顯示：2014 年食安風暴後，公司獲利利潤逐漸成長，但隨著 2018 年後，市場可能出現新競爭對手，又讓公司盈餘逐漸受到影響，使得每股盈餘又回到以往水準。

此外，該公司這七年來的「本益比」趨向下滑至較合理的範圍內，顯示公司的股價相較獲利愈漸趨合理。最後，該公司這七年來的「市價淨值比」亦呈現下滑趨勢，此顯示公司的每股股價相較公司每股的實際價值愈趨合理。

整體而言，這七年來公司的獲利情形，讓公司盈餘與會計帳面價值相較於公司的股價表現，雖呈現下滑趨勢，但大致上呈現合理的情形。

●●▶ 表 4-9　2013~2019 年美食 -KY（85 度 C）的各項財務比率

	2013 年	2014 年	2015 年	2016 年	2017 年	2018 年	2019 年	比較短評
一、流動性比率								
流動比率	1.63	1.29	1.59	1.71	1.55	1.36	1.02	趨向下降
速動比率	1.26	0.98	1.28	1.46	1.32	1.10	0.86	趨向下降

二、資產管理比率								
存貨週轉率	15.77%	15.74%	15.15%	13.72%	12.69%	13.01%	12.19%	趨向下降
存貨平均銷貨天數	23.14 天	23.19 天	24.09 天	26.6 天	28.76 天	28.06 天	29.94 天	趨向上升
應收帳款週轉率	64.55%	73.56%	80.56%	77.84%	70.22%	71.63%	67.2%	上升後下降
應收帳款回收天數	5.65 天	4.96 天	4.53 天	4.69 天	5.2 天	5.1 天	5.43 天	下降後上升
固定資產週轉率 [2]	3.88%	3.64%	4.0%	4.25%	4.32%	4.11%	3.9%	上升後下降
總資產週轉率	1.71%	1.82%	1.85%	1.71%	1.57%	1.51%	1.19%	趨向下降
三、負債管理比率								
負債比率	28.93%	31.03%	37.41%	35.49%	37.2%	35.18%	54.82%	趨向上升
利息賺得倍數	684,351	NA	114.99	150.87	116.27	87.53	6.69	趨向下降
四、獲利能力比率								
營業毛利率	55.54%	56.27%	56.65%	58.18%	59.33%	58.74%	59.66%	微幅上升
營業利益率	6.11%	5.09%	8.21%	10.72%	12.31%	9.48%	7.37%	上升後下降
營業淨利率	4.0%	3.03%	5.7%	8.09%	9.36%	6.88%	4.04%	上升後下降
總資產報酬率	6.94%	5.83%	10.65%	13.96%	13.82%	9.81%	3.38%	上升後下降
股東權益報酬率	9.66%	8.33%	16.12%	21.79%	23.18%	16.27%	9.03%	上升後下降
五、市場價值比率								
每股盈餘	4.07 元	3.74 元	8.07 元	11.75 元	13.12 元	9.26 元	5.18 元	上升後下降
本益比	28.51	23.62	19.11	14.76	23.03	14.67	13.93	趨向下降
市價淨值比	4.53	3.36	4.34	4.23	7.19	3.55	2.18	趨向下降

註：財務比率數值中加上網底的表示數據是該項財務比率中最高（低）值。

資料來源：臺灣經濟新報資料庫＆臺灣證券交易所

2　自 2013 年後，固定資產週轉率已修改為「不動產、廠房及設備週轉率」。

上市櫃 6 家旅行社營收慘跌 99%

單位：仟元	2020 年 5 月營收	2019 年 5 月營收	增減
燦星旅	1,829	176,191	-98.96%
五福	4,697	617,586	-99.24%
山富	386	465,995	-99.92%
雄獅	63,821	2,772,200	-97.70%
鳳凰	10,620	288,438	-96.32%
易飛網	12,792	98,681	-87.04%

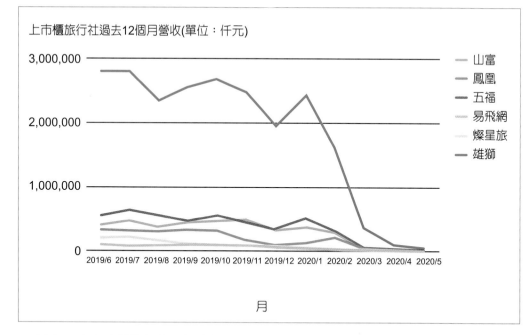

　　國內 6 家上市櫃旅行社已經全數公布 2020 年 5 月份營收，延續交通部觀光局整個 5 月都禁止出團及接待國外旅遊團的政策，上市櫃旅行社的營收持續探底。其中，最慘的為今年 3 月甫上櫃的山富，5 月營收為 38.6 萬元，不只是所有旅行社中營收最低，對比去年同期也是下滑最多，幅度高達 99.92%。

　　不過，在中央流行疫情指揮中心宣布國內解禁後，旅行社們也紛紛經營國旅業務，6月份各家營收有望好轉，5月有機會成為營收反彈前最幽暗的谷底。5月份是「完整」禁止出團及接待國外旅遊團的第二個月，各家旅行社5月營收也持續探底。其中以山富最慘，年比下滑的幅度也是疫情以來最高，達到99.92%；五福年比下滑也衝破99%，達99.24%，僅次於山富。

　　出售給台南幫出身的亞果遊艇集團的燦星旅，5月營收年比下滑98.96%。雄獅、鳳凰的年比下滑則分別為97.7%與96.32%。易飛網則是唯一能保持年比下滑沒突破9成的旅行社，5月年比下滑87.04%。

（圖文資料來源：節錄自數位時代 2020/06/19）

解說

　　2020年全球發生武漢肺炎疫情，使得世界各國不管是商務與觀光等活動都面臨停擺。國內6家上市櫃旅行社的營業收入嚴重受到衝擊，最嚴重的月分居然比去年同期衰退近100%，真是慘不忍睹。

4-4　餐旅業特殊經營績效指標

　　餐旅業是一個須先投入一些固定資產設備後，才能正式的開啟服務的營業營利活動。例如：餐飲業須先買入廚藝設備並裝潢用餐場所；住宿業則必須先建一棟旅館以及購入提供住宿所需用品。當公司進行營業活動時，當然希望能有效率的使用這些固定資產設備，增加公司的經營利潤。在餐旅業中有兩個特殊的經營績效指標，能很明顯直接透露出，這些固定資產設備被使用的情形。其一為餐飲業所重視的「座位週轉率（翻桌率）」；另一為住宿業所重視的「客房住房率」。以下我們將介紹這兩個經營績效指標。

■ 座位週轉率（翻桌率）

　　座位週轉率（翻桌率）是衡量餐飲服務業的一個重要經營績效指標，其意指一個座位一天可以服務幾個客人。通常翻桌率與餐廳地點、食材品質、產品價位、座位數目以及服務速度息息相關。高翻桌率亦表示公司的固定資產設備的使用率愈高，對餐飲店的經營的績效就愈好。座位週轉率（翻桌率）的計算公式如下：

$$座位週轉率（翻桌率）=\frac{當日顧客人數}{座位數量}$$

 4-2

【座位週轉率（翻桌率）】
假設大亨牛排館每日約 1,000 人次進館食用牛排，該牛排館提供 200 個座位，則該牛排館的座位週轉率（翻桌率）為何？

解 ▷▷

$$座位週轉率（翻桌率）= \frac{1,000}{200} = 5$$

小案例

　　翻桌率一向是衡量餐飲業經營績效的一個重要指標，翻桌率與餐廳地點、食材品質、產品價位、座位數目與服務速度息息相關。一般餐廳一天能翻個 3~4 次已經很不錯，但位於台中的鼎泰豐曾有 19 次的佳績、台中的赤鬼牛排也有 18 次的榮景。但最強的是日本屯京拉麵位於池袋的總店，因店內客席僅 17 席，所以曾經創下 60 次的紀錄。此外，前陣子日本一蘭拉麵，剛來臺北開幕時用餐尖峰大約是 3~4 次，以及 2020 年剛在國內上櫃的藏壽司，每家店平均翻桌率約 4~5 次。

（圖片來源：工商時報）

客房住房率

客房住房率是衡量住宿業的一個重要經營績效指標，其意指每天旅館內所有客房被住宿的比率。通常客房住房率會受旅館的地理環境、房間價格、服務品質以及季節節慶因素的影響。高住房率的旅館，表示公司的固定資產設備的使用率愈高，其經營績效愈好。客房住房率的計算公式如下：

$$客房住房率 = \frac{當日已售出房數}{客房數量} = \frac{當月售出房數}{客房數量 \times 當月營業天數}$$

例題 4-3

【客房住房率】

假設知本溫泉旅館客房數為 100 間，冬季溫泉祭（共 120 天）總共賣了 9,000 間客房，則溫泉祭的住房率為何？

解 ▷▷

$$客房住房率 = \frac{當日已售出房數}{客房數量} = \frac{當月售出房數}{客房數量 \times 當月營業天數} = \frac{9,000}{100 \times 120} = 75\%$$

餐財小常識

2008 年中起，國內開放中國民眾來臺觀光，市場掀起一波搶建觀光飯店與商務旅館熱潮，並於 2013 年達到高峰，當年幾乎每三天就有一家新飯店開幕。但膨脹太快的房間供給數，仍須等量的觀光客，才能維持以往同樣的住房水準。2016 年政府更迭後，中國限縮民眾來臺，政府雖積極開發新南向與其他客源，但仍不敵之前過度樂觀的投資興建，國內觀光飯店住用率，這八年來仍呈現稍下滑趨勢。

但最恐怖的事，乃 2020 年全球受世紀大病毒—「武漢肺炎」疫情嚴重衝擊，導致國內外觀光與商務活動幾乎停擺，所以 2020 年上半年，國內觀光飯店住用率幾乎慘遭對半砍。以下表 4-10 為 2012~2020 年臺灣觀光旅館住用率。

●●▶ 表 4-10　臺灣觀光旅館住用率

	臺北	高雄	臺中	花蓮	風景	桃竹苗	其他	合計
2012 年	78.04	67.08	76.23	63.82	60.54	66.96	59.54	70.01
2013 年	76.47	66.14	68.61	59.98	61.41	67.63	63.21	69.28
2014 年	78.08	70.97	70.07	69.04	65.20	70.90	63.68	72.02
2015 年	75.76	70.43	62.28	63.10	65.02	71.10	57.12	69.62
2016 年	72.33	67.79	69.18	55.94	60.46	68.40	54.68	66.43
2017 年	72.23	61.70	67.89	49.54	56.19	69.88	52.61	64.83
2018 年	73.41	56.81	61.63	50.67	55.52	66.22	50.45	63.27
2019 年	74.70	66.07	64.23	53.53	58.63	66.55	57.69	66.69
8 年趨勢	稍下滑	持平	下滑	下滑	持平	持平	持平	稍下滑
2020 年 1~6 月	24.12	29.22	34.73	45.64	45.64	25.24	35.38	30.35

註：住用率單位 %。

資料來源：交通部觀光局－觀光旅館業管理資訊系統。

Part 2
資金融通
管道篇

　　當一家公司成立或擴大規模時，必須要有充足資金以利後續發展。公司的融資管道不外乎利用間接金融或者直接金融的方式，若利用間接金融籌資就須透過銀行或租賃的管道；若利用直接金融籌資就得自行發行股權或債權。因此這兩種融資管道的運用，攸關公司未來的經營管理活動。本篇內容包含 3 大章，其內容主要介紹這兩種資金的融通管道方式。

Chapter

5

銀行與租賃

 本章大綱

本章內容為銀行與租賃，其內容主要介紹國內銀行與租賃融資的方式，詳見下表。

節次	節名	主要內容
5-1	銀行融資	介紹國內銀行的種類以及各種放款的種類與目標。
5-2	租賃融資	介紹租賃的種類與功能。

5-1　銀行融資

　　銀行是收受存款並提供放款的重要金融機構，公司向銀行籌借短、中長期資金，一向是一家公司在未具規模或知名度前，所能採取的融資方式之一。尤其餐飲業與旅遊業大都以中小企業為主，因此銀行便扮演著一個重要的融資管道。但隨著企業的茁壯，公司若已成為「公開發行公司」就可以選擇利用債券方式，或亦可以利用國際銀行聯合貸款（International Syndicated Loan）取得海外資金。因此不管規模大小的公司向銀行尋求資金融通，是取得資金最為普遍的管道。

一 銀行的種類

（一）商業銀行

　　根據我國銀行法規定，商業銀行謂以收受支票存款、活期存款、定期存款，供給短期、中期信用為主要任務之銀行。通常商業銀行除了收受一般民眾與企業的支票、活期、活期儲蓄與定期存款外，並辦理短中期的放款業務，且亦辦理票據貼現、國內外匯兌、債券買賣與保證等相關事宜。因此商業銀行是一般工商企業進行營業活動中，往來最為頻繁的金融機構。

（二）專業銀行

　　根據我國銀行法規定，專業銀行乃為便利專業信用之供給所新設立的銀行；或由中央銀行指定現有銀行中，需擔任該項信用供給的銀行。其這些專業信用包含工業、農業、輸出入、中小企業、不動產與地方性信用等六項。通常專業銀行著重在中長期存放款業務，並為這些專業信用行業，提供量身訂做的資金需求。

　　這幾年，國內進行金融整併與改革，有些專業銀行已改制成商業銀行、私募基金或成為金融控股公司。所以現在的專業銀行，僅存兩家分別為負責農業信用－「全國農業金庫」、以及負責輸出入信用－「中國輸出入銀行」。

（三）基層金融機構

　　國內除了上述的商業與專業銀行外，尚有小部份的銀行業務，由地方性的基層金融機構承擔，其中包含：信用合作社與農漁會信用部這兩類。此外，廣部全國各地的郵局，也被政府賦予須協助公眾進行基礎的金融業務之任務，所以亦是基層金融機構的一員。

以下將進一步說明這三種單位。

1. **信用合作社**（Credit Union）

   信用合作社是屬於地方性的金融機構，通常是集結在地社員所組織而成的互助團體，其主要功能是將社員的儲蓄貸放給其他有資金需求的社員[1]。所以社員是信用合作社的客戶，也是老闆，社員可以主導信用合作社經營方向，以及金融服務的內容，因此信用合作社的服務可以更貼近在地的需求。

2. **農漁會信用部**

   農漁會信用部是隸屬於各地區的農漁會，當地的農漁民為信用部的會員，其主要功能是將會員的儲蓄貸放給其他有資金需求的會員。其服務性質與信用合作社相似，乃為最基層的金融機構之一。

3. **郵局**

   郵局乃中華郵政公司，由於廣布全國各地，甚至深入山區鄉間都有分支，所以被政府賦予須協助公眾進行基礎金融事務之任務。郵局除了負責郵務事業的經營外，也對民眾提供匯款、簡易保險、保單借款、基金代銷與房屋貸款等金融服務。因此是基層金融機構的一員。

●●▶ 圖 5-1　銀行種類示意圖

1　政府已於 2013 年底開放信用合作社可以針對非社員進行放款，中小企業或微型企業主可以用個人名義向信合社借貸營運資金。

銀行的放款

通常銀行的放款業務可分為放款、貼現與透支這三種形式，以下將分別說明之：

（一）放款

放款乃銀行將資金貸款給顧客，並分期或到期收取本金與利息的融資方式，這是一般客戶最常使用的貸款方式。通常依據放款的種類又可依「放款期限」、「擔保與否」以及「放款性質」等三種類型，以下將分別說明之：

1.　依放款期限：通常可分成活期放款與定期放款兩種形式。

(1)　活期放款：並不預先約定，而由銀行在約定時日到期前通知，或由客戶自由選擇還款的日期。

(2)　定期放款：定期放款則需事先約定還款期限，又可分為短期放款（期限在一年之內）、中期放款（期限在一年之內，不超過七年）、長期放款（期限超過七年）等三種。

2.　依擔保與否：依據借款人是否出具擔保品為擔保放款與無擔保放款兩種形式。

(1)　擔保放款：乃借款人提供擔保品給予銀行當作放款的抵押品，當借款人不能履行債務時，銀行為確保債權，可變賣擔保品或向保證人、背書人進行追索。一般放款擔保品，包括不動產或動產抵押權、動產或權利質權、合法交易的票據以及信用保證機關的保證與書面承諾等。

(2)　無擔保放款：乃以借款人或保證人的信用作為擔保，不另外提供擔保品當作放款的抵押，一般又稱為「信用貸款」。通常銀行為了防止借款人無力清償債務，且又無任何債權保障，銀行會向借款人要求較高的放款利率，或是透過加收保險金的方式投保信用保險，將信用風險轉嫁給信用保證基金。

3.　依放款性質：依用途分為資本放款、房地產放款、證券放款、消費性放款或政策性放款這幾種等。

(1)　資本性放款：此類放款是提供公司購置、興建、更新、擴充或改良其營運所需之固定資產或從事重大之投資開發計畫所需資金。通常公司購入機器設備後必須作為貸款的擔保品。

(2)　房地產放款：此類放款是提供公司取得建築土地或建造廠房、辦公大樓所提供的資金，通常銀行提供購買土地或建造建築物成本約七成資金給公司。

(3)　證券放款：此類放款是提供借款人投資有價證券所提供的資金，通常公司購入有價證券後必須作為貸款的擔保品。

(4)　消費性放款：此類放款乃銀行針對消費者個人用於購買耐用消費品、或支付其他費用的放款。其放款內容包含個人用於購買汽車、家用電器、房屋以及學生的助學貸款等。

(5)　政策性貸款：此類放款乃銀行為配合政府提升國家競爭力，推動經濟發展，扶植傳統產業與中小企業改善產業結構，協助其提昇產品品質，以達產業升級為目的，所提供的政策性資金。

（二）貼現

貼現是銀行提供客戶將未到期的票據，提前轉換成現金的一種貸款服務。通常客戶在需要資金時，將未到期的票（匯票、本票、支票）先存入銀行，銀行經過一定的轉換程序後，依票據面額扣除貼現利息後轉成現金給持票人。通常銀行會評估個人或公司的信用及財務狀況提供票貼業務，因此不同的申請者也會有不同的貸款條件。

（三）透支

透支乃是銀行允許存款戶在約定的額度內，可以提取超過存款帳戶餘額的一種短期放款業務。透支乃銀行提供一項循環備用的信用貸款額度，在一定的額度範圍內，客戶隨時可透過其支票帳戶，直接開立支票取用，儘管客戶戶頭內可能並無存款或是存款不足，銀行都能以透支交付，客戶不必事先辦理撥款手續或知會銀行。此服務讓客戶保有充裕資金，應付各種突發的財務需要。通常銀行僅對信用良好的存款戶，提供透支額度。

觀光產業發達的峇里島，因政府處理垃圾能力，趕不上垃圾產生的速度。於是島上的最大城市丹帕沙出現「垃圾銀行」，其主要是鼓勵民眾回收「可使用的垃圾」，再拿到「垃圾銀行（非營利組織）」去就可以換成錢，亦可先跟銀行借款，再拿垃圾歸還，真是「垃圾變黃金」的典型案例。

5-2　租賃融資

　　一般企業或個人除了利用各種融資方式，直接的取得營業用的資產所有權外，亦可利用「租賃（Leasing）」方式承租資產的使用權，不一定要擁有資產所有權，因此租賃是屬於間接的融資觀念。隨著融資管道的多元化，租賃業所提供的彈性融資便利性逐漸被重視，近年來連中大型企業也開始利用租賃及分期付款方式進行財務規劃，使得租賃市場規模逐漸成長。尤其在餐旅業市場中，業者常常採取租賃方式進行營業活動，以降低初期的固定設備之投入成本。例如：餐飲業所使用到的餐飲設備（如：冷凍庫、製冰機、咖啡機、烹煮器具等）；以及飯店旅遊業者常使用來接待旅客的運輸工具（如：汽車或遊覽車等）。

　　所謂的「租賃」乃出租人（Lessor）將所擁有的資產使用權出租給承租人（Lessee），且承租人定期須支付租金給出租人。通常租賃公司（Leases Company）為承做設備或工具出租之業務的出租人，一般的企業為承租人。較常見的租賃資產包括土地、廠房、機器設備與運輸交通工具等。一般而言土地與廠房，比較容易向銀行抵押取得貸款，但是機器設備或運輸交通工具等動產，就比較不受銀行的青睞，因此若有了租賃公司居於廠商與設備供應商之間，除了提供企業資金外，並可協助獲得機器設備使用權與靈活的自有資金調度，同時也幫助設備供應商發掘潛在的買主，加速設備機具的交易過程。因此租賃公司的靈活與機動的融資服務，逐漸獲得眾多企業融資時選擇的管道之一。

一　租賃的種類

　　一般而言，租賃業務可區分為營業性租賃（Operating Leases）與資本性租賃（Capital Leases）兩種，此兩者的差別在於租賃資產是否資本化。以下將分別介紹這兩種租賃形式：

（一）營業性租賃

　　營業性租賃是指出租人將資產出租給承租人後，仍須負責維護資產的使用效能，並承擔折舊及出租期間所發生的費用（如：保險費與維修費等），承租人僅單純的支付租金取得使用權，承租人在租約期滿時，並無以廉價優先承購或續租該項租賃資產的權利，且亦可中途解約，歸還給出租人。通常營業性租賃的資產都是經濟耐用期限較短的資產（如：影印機、汽車等），且資產的租賃期間可以分時段出租給不同的承租人。其示意圖請參閱圖 5-2。

●●▶ 圖 5-2 營業性租賃示意圖

（二）資本性租賃

又稱為融資性租賃（Financial Leases），承租人需要某種資產時，先與出租人簽訂租賃契約，其購入租賃資產，再出租的方式，可分為直接租賃（Direct Leases）與售後租回（Sale and Leaseback）這兩種。通常資本性租賃的租賃期間會與該資產的經濟耐用期限相同，也就是說此租賃資產從頭到尾只有一位承租人，且租賃期間不得中途解約，承租人在租約期滿時，須承購或續租該項資產。有關營業性租賃與資本性租賃，可參閱表 5-1。

●●▶ 表 5-1 營業性與資本性租賃特色比較

特性	營業性租賃	資本性租賃
租賃時間	通常較資產經濟使用期限短	通常與資產經濟使用期限相同
租賃人數	可以很多人	通常僅有一人
資產維修	出租人	承租人
契約解約	可中途解約	不可中途解約
資產承購	契約到期，無強制承租人須買進	契約到期，承租人須買進

關於融資性租賃可進一步分成直接租賃與售後租回這兩種方式，以下將介紹這兩種方式的特性與差異。

1. **直接租賃**：是指由出租人購買承租人所需的資產，再轉租給承租人，承租人除了定期支付租賃費用給出租人外，資產的維修、保險費用需自行負擔。此方式通常承租人已經看中了某項租賃資產，然後協調租賃公司買下，然後再逐期支付租賃金額，做為取得租賃資產的成本。其示意圖請參閱圖 5-3。

●●▶ 圖 5-3　資本性租賃－直接租賃示意圖

2. 售後租回：是指由承租人原先購買的資產，出售給出租人，然後再向出租人租回此資產，同樣的承租人須定期支付租賃費用給出租人，且資產的維修、保險費用需自行負擔。此租賃方式出租人以近於市價將資產買下，承租人定期支付出租人租賃費用，使出租人得以完全回收資產的投資成本，並賺取一定的投資報酬。售後租回的方式類似抵押性貸款，承租人將資產抵押給出租人，後先取得資金，但仍保有對資產的使用權，且這些短期資金增加亦可美化財務帳面。將其示意圖請參閱圖 5-4。

●●▶ 圖 5-4　資本性租賃－售後租回示意圖

租賃的功能

租賃業所提供的融資便利性與彈性，使得許多企業也開始利用租賃方式進行財務規劃，因此租賃業務近年來逐漸快速成長。租賃契約提供給企業以下幾點功能：

1. 保留自有資本：租賃可讓企業不用一開始就投入大筆資金購買資產，只要每期支付租賃費用就有資產使用權，這樣可保留公司自有資本，增加資金的靈活運用。

2. 提升貸款便利：通常機器設備或運輸交通工具等資產的貸款，本來比較不受銀行的青睞，但透過租賃公司的運作，可以較容易獲得機器設備使用權，間接的提升貸款的便利性。

3. 增加營運彈性：有些機器設備汰舊換新的速度過快，可以利用租賃方式隨時更新新機器設備的使用權，不必擔心機器設備因已過時，失去市場競爭力，增加營運彈性。

4. 降低破產風險：向銀行借款購買資產，若公司營運不佳付不出利息可能有倒閉風險，但利用租賃短期取得資產使用權，既使短期付不出租賃費用，頂多資產被收回，還不至於發生倒閉，因此可降低破產風險。

5. 減輕稅負支出：租賃係將資產費用化，且由於租金是逐年給付的，所以在結算年度稅額時，可適度降低當年稅前盈餘，節省稅負支出。

連「漁獲」都能拿來融資，給中小企業的方便沒有極限！

租賃公司的融資彈性，也展現在運用的標的上。一般而言，向銀行融資大多必須要提供不動產為擔保品，租賃公司業務規模雖然較銀行小，融資金額也較低，相對的卻可以動產為主要擔保品，例如：機器設備、辦公事務機器、醫療設備、飛機船舶，各種車輛及運輸設備、生產設備、零組件、半成品，甚至是「漁獲」，都能夠成為標的物。

連「漁獲」都能當擔保品，租賃就是能做到這麼活

當漁民需要資金建造漁船或維修、整建，實務上多是以「漁船」當擔保品向銀行融資。不過，租賃公司卻能有更彈性的作法，那就是改用「漁獲」為融資標的，漁民只要先付些許利息，將漁獲存放於租賃公司的冷凍庫中，待市場價格上揚，漁民再拿款來解約，把漁獲拿出來賣。如此一來，只要漁獲「行情好」，漲幅高於利息費用，漁民就能賺取額外利潤。

由於租賃服務的彈性、授信效率快速，並且能配合企業需求，為企業量身訂做最適合的融資方案，往往也是最適合中小企業、新創公司的融資管道。

（圖文資料來源：節錄中租迪和 2019/08/08）

解說

通常餐飲業大都是以微小型的商家為主，當缺乏資金時，向銀行借貸所需要的條件較嚴格，所以常無法如願，此時可以尋求融資擔保品較具彈性的租賃公司。報導中，租賃公司連「漁獲」都能當擔保品，因此租賃公司不愧是中小企業融資的好幫手。

NOTE

Chapter

6

股權市場

 **本章大綱**

　　本章內容為股權市場，主要介紹股票的特性，與公司如何將股票上市與買回股票的方式，以及私募股權基金，詳見下表。

節次	節名	主要內容
6-1	股票基本特性	介紹股票意義、種類與性質。
6-2	股票上市	介紹股票上市的程序與承銷方式。
6-3	庫藏股	介紹公司買回自家公司的庫藏股制度之意義與優缺點。
6-4	私募股權基金	介紹私募股權基金的類型。

6-1 股票基本特性

當一家公司開始成立的資金，通常首先都是利用股權方式籌集資本。而這些資本通常會使用股票來表彰，因為股票的發行，使得公司募集資金與所有權移轉更為便利與效率。股票經過上市之後的價格變動，通常會引起投資人的關注，因為那會涉及投資人（股東）的投資損益。因此，股票對公司與一般投資人而言是很重要的金融工具。

一 意義

股票（Stock）是由股份有限公司募集資金時，發行給出資人，以表彰出資人對公司所有權的有價證券，通常股票的持有人稱為股東（Shareholders or Stockholders）。國內股票的面額通常以一股 10 元為單位[1]，每張股票有 1,000 股。通常一家資本額（股本）10 億元的公司，以面額 10 元計算，共有 1 億股（10 億元 ÷ 10 元 = 1 億）。因每張股票有 1,000 股，故 1 億股共可分為 10 萬張股票（1 億股 ÷ 1,000 股 = 10 萬）在外面流通。若此公司的每股市價為 50 元，則此公司就有 50 億元（1 億股 × 50 元 = 50 億元）的市場價值。通常市場上在衡量一家公司的規模大小，會以公司的市場價值（市值）為主，而非公司的資本額。此外，每家公司的帳面價值除以股數所得為每股淨值（Book Value），此每股淨值與每股股價的相對值（市價淨值比），常用於衡量股價是否合理的指標之一。

> **例題 6-1**
>
> 【流通在外股票與市值計算】
> 假設有一家上市公司其資本額 50 億元，該公司股票的面額為 10 元，若公司市場股價每股 100 元，則
> (1) 請問該公司流通在外股票有幾張？
> (2) 該公司市值為多少？

解 ▷▷

(1) 流通在外股票

　　資本額 50 億元，以面額 10 元計算，共有 5 億股（50 億元 ÷ 10 元 = 5 億）。因每

---

1 臺灣證券交易所於 2014 年起，推動採用「彈性面額股票制度」，未來國內公司發行股票之金額將不限於新臺幣 10 元，也就是說股票面額不再全部是 10 元，可以是 5 元、1 元或是 20 元或其他面額，公司可以依照自己的需求自行決定股票發行面額。

張股票有 1,000 股，故 5 億股共可分為 50 萬張股票（5 億股÷1,000 股＝50 萬）在外面流通。

(2) 公司市值

公司每股市價 100 元，因有 5 億股，則公司市值共有 500 億元（5 億股×100 元＝500 億元）。

📖 股利的發放

公司經過整年的營業活動之後，通常會將盈餘分配給股東，亦可說是分派股利（Dividends）給股東作為報酬。公司分派股利時，通常可以使用現金或股票兩種方式進行。

（一）現金股利

公司以現金股利（Cash Dividends）配發給股東時，公司股本不會調整，但公司的內部現金會因現金股利發放後而減少，故公司市值亦將隨之減少，因此市場會考慮此因素而調降股價，稱為「除息」（Ex-dividend）。例如，某股票股價 100 元，若分配 2.5 元現金股利，則除息後股票參考價為 100－2.5＝97.5 元。若某一檔股票除息後，經過一段時間股票漲回原先除息日的基準價格，稱為「填息」；若經過一段時間股價仍比原先除息日的基準價格還低，稱為「貼息」。有關除息價格之調整。

（二）股票股利

公司以股票股利[2]（Stock Dividends）配發給股東時，視為原先要給股東的現金轉為股本，使公司的股本增加，亦即流通在外股數增加；但此時公司因沒有現金流出，使得公司市值並沒有變化，但市場會考慮此因素而調降股價，稱為「除權」（Ex-right）。例如，某股票股價 100 元，若分配 2.5 元股票股利，則除權後股票參考價為 100÷1.25＝80 元[3]。同樣的，若某一檔股票除權後，經過一段時間股票漲回原先除權日前的價格，稱為「填權」；若經過一段時間股價仍比原先除權日的基準價格還低，稱為「貼權」。有關除權價格之調整。

2　股票股利又稱無償配股，或稱盈餘轉增資或資本公積轉增資。有別於現金增資，稱為有償配股。股票股利是將公司帳面上的保留盈餘或資本公積（例如：資產重估溢價），以過帳的方式轉移給股東之形式的股利。

3　發放股票股利 2.5 元佔面額 10 元的 $\frac{2.5}{10}＝0.25$，所以如果發放股票股利 10 元，則除權價格為 50 元（$100÷1\frac{10}{10} \Rightarrow 100÷2＝50$）

例題 6-2

【現金股利與股票股利】

假設有一公司股本 10 億元，現在公司每股市場價格為 60 元，則

(1) 請問未發放股利前，公司的市值為何？

(2) 若此時每股發放 2 元現金股利，請問此時公司市值、股本與除息後股價為何？

(3) 若此時每股發放 2 元股票股利，請問此時公司市值、股本與除權後股價為何？

(4) 若此時每股同時發放 2 元現金股利與 2 元股票股利，請問公司此時除息除權後股價為何？

解 ▷▷

(1) 未發放股利前，公司的市值

股本 10 億元，將有面額 10 元的股票 1 億股（10 億元 ÷ 10 元）

公司每股市場價格為 60 元，共有 1 億股的股票，因此公司的市值為 60 億元（60 元 × 1 億）。

(2) 發放 2 元現金股利後，公司股本、市值與除息後股價

① 因公司有股票 1 億股，因此每股發放 2 元現金股利，亦即將 2 億元（1 億 × 2 元）現金發放給股東，公司市值將減少 2 億元變為 58 億元（60 億元 − 2 億元）。

② 但此時公司的股本，不因發放現金而有所變化，仍維持 10 億元股本。

③ 公司市值因發放現金減為 58 億元，因此發放 2 元現金股利後，除息股價應調整為 58 元（60 元 − 2 元）。

(3) 發放 2 元股票股利後，公司股本、市值與除權後股價

① 此時因沒有現金流出，使得公司市值維持原先的 60 億元。

② 將原先給股東 2 億元的現金轉為股本，使公司的股本增加 2 億元，變為 12 億元股本。

③ 股本增加 2 億元，每股面額 10 元的股票數量增加 2 千萬股（2 億元 ÷ 10 元），因此公司發放 2 元股票股利後，除權股價應調整為 50 元（60 ÷ 1.2）。

(4) 同時發放 2 元現金股利與 2 元股票股利，除權息後股價

公司股價的調整會先「除息」後再「除權」，除權息後股價為 48.3 元〔（60 − 2）÷ 1.2）〕。

三 股權的種類及性質

通常公司可以藉由發行普通股、特別股與到海外發行存託憑證等三種方式籌措資本，以下將介紹發行三種股權的特性。

（一）普通股

普通股（Common Stock）是股份有限公司最基本的資金憑證，也就是說，若沒有普通股，就不能成立公司。一般可分為「記名式」及「無記名式」兩種，通常採用「記名式」居多，股票其特性如下幾點。

1. **永久出資**：普通股為公司最基本的資本來源，在公司成立經營過程中「最早出現，最晚離開」，所以除非公司解散清算，否則股東不能向公司取回投資之資金。但股東在投資以後，有權利自由出售或轉讓所持有的股票，俾可於必要時取得資金。

2. **有限責任**：其負擔之風險，以出資的金額為限，並不對公司的風險負無限的責任。所以當公司（有限公司）發生倒閉時，普通股股東最壞的情況就是手中所持有的股票價值降為零，至於個人財產則受到保護，與公司的債務無關。

3. **公司管理權**：即股東具有出席股東會、投票選舉董事、監察人來監督經營管理公司之權利，一般而言，股東未必是公司的管理者，故實際上公司之經營管理，大多與「所有權」分離。

4. **盈餘分配權**：公司營運所得利潤，在納稅、支付公司債債息及特別股股息後，其餘便為普通股股東所有，該盈餘可以用股利方式分配予股東，或以保留盈餘方式留存於公司。

5. **剩餘資產分配權**：當公司解散清算時，剩餘資產除了公司債債權人及特別股股東較普通股股東有優先受償權之外，普通股股東對公司資產之餘值亦享有分配權益。此項餘值之分配，係按照持有股份數量比例分配之。

6. **新股認購權**：依公司法規定，公司發行新股時，除保留部分以供員工認購外，其餘應由原有股東按所持股份比例儘先認購之。同條亦規定，新股認購權利得與原有股份分離獨立轉讓。

（二）特別股

特別股（Preferred Stock）通常被認為介於普通股與債券之間的一種折衷證券，一方面可享有固定股利的收益，近似於債券；另一方面又可表彰其對公司的所有權，在某些情形下甚至可享有投票表決權，故亦類似於普通股。而特別股和普通股相較之下，特別股較普通股具有某些優惠條件及權益上的限制，其說明如下。

1. 優惠條件

    (1) 股利分配優先權：當公司有盈餘時，股利分配應以特別股優先。

    (2) 剩餘資產優先分配權：當公司遭解散清算其剩餘資產時，特別股較普通股有優先求償權。

2. 權益限制

    (1) 股利受限於期初約定：特別股的股利固定（除了某些參與分配之特別股外），即使當公司獲利甚大時，其股利仍以當初約定為限。

    (2) 股利受限於營業盈餘：特別股股利仍以營業盈餘為前提，須董事會通過分派，如果公司沒有營業盈餘，仍不能分配特別股股利。

3. 種類

    特別股的種類隨其權利與義務的不同，可劃分為許多種類，通常這些權利與義務在發行前就必須先約定，以下說明特別股的種類。

    (1) 參與分配特別股及非參與分配特別股：特別股除優先分配明文規定之定額或定率的股息外，尚可再與普通股分享公司盈餘者稱為參與特別股。反之，如不能參與普通股分享盈餘者，即為非參與特別股。

    (2) 累積特別股與非累積特別股：發行條款中規定公司虧損或獲利不多，無法按期發放股息時，將於次年或以後年度累積補發者，稱為累積特別股。反之，於某一期間因故無法發放，而以後年度又不補發者，稱為非累積特別股。

    (3) 可贖回特別股及不可贖回特別股：特別股發行一段時間以後，公司可按約定價格贖回者，稱為可贖回特別股；反之，不可贖回者稱為不可贖回特別股。

    (4) 可轉換特別股及不可轉換特別股：特別股流通一段期間以後，如可以轉換成普通股，稱為可轉換特別股；反之，則稱為不可轉換特別股。

    (5) 有表決權特別股及無表決權特別股：特別股可以參加選舉董監事及表決重要事項者，稱為有表決權特別股；反之，未具表決權者，稱為無表決權特別股。

（三）存託憑證

存託憑證（Depository Receipt；DR）是指發行公司提供一定數額的股票寄於發行公司所在地的保管機構（銀行），而後委託外國的一家存託銀行代為發行表彰該公司股份權利憑證，使其股票能在國外流通發行，以供證券市場上買賣。亦即國外的上市公司，其公司股票不能在國外市場直接買賣，而是以存託憑證的方式來表彰其公司的權利憑證，以供國外的投資人亦可參與其他國家績優股票上市公司的成長成果。通常存託憑證依據發行地不同與公司參與與否，可分為下列幾種種類。

1. **依存託憑證發行地不同區分**

   (1) 若發行地在美國市場發行稱為美國存託憑證（American DR；ADR）
   (2) 發行地在歐洲市場稱為歐洲存託憑證（European DR；EDR）
   (3) 發行地在日本市場稱為日本存託憑證（Japan DR；JDR）
   (4) 發行地在新加坡市場稱為新加坡存託憑證（Singapore DR；SDR）
   (5) 發行地在臺灣市場稱為臺灣存託憑證（Taiwan DR；TDR）
   (6) 若發行地在全球稱為全球存託憑證（Global DR；GDR）或稱為國際存託憑證（International DR；IDR）。GDR 與 IDR 主要差異，通常 GDR 是以美金作為貨幣單位，而 IDR 是以美金以外的貨幣為單位。

2. **依發行公司是否參與區分**

   一般而言，以原有價證券發行公司是否參與，可將存託憑區分為：

   (1) 公司參與型（Sponsored）：係由發行公司與存託機構簽訂存託契約，彼此依存託契約規定，規範「發行公司」、「存託機構」及「存託憑證持有人」之權利義務關係。發行公司受契約規範，需依期限規定提供各項財務、業務資訊予存託機構，對投資人較有保障。此類型多為公開募集發行，且具有籌措資金之功能，目前臺灣發行之存託憑證，是以參與型為限。
   (2) 非公司參與型（Unsponsored）：非公司參與型為發行人並未介入存託憑證發行計畫，通常係由投資銀行於境外購入外國有價證券，存入境外的當地保管銀行後，委託境內的存託銀行發行存託憑證。此型式僅為流通目的，無籌措資金的功能。

6-2 股票上市

所謂股票上市是指已發行的股票經證券交易所核准後，在集中交易所公開掛牌買賣的股票。股票上市是股票公開發行至股票公開交易中間聯繫的橋梁。通常股票能至交易所公開發行上市是大部分公司所樂見的。因為它會替公司帶來不少的便利與好處，雖然也會有些缺點，但基本上利是大於弊，所以當一家公司成立後，通常會往將來欲上市的路程規劃。當然股票要上市須符合交易所的規定，而這些規則通常是由證券公司的承銷商幫忙處理與規劃。以下將介紹股票上市的優缺點，以及承銷方式與新股銷售方式。

一 優點

1. **提高公司知名度，容易募集資金**：公司透過股票上市的方式，可以提高公司市場知名度，亦較容易吸引人才投入與提昇公司業務的推廣。若公司欲透過交易所公開發行新股，亦較容易取得大量的資金。

2. **增加股票流動性，呈現真正價值**：公司股票在公開市場自由買賣，除了提高股票流動性，亦較容易呈現公司股票的真正價值。

3. **提升公司透明度，增加經營績效**：交易所若同意公司股票可以掛牌交易，須規定公司定時公布內部資訊與財務狀況，除了有利於公司透明度的呈現外，對公司的經營績效亦有所提升。

二 缺點

1. **上市發行成本高，須履行社會責任**：當公司欲上市時，需花費一筆為數不少的發行費用，且上市公司須樹立良好的公司形象，迫使公司需要把錢用於履行社會責任和其他公益活動上。

2. **市場監督力量強，易失公司保密性**：公司上市後須定時公布內部資訊與財務狀況，市場對公司監督力量強大，且降低內部私人契約和承諾的保密性。

3. **公司所有權分散，易失經營控制權**：公司經過公開發行，需提供部分股票在外流通，公司所有權較分散。若有心人士欲入主公司，可在公開市場收購股票，公司經營控制權易受挑戰。

三　承銷方法

公司若要將股票於公開市場發行上市，通常須透過承銷商的配銷，才能使股票流通在外。通常公司有兩種情形須要承銷商協助上市。其一為初次上市（Initial Public Offerings, IPO）股票，是指公司首次上市或上櫃買賣的股票；另一是公司已上市，但再度需要資金而辦理的現金增資（Seasoned Equity Offering, SEO）股票。一般而言，承銷商的承銷方式有「代銷制（Best Efforts）」與「包銷制（Firm Commitment）」兩種。

（一）代銷制（Best Efforts）

代銷制是指若承銷商未能在承銷期間將新發行的證券全數銷售完畢，剩下的證券則退還給發行公司。採取此種承銷方式，承銷商僅須承擔分銷任務，而不必承擔證券的發行風險，故對承銷商而言所負責任較輕，當然承銷費用亦較包銷制度少。

（二）包銷制（Firm Commitment）

包銷制是指承銷商保證在承銷期間內，將公司所新發行的證券全數銷售完畢。採此種承銷方式，公司可確定獲得所需的資金，但承銷商所負擔的發行風險較高，故承銷費用亦較高。一般而言，包銷制又可分為「確定包銷」與「餘額包銷」兩種。

1. 確定包銷：又稱為全額包銷，意指承銷商將新發行的證券全數認購以後，再分銷給投資大眾。若採確定包銷制，公司於發行有價證券前就可從證券商獲得所有資金。

2. 餘額包銷：指的是在承銷期間內，承銷商先自行銷售，若尚有未售完的證券，再由承銷商自行買回認購。採餘額包銷制，公司須等到承銷期間屆滿，才可從證券商獲得所有資金。

最勇敢的 IPO！山富轉上櫃市場反應平平

　　武漢肺炎疫情橫掃全球，觀光業首當其衝，商總理事長直言，若疫情持續超過 3 個月，臺灣觀光業損失將超過 5,000 億元。值此之際，山富旅遊卻如預期時程將在 3 月由興櫃轉上櫃，被市場稱為「最勇敢的 IPO」。成立 30 年的山富旅遊，以東北亞線為主，占營收近 6 成，每月出團超過 700 團。董事長表示，據過去經驗，衝擊只是短期的，預期疫情結束，旅遊潮很快就會回來，因此仍將按照原定進度進行。

　　山富將以 12.5 元轉上櫃掛牌交易，日前新股競價拍賣，得標均價為 14.8 元；承銷 886 張，合格申購件數超過 8 萬件，中籤率為 1.08%。不過，相較於 2018 年掛牌的五福旅遊，競拍均價比掛牌價高出 21%，公開申購的中籤率 0.54%，顯然市場對於現在投資旅行社，態度比較保留。

（圖文資料來源：節錄財訊 2020/03/17）

解說

　　近期，山富國際旅行社由興櫃轉上櫃，正逢武漢肺炎肆虐全球之際，因此被市場稱為「最勇敢的 IPO」。公司選擇此時上櫃，當時認為受疫情影響是短暫的，若疫情結束後，旅遊潮將很快就能恢復，因此仍將按照原定計劃上櫃。

四 新股銷售方式

公司欲將新上市的股票銷售給投資人，通常有三種銷售方式：分別為競價拍賣、詢價圈購與公開申購配售此三種。公司可依據到底要發行「初次上市股票」[4]或「現金增資股票」，選擇適合的銷售方式，以下將介紹這三種配銷方式：

（一）競價拍賣

競價拍賣適用初次上市上櫃股票。競價拍賣是指承銷商首先與發行公司議定最低承銷價格、以及欲拍賣的股票數量，再由購買者競相出價投標，出價最高者優先得標，直到拍賣數量完全交易結束。通常採競價拍賣制度，承銷價格由投資人共同決定，承銷價具有價格發現之功能，也較公平公正；但如果市場情況較低迷時，有可能承銷案乏人問津，造成承銷失敗。

（二）詢價圈購

詢價圈購適用初次上市上櫃股票或現金增資股。詢價圈購是指承銷商在和發行公司議定承銷價格前，先在市場中探詢潛在投資人的認購價格與數量，然後與發行公司議定承銷價格，最後再配售給先前參與詢價的投資人。通常採取詢價圈購方式，承銷商可以直接洽特定人認購，承銷時間較短，但容易衍生私相授受的黑箱疑慮。

（三）公開申購配售

公開申購配售適用初次上市上櫃股票或現金增資股。公開申購配售即一般所謂的「公開抽籤」配售，通常公司新上市股票，若部份採取競價拍賣或詢價圈購，則部份可以選擇採取公開申購配售給投資人，配售價格可由先前競價拍賣或詢價圈購方式中所決定之承銷價格。通常公開抽籤配售是提供小額投資人，認購股票的機會。

---

4 國內於 2016 年起，凡 IPO 籌資 5 億元以上，須 8 成競價拍賣、2 成公開申購配售 (公開抽籤)；IPO 籌資 5 億元以下者，才可採競價拍賣、詢價圈購或公開申購配售。

6-3 庫藏股

為了健全證券市場之發展，維護上市、上櫃公司信用及股東權益，政府於 2000 年 6 月立法通過證券交易法修正案中的庫藏股制度，並於 2000 年 8 月由證期會發布「上市上櫃公司買回本公司股份辦法」，正式賦予庫藏股制度法源依據。公司可藉由買回公司股票的方式來穩定公司的股價。

一 意義

所謂庫藏股票（Treasury Stock）係指公司買回自己發行流通在外的股票，且買回後尚未出售或未辦理減資、註銷的股票稱之。依原有的公司法第 167 條之規定，我國公司原則上不得擁有自己的股份，只有在四種例外情形[5] 下得收回、買回自己的股票。根據修正之證交法第 28-2 條，將新增可以實施庫藏股制度的三大理由：

1. 轉讓股份予員工。
2. 配合附認股權公司債、附認股權特別股、可轉換公司債、可轉換特別股或認股權憑證之發行，作為股權轉換之用。
3. 為維護公司信用及股東權益所必要而買回，並辦理消除股份者。

二 庫藏股制的功能

1. 維持公司股價之穩定：當公司股價被低估時或因不明原因而暴跌，公司可利用購回自己公司的股票來穩定公司的股價。
2. 防止公司被惡意購併：當有心人士從市場上大量購買該公司的股票，欲併購此公司時，此時公司可以藉由買回自己公司的股票來防止他人的惡意購併。

---

5 依原有的公司法第 167 條規定，公司只有在四種例外情形下得收回、收買自己之股票。
  (1) 對於公司所發行之特別股，公司得以盈餘或發行新股所得之款項予以收回（公司法第 158 條）。
  (2) 對於以進行清算或受破產宣告之股東，公司得按市價收回股東之股份以抵償股東於清算或破產宣告前積欠公司之債務。（公司法第 167 條）。
  (3) 公司股東會決議與他人簽訂出租全部營業、委託經營或共同經營契約，或決議讓與全部或主要部分之營業或財產，或受讓他人全部營業或財產，對公司營運有重大影響，公司得異議股東之請求，收買其股份。（公司法第 186 條）。
  (4) 公司與他公司合併時，公司得應異議股東之請求，收買其股份（公司法第 317 條）。

3. **供股權轉換行使支用**：當公司發行可轉換特別股或可轉換公司債、附認股權證債券等，可以利用庫藏股票來供投資人轉換或認購，即不需再另外發行新股，不但可節省時間，又可節省成本。

4. **調整公司的資本結構**：如果公司的權益資金在資本結構中所佔比例過高，可透過股票的購回減少權益資金，藉以調整資本結構。

5. **收回異議股東之股票**：當公司做出重大特別決議時（例如：決議合併等），面對有異議的股東，公司即可藉由買回有異議股東的股份來消除紛爭，以使公司的運作能夠順暢。

📧 庫藏股制的缺失

1. **股票價格被操控**：公司的管理階層可能會濫用庫藏股制度，進行公司股票價格的操縱，藉以圖利自己，破壞股票市場的公正性及股票價格形成的經濟功能。

2. **控制公司經營權**：公司藉由「轉讓股份給予員工」或「為維護公司信用及股東權益所必要」而實施之庫藏股，或透過其轉投資的子公司大量買回母公司的股票，會導致在外流通的股數減少。此時大股東利用公司資源來提高自己持股，變相解決董監事持股不足的問題，以控制公司經營權。

3. **易發生內線交易**：雖然庫藏股制度可以穩定公司的股價，但庫藏股制度中的「護盤條款」如果遭濫用的話，可能會產生嚴重的股價操縱及內線交易。

餐財 NEWS

【庫藏股護盤】雅茗-KY 去年每股賺 3.8 元 買回自家股票 1000 張

　　雅茗-KY（2726）公告 2019 年財報，全年營收達 22.17 億元，年增 2%，創歷史新高，稅後純益 1.29 億元，年增 25.5%，每股純益（EPS）則為 3.8 元，則創歷史第 3 高紀錄。雅茗-KY 並擬配發 3 元股利，其中現金股利 2.5 元，股票股利 0.5 元，配發率近 80%。

　　雅茗-KY 今董事會也通過將啟動庫藏股，預計買回區間為 42~82 元，買回張數共 1,000 張。雅茗-KY 表示，買回庫藏股除響應金管會鼓勵外，買回股份也將轉讓員工、激勵員工向心力並參與長期營運發展，並展現集團對於未來發展的信心。

　　雅茗-KY 認為，以過去 SARS 期間的經驗判斷，在短期因素的疫情影響過後，市場會迎來爆發性反彈的消費潮，雅茗-KY 在現階段的調整後，未來營運效率將更加提高，同時今年也會尋求適合的併購機會，目前也有多家標的正洽談中，成長動能不虞缺乏。

（圖文資料來源：節錄蘋果日報 2020/03/26）

解說

　　近期，全球金融市場受武漢肺炎疫情的嚴重影響，大部份公司的股價均受到衝擊，於是金管會鼓勵公司買回庫藏股，以穩定股價。國內餐飲上櫃股—「雅茗—KY」，響應此活動，藉由買回股份轉讓給員工、激勵員工向心力，並積極參與長期營運發展，以展現集團對於未來發展的信心。

6-4　私募股權基金

　　通常一家公司在不同的發展階段，都需要不同特性的資本挹注，才能協助公司成長茁壯。一般而言，私募股權基金（Private Equity Fund, PE）是提供公司股本的來源之一。所謂的私募股權基金是指一群少數投資人，以私人（或說非公開）的名義，私下利用股權募集資金，成立以投資爲主的基金，再將資金用於特定的投資機會與標的。通常私募股權基金，會針對公司不同的發展時期，提供融通資金，協助公司發展，並使基金本身能獲取高額的報酬爲目標。

　　一般而言，從公司剛草創時期的創業資金、公司擴大規模時期所須的成長資金、公司即將上市上櫃前，所須的過水資金、或者已發展成熟的公司，所須的併購融資資金等等，都可見到私募股權基金介入的身影。以下將介紹幾種公司在不同的發展時期，須要私募股權基金提供各類資金協助的類型。

一　創業投資基金 [6]

　　私募股權基金最傳統的業務就是提供創業投資資金，此種基金又稱爲創業投資基金（Venture Capital, VC）。當公司剛草創時期需要創業資金，此時私募基金提供被稱爲風險資本的資金。通常這些風險資金的金額，不會佔私募股權基金很大的比例，因爲剛創業的公司所需的資金量不會太大。

二　直接投資基金

　　當公司脫離創業初期，已逐漸邁向成長階段，此時私募股權投資基金，也會直接的提供發展資金給這些急於擴大規模的公司。通常私募股權基金不僅會帶給公司發展所需要的資金，也會帶來了有效的管理機制和豐富的人脈資源；有時這些附加的資源對於企業的重要性遠大於資金。

6　近年來，國內原本的創業投資公司（Venture Capital Company），都逐漸走向私募股權基金投資型態。其主要原因乃創業公司的投資標的銳減，且不易募得資金；再加上近年來國內資本市場疲弱，導致被輔導創業的目標公司，股價在上市後可能較上市前還低，造成投資虧損。

三 過橋基金

通常公司即將上市上櫃或前，依法令規定須要某部份股權流通在外，所以此時私募股權基金會提供過水資金買入該公司股權，以佔有公司某部份股權，以方便公司度過特別時期，因此資金又被稱爲「夾層投資基金」（Mezzanine Fund）。

四 收購基金

通常私募股權基金會收購具有成長潛力的公司股份，並取得被收購的經營管理權後。私募股權基金對公司提供資源並進行調整重組改造，讓公司去蕪存菁，並優化公司資產結構，以逐步提升公司經營績效與企業的價值，待公司價值大幅提升後，再幫公司給找一個買主或者公開上市，以便於退出該項投資，並從中獲取高額報酬。

漢堡王新東家（私募基金）入主 力拚拓點

臺灣速食連鎖品牌漢堡王（Burger King）將由亞洲私募基金 Nexus Point 入主成為東家後，已「脫胎換骨」展現全新氣象，為擴大連鎖門市據點覆蓋率，臺灣漢堡王自股權交易迄今已開出 7 家全新門市，開店速度之快、效率之高，已引起市場同業關注。

漢堡王是僅次於麥當勞的全球第二大速食連鎖品牌，在全美 50 州、全球 76 個國家地區共有超過 1 萬 1,500 家連鎖門市。1990 年食品大廠大成集團成立家城公司將漢堡王引進入台。2014 年大成把家城的股權轉賣回漢堡王美國總公司，臺灣漢堡王從授權代理變成美國直營。2018 年第 4 季，由私募基金 Nexus Poin 洽購買下家城公司股權，正式入主臺灣漢堡王。

Nexus Point 入主臺灣漢堡王後，除邁開大步拓點展店，並啟動舊店換裝工程導入全新店型，同時已著手積極建立電子商務平台，並與外送電商平台合作發展外送業務，目標 2 年內完成自己的外送系統，同時產品也推動食材升級。

（資料來源：節錄工商時報 2018/07/16）

解說

前陣子，臺灣速食連鎖品牌「漢堡王」（Burger King）的股權，被亞洲私募基金—「今翊資本」（Nexus Point）收購。收購後，除積極拓店外，亦更新電子系統與食材升級，展現全新氣象。

Chapter

7

債務市場

 **本章大綱**

本章內容為債務市場，其內容主要介紹國內短期與長期的債務市場，詳見下表。

節次	節名	主要內容
7-1	短期債務市場	介紹國內企業為了籌措短期資金，所涉及的短期的債務市場－票券。
7-2	長期債務市場	介紹國內企業為了籌措中長期資金，所涉及的中長期的債務市場－債券。

7-1 短期債務市場

在餐飲、旅遊與休閒行業中，有為數眾多的中小型公司，當缺乏營運資金時，不是先向親朋好友調頭寸，不然就是向銀行融通資金，情況危急時可能還會鋌而走險的向地下錢莊借錢。這些名不經傳的中小型公司，在上述融資管道中，除了向銀行籌措短期資金較有合法、合理的借貸程序外，其餘的借貸方式若起糾紛，處治起來比較棘手。其實金融市場中，除了銀行提供合法、合理的短期資金借貸外，尚有一融資管道，亦可提供公司短期資金，那就是貨幣市場中的票券。

票券與債券很相似，雙方差別比較大的地方乃在發行期限，票券的發行通常為 1 年以下（短期），債券的發行通常為 1 年以上（中長期），兩者分別為公司擔負起籌措短期與中長期資金的責任。通常公司要發行債券必須具「公開發行公司」資格，但要發行票券既使規模不大的公司亦可發行，相較債券發行而言，發行票券較為容易。社會一般的普羅大眾，對於債券較有普遍性的認知，但對票券的種種比較陌生。以下我們將一一介紹票券的種類與買賣交易方式，讓讀者有初步的了解。

一 短期票券種類

通常票券市場的交易工具包括「國庫券」、「商業本票」、「承兌匯票」及「銀行可轉讓定期存單」等。其中國庫券係由政府機構發行，銀行可轉讓定期存單乃由金融機構發行，此處本文僅提供餐飲、旅遊與休閒行業中，一般公司所會使用到的商業本票與銀行承兌匯票進行介紹。

（一）商業本票

商業本票（Commercial Paper, CP）乃公司組織所發行的票據。商業本票（Commercial Paper, CP）係由公司組織所發行的票據。其種類又分為第一類及第二類商業本票兩種，通常市場上以第二類商業本票居多。

1. 第一類商業本票（簡稱 CP1）：是指工商企業基於合法交易行為所產生之本票，具有自償性。由買方開具支付賣方價款之商業本票，賣方可持該商業本票，經金融機構查核後所發行的商業本票；又稱「交易性」商業本票。

2. 第二類商業本票（簡稱 CP2）：是工商企業為籌措短期資金，由公司所簽發的本票，

經金融機構保證或取得信用評等免保證所發行的商業本票，又稱為「融資性」商業本票。

（二）承兌匯票

匯票是工商企業基於合法交易行為或提供勞務而產生的票據。其種類又分為銀行承兌匯票及商業承兌匯票兩種，通常市場上以銀行承兌匯票居多。

1. 銀行承兌匯票（Banker Acceptance, BA）：是指工商企業經合法的交易行為而簽發產生的票據，經銀行承兌，並由銀行承諾指定到期日兌付的匯票，此匯票屬於自償性票據。通常稱提供勞務或出售商品之一方為匯票賣方，其相對人為買方。

2. 商業承兌匯票（Trade Acceptance, TA）：是指工商企業經合法的交易行為而簽發產生的票據，經另一公司承兌，並由另一公司承諾指定到期日兌付的匯票，此匯票屬於自償性票據。通常由賣方簽發，經買方承兌，以買方為匯票付款人。

短期票券的交易

（一）發行機制

若公司通常要發行票券籌措短期資金，只要公司提供經合法商業交易行為產生的第一類商業本票（CP1）、銀行承兌匯票（BA）或由公司自行簽發的第二類商業本票（CP2）至票券金融公司發行，票券金融公司會將這些票券出售給資金的供給者，再將取得的資金移轉給票券發行的公司。以下圖 7-1 為票券市場的發行示意圖。

●●▶ 圖 7-1　票券市場發行示意圖

（二）發行成本

　　若公司欲發行商業本票籌措資金，通常最常使用的票券為第二類商業本票（CP2）與銀行承兌匯票（BA）這兩種。這兩類本票的發行方式都是採「銀行貼現」發行，也就是說公司發行票券一開始所籌措到的資金，為票券的發行面額扣除所有的發行成本，但票券到期時必須依面額償還資金。

　　通常發行第二類商業本票（CP2）與銀行承兌匯票（BA）的發行成本不同，以下我們將分別說明：

1. 第二類商業本票（CP2）

　　公司發行第二類商業本票（CP2）的成本，除了當時市場資金鬆緊所決定的「貼現息」外，尚須支付「保證費」、「承銷費」、「簽證費」與「集保交割服務費」這些成本。

　　所以發行第二類商業本票（CP2）的總成本與發行公司實得金額如下兩式：

$$發行總成本 = 貼現息 + 保證費 + 簽證費 + 承銷費 + 集保交割服務費$$
$$發行公司實得金額 = 發行金額 - 發行總成本$$

例題 7-1 ....

【商業本票發行成本】
北投溫泉民宿急需短期資金，欲發行 90 天期，經金融機構保證的 CP2，面額為 500 萬元，假設若當時市場貼現息費率為 3.6%，保證費為 0.3%，簽證費為 0.03%，承銷費率為 0.25%，集保交割服務費為 0.038%，則
(1) 發行此票券的總成本為何？
(2) 溫泉民宿發行此票券實得金額為何？

解 ▷▷

(1) 發行票券的總成本

$$貼現息 = 5,000,000 \times 3.6\% \times \frac{90}{365} = 44,384$$

$$保證費 = 5,000,000 \times 0.3\% \times \frac{90}{365} = 3,699$$

$$簽證費 = 5,000,000 \times 0.03\% \times \frac{90}{365} = 369$$

$$承銷費 = 5,000,000 \times 0.25\% \times \frac{90}{365} = 3,082$$

$$集保交割服務費 = 5,000,000 \times 0.038\% \times \frac{90}{365} = 468$$

$$發行總成本 = 44,384 + 3,699 + 369 + 3,082 + 468 = 52,002$$

(2) 發行公司實得金額 = 5,000,000 − 52,002 = 4,947,988

2. 銀行承兌匯票（BA）

公司發行銀行承兌匯票（BA）的成本，除了當時市場資金鬆緊所決定的「貼現息」外，尚須支付「承兌費」與「集保交割服務費」這些成本。所以發行銀行承兌匯票（BA）的總成本與發行公司實得金額如下兩式：

發行總成本＝貼現息＋承兌費＋集保交割服務費
發行公司實得金額＝發行金額－發行總成本

例題 7-2

【銀行承兌匯票發行成本】

悅來餐廳舉辦一場大型晚宴，客戶開出一張 1 個月期（30 天），金額 300 萬元的銀行承兌匯票給此餐廳，該餐廳將此銀行承兌匯票藉由票券公司發行票券，預先取得資金，請問假設當時市場貼現息費率為 5.2%，承兌費為 0.6%，集保交割服務費為 0.038%，則

(1) 發行此票券的總成本為何？

(2) 餐廳發行此票券實得金額為何？

解 ▷▷

(1) 發行票券的總成本

$$貼現息 = 3,000,000 \times 5.2\% \times \frac{30}{365} = 12,822$$

$$承兌費 = 3,000,000 \times 0.6\% \times \frac{30}{365} = 1,479$$

$$集保交割服務費 = 3,000,000 \times 0.038\% \times \frac{30}{365} = 94$$

$$發行總成本 = 12,822 + 1,479 + 94 = 14,395$$

(2) 餐廳發行此票券實得金額 = 3,000,000 − 14,395 = 2,985,605

（三）發行票券的優點

當公司缺少短期資金時，除了尋求銀行借貸資金外，亦可發行短期商業本票籌措資金。當公司選擇發行商業本票作為融資工具時，他必須具備某些優勢是去向銀行借貸所欠缺的，這些優點如下所示：

1. 利息費用較優惠：通常發行票券的利率是根據當時金融市場資金的鬆緊程度去進行決定，因此發行利率是每天變動。發行者可選擇市場利率較低時發行較長天期的票券，此舉可以節省不少利息費用的支出。

2. 交易天期具彈性：通常公司發行票券籌資時，可以根據公司內部的資金狀況，隨時靈活調整發行天期。只要在 364 天內的任一時段天期，商業本票皆可自由選擇發行的期限。

3. 資金取得較迅速：發行公司只要經過票券公司同意發行，票券公司可配合公司營運狀況，即在票券發行當日，就可將資金撥付到公司指定銀行帳戶，讓公司迅速取得所需要的資金。

4. 提高公司知名度：公司可藉由公開發行票券的方式，透過票券公司的承銷賣給其他公司，這樣可以提升公司的知名度，對公司業務的推展具有正面的助益。

7-2　長期債務市場

債權是公司兩大資本來源之一，對於一家公司而言，利用舉債來籌資是很常見的事。通常最容易的方式就是向銀行借錢，但若要發行債券，就並非每家公司都有辦法。除非該公司為「公開發行公司」，且公司規模、財務狀況與市場知名度都須具一定水準以上，這樣公司發行債券，才有投資人願意投資。所以餐飲與旅遊業中，有許多中小企業規模的公司，利用債券籌資確實存在發行上的限制，因此利用舉債來籌資，仍須仰賴銀行的融通管道。但一般普羅大眾仍可藉由買賣債券型基金，小金額的間接投資債券，因此債券的投資知識，仍對具投資觀念的現代人而言亦顯重要。

一　債券的特性

債券（Bonds）是由發行主體（政府、公司及金融機構）在資本市場為了籌措中、長

期資金，所發行之可轉讓（買賣）的債務憑證（Debt Certificate）。通常債券投資人可定期的從債券發行人獲取利息，並在債券到期時取回本金及當期利息。債券是一種直接債務關係，債券持有者是債權人（Creditors），發行者為債務人（Debtors）。以下將介紹各種債券的特性：

（一）發行主體

　　一般債券的發行單位可分政府、公司與金融機構。其所發行的債券分別為政府公債、金融債券與公司債。

1.　政府公債（Government Bonds）：乃指政府為了籌措建設經費而發行的中、長期債券，其中包括「中央政府公債」及「地方政府建設公債」兩種。中央政府公債是由財政部國庫署編列發行額度，委託中央銀行國庫局標售發行；地方政府公債則為國內直轄市委託銀行經理發行。

2.　金融債券（Bank Debentures）：乃指根據銀行法規定所發行的債券，其主要用途為供應銀行於中長期放款，或改善銀行的資本適足率。

3.　公司債（Corporate Bonds）：公開發行公司為籌措中長期資金，而發行的可轉讓債務憑證。

（二）期限

　　債券在發行時，須載明發行日（Issue Date）、到期日（Maturity Date）與到期年限（Term to Maturity）。一般到期年限以年為單位，通常到期年限在 1 ～ 5 年屬於短期債券（Short-Term Notes or Bills），5 ～ 12 年屬於中期債券（Medium-Term Notes），12 年以上屬於長期債券（Long-Term Bonds）。另外有一種無到期年限的債券稱為永續債券（Perpetual Bonds）。

（三）票面利率

　　票面利率（Coupon Rate）是指有價證券在發行條件上所記載，由發行機構支付給持有人的年利率。一般可分為固定利率、浮動利率或零息等。通常票面利率不是投資人購買債券的報酬率，真正的報酬率為殖利率（Yield To Maturity）（或稱到期收益率），是指有價證券持有人從買入有價證券後一直持有至到期日為止，這段期間的實質投資報酬率。

（四）還本付息

債券發行人償還債權人本金的方式，一般可分為「一次還本」及「分次還本」兩種，通常「分次還本」對公司的財務壓力較小。此外，債券發行人償還債權人利息的方式，一般可分「半年付息一次」、「一年付息一次」、「半年複利，一年付息一次」及「零息」等方式。

（五）其他條件

實務上發行債券時經常會附加條件，例如：加入轉換條款（可轉換公司債）、交換條款（可交換公司債）、贖回條款（可贖回公司債）、賣回條件（可賣回公司債）等條款。這些特殊條件，可以根據公司內部財務需求而附加在債券上。

■ 債券的種類

實務上在發行債券時，經常會依據公司本身的需求，而附加許多其他條件或條款，使得債券的種類不勝枚舉。其所附加之條件或條款，大致上以擔保程度的差異、票面利率的變動或附加選擇權等這幾項常見的條款。

（一）具擔保差異之債券

1. 有擔保債券（Guaranteed Bonds）

   有擔保債券乃公司提供資產作為抵押，經由金融機構所保證；或沒有提供擔保品，但銀行願意保證之公司債券。債權人具有相當的保障，安全性較高。若發行公司發生債務危機，無法履行還本付息的義務時，則保證機構必須負起還本付息的責任，當然保證機構需向發行公司收取保證費（國內為了確保保證機構的債信能力，已強迫金融機構須接受由中華信用評等公司的債信評等）。

2. 無擔保公司債（Non-Guaranteed Bonds）

   公司債發行公司未提供任何不動產或有價證券等作為擔保抵押的擔保品，或無第三人保證所發行之公司債。對投資人而言，因無任何擔保債權的保障，投資風險性相對提高，因而無法保護投資大眾，故公司法對發行無擔保公司債有較嚴格的限制（國內於 1999 年起，公司若欲發行無擔保公司債者，必須接受中華信用評等公司的債信評等）。

（二）票面利率非固定之債券

1.　浮動利率債券（Floating-Rate Bonds）

債券的票面利率採浮動利息支付，通常債券契約上訂定票面利率的方式是以某種指標利率（Benchmark）作為基準後，再依發行公司的條件不同，而有不同的加、減碼額度（Spread）。國外常用的指標利率為美國國庫券（Treasury Bills）殖利率或英國倫敦銀行同業拆款利率（London Inter Bank Offer Rate, LIBOR）；而臺灣常以 90 天期的商業本票（CP）、銀行承兌匯票利率（BA）、一年期金融業隔夜拆款平均利率或銀行一年期定儲利率為指標利率。

2.　指數債券（Indexed Bonds）

為浮動利率債券的一種，此種債券之票面利率會依生活物價指數（例如，消費者物價指數或股價指數等），以指數變動作為調整基準的相關債券。此種債券藉由指數來調整債息，可以維持債權人的實質購買力。

（三）附選擇權之債券

1.　可贖回債券（Callable Bonds）

此種債券為純債券附加贖回選擇權。可贖回債券發行公司於債券發行一段時間後，通常必須超過其保護期間（Protect Period），發行公司有權利在到期日前，依發行時所約定價格，提前贖回公司債，通常贖回價格必須高於面值，其超出的部分稱為贖回貼水（Call Premium）。

2.　可賣回債券（Putable Bonds）

此種債券為純債券附加賣回選擇權。可賣回債券持有人有權在債券發行一段時間之後，要求以發行時約定的價格，將債券賣回給發行公司。注意前述的可贖回債券的贖回權利在於發行公司，而可賣回債券的賣回權利在於投資人。

3.　可轉換債券（Convertible Bonds）

此種債券為純債券附加轉換選擇權。可轉換債券允許公司債持有人在發行一段期間後，依期初所訂定的轉換價格，將公司債轉換為該公司的普通股股票。可轉換公司債因具有轉換權，故其所支付的票面利率較一般純債券為低。對於投資人而言，如果該公司股票上漲（市價大於轉換價格），投資人可依轉換價格將可轉換公司債轉

換為股票，以賺取資本利得；但若公司股價不漲反跌或漲幅不大，致使投資人一直無法轉換，投資人也可以持有至贖回期限，要求公司以當初約定的到期贖回利率（Yield To Put, YTP）買回，故此債券是一種進可攻退可守的投資工具。

4. 可交換債券（Exchangeable Bonds）

此種債券為純債券附加轉換選擇權。可交換債券是由可轉換債券衍生而來。可轉換債券是投資人可在未來的特定期間內轉換成「該公司的股票」，而可交換債券其轉換的標的並非該發行公司的股票，而是發行公司所持有的「其他公司股票」（國內通常轉換的標的以發行公司的關係企業為主）。例如，「統一企業」發行可交換債券，可將轉換標的股票設定為「統一實業」。

5. 附認股權證債券（Bonds with Warrants）

附認股權證債券指純普通公司債附加一個認股權證的設計。持有此種債券之投資人除可領取固定的利息外，且在某一特定期間之後，有權利以某一特定價格，購買該公司一定數量的股票，其票面利率通常比普通公司債低。

（四）其他類型之債券

1. 零息債券（Zero Coupon Bonds）

零息債券是債券面額不載票面利率，發行機構從發行到還本期間不發放利息，到期依面額償還本金，以「貼現」方式發行。由於零息債券發行期間不支付利息，所以面臨的利率風險較一般債券高，且對利率波動較敏感，因此通常發行期限不會太長。

2. 次順位債券（Subordinated Debenture）

次順位債券為長期信用債券，若發行公司因破產而遭清算時，其求償順位次於發行公司的一般債權人，對資產的請求權較一般債權人低，但仍高於特別股、普通股股東。

3. 巨災債券（Catastrophe Bonds）

巨災債券指為了因應重大災害所發行的債券，通常保險公司在發生重大災害，因必須付出高額的保險金而無力償還時，會發生倒閉危機，此時可透過發行巨災債券來募集資金，以支應高額的保險金。

4. 垃圾債券（**Junk Bonds**）

垃圾債券指信用評等較差或資本結構不夠健全的公司所發行的高收益、高風險債券。投資此債券的風險在於發行公司其經營不佳，可能無法準時付息甚至無法還本付息而導致投資人的損失，所以發行公司必須以比一般公司債為高的利率來吸引投資人。

5. 永續債券（**Perpetual Bonds**）

永續債券乃發行者發行一筆無到期日，且不償還本金，但每年均可領取一固定貨伏動票面利率的債券。

小案例

世界知名的遊樂場－迪士尼公司，曾經在 1993 年發行了一檔 100 年後才會到期的債券，因為期限太長了，有如公司沉睡般，根本不用還這筆債券本金，所以又俗稱為「睡美人債券」，此債券其實有點類似「永續債券」。

小案例

英國知名精品巧克力廠「巧克力飯店」，推出全球首創的「巧克力債券」。該債券投資人領到的債息並非錢，而是該公司所製造的巧克力，投資人可將領到的巧克力至市場售出換取金錢。若能依巧克力市價售出，能獲取比銀行利率高的利潤，但若自行享用依巧克力成本計算，其實際利息並沒有那麼高。

三 債券的發行

通常可以發行公司債的公司須爲「公開發行公司」，所以並不是任何公司型態均可發行。當公開發行公司募集公司債時，有兩種募集形態：其一爲私募（Private Placement）乃允許募集公司債時，得向特定人銷售，並未限制需透過證券承銷商承銷；另一爲公開發行（Public Offering）乃募集公司債時須對外公開發行，發行公司就得委託證券承銷商進行承銷；目前普通公司債，如欲對外公開銷售，應全數委託證券承銷商「包銷」。以下圖 7-2 爲債券的發行示意圖。

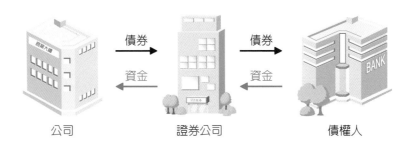

●●▶ 圖 7-2　債券市場發行示意圖

四 債券的發行價格

（一）債券收益率的衡量

購買債券的收益率，不見得是它所載之票面利率。要衡量它真正的報酬率，還須取決於一開始所買的價格來決定。若知道債券一開始所買價格，我們便可求算出「當期收益率」與「到期收益率」兩種報酬率。這兩種報酬率與票面利率都是衡量債券的報酬率，詳述如下。

1. **票面利率（Coupon Rate）**

   票面利率係指有價證券在發行條件上，所記載有價證券發行機構支付給債券持有人的利率。票面利率只是投資人每期能收到的利息，並不代表投資此債券之實質報酬率。

2. **當期收益率（Current Yield）**

   當期收益率係指買入債券當期所得到的報酬率。當期收益率並沒有考慮債券投資所產生的資本利得（損失），只在衡量債券某一期間所獲得的現金收入相較於債券價格的比率。其計算式如（7-1）式：

$$當期收益率 = \frac{C \times B}{P_0} \tag{7-1}$$

C：每期收到的票面利率

B：債券的面額

P_0：債券的實際價格

3. 到期收益率（Yield To Maturity, YTM）

到期收益率俗稱殖利率，係指債券持有人從買入債券後一直持有至到期日爲止，這段期間的實質報酬率。其報酬率包括投資債券的資本利得（損失）與全部利息。到期收益率的計算式如（7-2）式：

$$P_0 = \sum_{t=1}^{n} \frac{Ct}{(1+r)^t} + \frac{B}{(1+r)^n} \tag{7-2}$$

P_0：購買時債券的價格

C_t：第 t 年的現金流量

r：殖利率（折現率）

B：債券的面額

n：期數

4. 票面利率、當期收益率與到期收益率之關係

若將當期收益率與到期收益率作一比較，前者只考慮當期的利息收入，但後者除了考慮利息收入外，尚包括持有債券至到期日止所實現的資本利得（或損失）。以下爲票面利率、當期收益率與到期收益率的關係，詳見表 7-1。

(1) 若債券採「折價發行」，則市價小於債券面額，因此當期收益率大於票面利率，且債券到期時有資本利得，則到期收益率大於當期收益率。

(2) 若債券採「平價發行」，則市價等於債券面額，因此當期收益率等於票面利率，且債券到期時無資本利得或損失，則到期收益率等於當期收益率。

(3) 若債券採「溢價發行」，則市價大於債券面額，因此當期收益率小於票面利率，且債券到期時有資本損失，則到期收益率小於當期收益率。

表 7-1　票面利率、當期收益收益率與到期收益率的關係

債券	關係
折價債券	票面利率 ＜ 當期收益率 ＜ 到期收益率
平價債券	票面利率 ＝ 當期收益率 ＝ 到期收益率
溢價債券	票面利率 ＞ 當期收益率 ＞ 到期收益率

例題 7-3

【收益率衡量】

某一債券票面面額 10,000 元，票面利率 10%，期限 3 年，

(1) 若當時債券市價為 9,000 元，則請問此債券為折價、平價或溢價債券？當期收益率為何？到期收益率為何？

(2) 若當時債券市價為 10,000 元，則請問此債券為折價、平價或溢價債券？當期收益率為何？到期收益率為何？

(3) 若當時債券市價為 11,000 元，則請問此債券為折價、平價或溢價債券？當期收益率為何？到期收益率為何？

解 ▷▷

【解法 1】

利用計算機解答

(1) 債券市價為 9,000 元，小於債券面額 10,000 元，故為折價債券

票面利率＝ 10%，債券每年利息為 $10,000 \times 10\% = 1,000$（元）

當期收益率 $= \dfrac{1,000}{9,000} = 11.11\%$

到期收益率 $9,000 = \dfrac{1,000}{(1+r)} + \dfrac{1,000}{(1+r)^2} + \dfrac{1,000}{(1+r)^3} + \dfrac{10,000}{(1+r)^3}$

$\Rightarrow \quad r = 14.33\%$

(2) 債券市價為 10,000 元，等於債券面額 10,000 元，故為平價債券

票面利率＝ 10%，債券每年利息為 $10,000 \times 10\% = 1,000$（元）

當期收益率 $= \dfrac{1,000}{10,000} = 10\%$

到期收益率 $10,000 = \dfrac{1,000}{(1+r)} + \dfrac{1,000}{(1+r)^2} + \dfrac{1,000}{(1+r)^3} + \dfrac{10,000}{(1+r)^3}$

$\Rightarrow \quad r = 10\%$

(3) 債券市價爲 11,000 元，大於債券面額 10,000 元，故爲溢價債券

票面利率＝ 10%，債券每年利息爲 10,000×10% ＝ 1,000（元）

$$當期收益率＝\frac{1,000}{11,000}＝9.09\%$$

$$到期收益率11,000＝\frac{1,000}{(1+r)}+\frac{1,000}{(1+r)^2}+\frac{1,000}{(1+r)^3}+\frac{10,000}{(1+r)^3}$$

$$\Rightarrow \quad r＝6.24\%$$

【解法 2】

利用 Excel 解答，步驟如下：

(1) 選擇「公式」

(2) 選擇函數類別「財務」

(3) 選取函數「Rate」

(4)「Rate」、「Nper」、「Pmt」、「Fv」、「Type」依「折價、平價與溢價」不同，
填入以下各數據：

	折價債券	平價債券	溢價債券
Nper	3	3	3
Pmt	1,000	1,000	1,000
Pv	－ 9,000	－ 10,000	－ 11,000
Fv	10,000	10,000	10,000
Type	0	0	0
計算結果	14.33%	10.0%	6.24%

●●▶ 折價債券

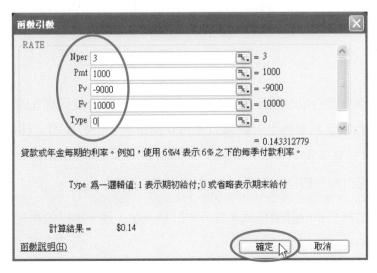

●●▶ 平價債券

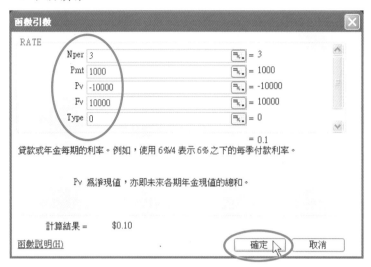

●●▶ 溢價債券

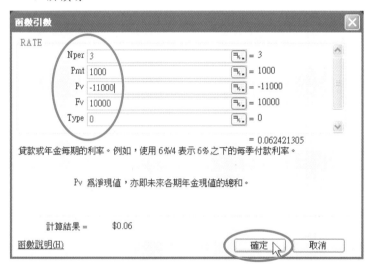

（二）債券價格之探討

　　債券價格的計算乃將每一期所領的利息與到期所領的本金，全部折現到現在的價值。通常定期所領的利息大都以固定利率為主，此處以此為介紹重點。一般採固定計息的債券，付息方式大致依「一年付息一次」、「半年複利，一年付息一次」及「半年付息一次」這三種方式最常見，以下僅對較一般通用的「一年付息一次」進行介紹。

　　一年付息一次為一般債券基本的評價模式，其一年計息一次，且一年提領利息一次。其價格計算公式與示意圖如（7-3）式與圖7-3。

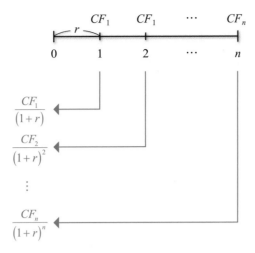

●●▶ 圖 7-3 債券價格示意圖（一年付息一次）

$$P = \frac{CF_1}{(1+r)} + \frac{CF_2}{(1+r)^2} + \cdots + \frac{CF_n}{(1+r)^n} = \sum_{t=1}^{n} \frac{CF_t}{(1+r)^t} \qquad (7\text{-}3)$$

CF_t：第 t 年的現金流量

r：殖利率

n：年為計的期數

P：債券價格

例題 7-4

【固定付息方式的債券】

迪士尼娛樂公司欲發行 3 億元的長期債券，以擴充新的遊樂設施，該債券票面利率 6%，期限 5 年，若當時殖利率為 8%，且債券採每一年付息一次，請問每張面額 100,000 元的債券價格為何？

解 ▷▷

【解法 1】

利用計算機解答

(1) 面額 100,000 元，票面利率 6%，每年付息一次，每年利息

100,000×6% = 6,000（元），則債券價格為

$$P = \frac{6,000}{(1+8\%)} + \frac{6,000}{(1+8\%)^2} + \frac{6,000}{(1+8\%)^3} + \frac{6,000}{(1+8\%)^4}$$

$$\quad + \frac{6,000}{(1+8\%)^5} + \frac{100,000}{(1+8\%)^5}$$

$$= 6,000 \times PVIFA_{(8\%,5)} + 100,000 \times PVIF_{(8\%,5)}$$

$$= 92,014.58 \,（元）$$

【解法 2】

利用 Excel 解答，步驟如下：

(1) 選擇「公式」

(2) 選擇函數類別「財務」

(3) 選取函數「PV」

(4)「Rate」、「Nper」、「Pmt」、「Fv」、「Type」分別填入以下各數據：

	一年付息一次
Rate	8%
Nper	5
Pmt	－ 6,000
Fv	－ 100,000
Type	0
計算結果	92,014.58

●●▶ 一年付息一次

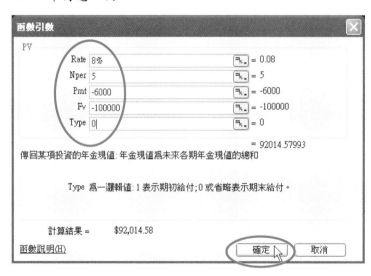

五 發行債券的優點

　　公司需要長期資金時，不外乎利用「股權」或「債權」這兩種方式。不管是利用「股權」或「債權」都有其優缺點，當然公司應根據本身現在的內部資金情形以及將來的營運狀況，決定到底是要用何種方式籌資對公司最有利。若選擇「債權」籌資，可以利用銀行借款或發行公司債，若公司選擇利用發行債券，則它具備哪些特點是向銀行貸款或發行股權所沒有的優勢，以下將介紹之：

1. **資金來源更多元**：以往公司利用債權籌資，都僅受限於銀行的融資管道，若一個資本市場發達的國家，可以利用直接金融的方式發行債券籌資，可以增加公司資金來源管道，分散財務調度之風險。

2. **籌資條件具彈性**：通常利用債券籌資，公司可以根據內部資金情形以及將來的營運狀況，設計多元的還本、還息、提早贖（賣）回與到期轉換為股權等各式條件，以符合公司的需求。

3. **股權盈餘免稀釋**：利用債券籌資，可以使公司的股本不用增加，將來公司盈餘可避免被稀釋；且公司債持有人不像普通股股東具有投票權，所以可以避免公司控制權外流。

4. **提高市場知名度**：公司可藉由公開發行債券的方式，透過證券公司在金融市場公開買賣交易，這樣可以提升公司的知名度，對公司業務的推展具有正面的助益。

六 債券的信用評等

評鑑債券品質好壞，必須透過專業的信用評等機構進行評估。信用評等機構將針對債券的利率、違約、通貨膨脹、流動性與再投資風險進行評估。全世界最著名的信用評等機構為「慕迪（Moody's）」、「標準普爾（Standard & Poor's）」與「惠譽國際（Fitch Rating）」。國內的信用評等公司，為 1997 年與標準普爾合作成立的「中華信用評等公司」。信用評等機構通常會依據公司信用的優劣，給予不同等級的代號。以下我們利用標準普爾的評等符號（詳見表 7-2）進行說明，字母 A 愈多表示信用評等分數愈高，發行人發生信用危機風險愈低，債券的殖利率愈低。評等等級 A 級依序大於 B 級、C 級與 D 級，有些等級又會以「＋」與「－」進一步細分。例如，「A＋」＞「A」＞「A－」。

●●▶ 表 7-2　信用評等符號與其意義說明

投資等級	AAA	信譽極好，償債能力最強，幾乎無風險。
	AA	信譽優良，償債能力甚強，基本無風險。
	A	信譽較好，償債能力強，具備支付能力，風險較小。
	BBB	信譽一般，足夠償債能力，具備基本支付能力，稍有風險。

投機等級	BB	信譽欠佳，短期有足夠償債能力，支付能力不穩定，有一定的風險。
	B	信譽較差，短期仍有足夠償債能力，近期支付能力不穩定，有很大風險。
	CCC	信譽很差，償債能力不可靠，有可能違約。
	CC	信譽太差，償還能力差，有很大可能違約。
	C	信譽極差，幾乎完全喪失償債能力、完全喪失支付能力，極可能違約。
	D	違約。

因應疫情、全面轉型 雄獅旅遊 43 年來首發公司債

新冠疫情重創國內旅遊產業，旅行社龍頭雄獅旅遊集團決定要「轉型」，雄獅未來將從「旅遊集團」轉型成為「生活產業集團」。雄獅將發行國內第一次無擔保轉換公司債，預估發行金額約 7 億元。

為因應疫情衝擊，加上推動未來的轉型計畫，雄獅成立 43 年來，首度發公司債。雄獅的轉型計畫中，未來加入商品、食品整合行銷，從推銷「臺灣之美」跨入行銷「臺灣之好」，進一步讓這些臺灣之好都變成「臺灣之光」。

臺灣觀光經濟 GDP 是負的，過去臺灣出境旅遊屢創新高，一年旅遊逆差 4,000 億元，現在臺灣防疫優良成果，使臺灣觀光成為全球認定安全、安心旅遊的環境，此時國民旅遊的機會來了，應該將臺灣出境遊創造 8,000 億產值，由「外」轉「內」，轉化為國內旅遊產值。

（圖文資料來源：節錄經濟日報 2020/04/27）

解說

2020 年全球各業均受武漢肺炎嚴重影響，觀光業更是重中之重，於是該產業必須思考轉型，以尋出路。國內旅行社龍頭—雄獅旅遊，藉由發行「無擔保可轉換公司債」籌集資金，以用於公司未來轉型之用。

Part　3
資金投資
評估篇

　　當一家公司籌措到充足資金後，必須進行各式各樣的投資。當公司進行任何投資時，必須考量投資的風險與報酬，並進一步評估多角化的投資組合管理。此外，公司在衡量投資計畫案是否可行時，可透過各種評估方法來進行決策。本篇內容包含3大章，其內容主要介紹資金的投資報酬與風險、多角化的投資管理以及各種投資計畫案的評估方法。

Chapter
8
投資報酬與風險

 本章大綱

本章內容為報酬與風險，主要介紹報酬與風險的種類與衡量，詳見下表。

節次	節名	主要內容
8-1	報酬率的衡量	介紹實際與預期報酬的衡量方法。
8-2	風險的衡量	介紹實際與預期風險的衡量方法。
8-3	風險的種類	介紹公司營運中所會面臨的風險種類。

8-1　報酬率的衡量

　　公司或投資人從事任何投資活動，都希望獲取不錯的報酬（Return），且報酬的高低通常是進行投資時最先考量的因素。例如：餐飲店、健身房與旅行社等考慮承租店面地點的不同時，將來會產生不同的報酬（成本與利益的差異），所以報酬高低是左右投資是一個重要因子。通常報酬一般以絕對金額表示，若獲取的報酬與原始投資金額相比，就是報酬率（Rate of Return）觀念。通常報酬率依事件是否已經實現，可分為實際報酬率與預期報酬率兩種。以下將分別介紹之。

實際報酬率

　　實際報酬率（Realized Rate of Return）是指投資人進行某種投資，經過一段時間後，實際獲得的報酬率，是一種「事後」或「已實現」的報酬率，亦即在損益發生的當時情形下，所計算出的報酬率。通常實際報酬率須經過一段期間才可求得，因此實際報酬率依期間次數的多寡，又可區分為「單期」與「多期」實際報酬率。以下將分別介紹之。

（一）單期報酬率

　　投資某項資產於一段期間內的獲利金額佔原始金額的比率，此報酬率即為持有期間報酬率（Holding-Period Returns）。此報酬由兩項報酬所組合，其一為資產的資本利得（損失），另一為資產的利息收益報酬。其計算公式如（8-1）式：

$$R_t = \frac{總報酬}{最初投資金額} = \frac{(P_t - P_{t-1}) + D_t}{P_{t-1}} = \frac{(P_t - P_{t-1})}{P_{t-1}} + \frac{D_t}{P_{t-1}}$$
$$= 資本利得（損失）率 + 利息收益率 \qquad\qquad (8-1)$$

R_t：資產第 t 期的實際報酬率（以百分比表示）

D_t：資產第 t 期內所收到的現金收益

P_t：資產第 t 期的期末價格

P_{t-1}：資產第 $t-1$ 期的期末價格

例題 8-1

【單期報酬率】

假設投資人年初購入王品飯店股票,每股市價 20 元,年底王品飯店股票每股市價 30 元,請問下列 3 種情形下,求在該年度投資王品飯店股票的報酬率?此報酬率的組成為何?又各為多少?

(1) 王品飯店於年中配發每股 2 元的現金股利。

(2) 王品飯店於年中配發每股 2 元的股票股利。

(3) 王品飯店於年中各配發每股 1 元的現金與股票股利。

解 ▷▷

(1) 王品飯店於年中配發每股 2 元的現金股利

　　投資王品飯店股票的報酬率

$$R_t = \frac{總報酬}{最初投資金額} = \frac{(P_t - P_{t-1}) + D_t}{P_{t-1}} = \frac{(30-20)+2}{20}$$

$$= \frac{30-20}{20} + \frac{2}{20} = 50\% + 10\% = 60\% = 資本利得報酬率 + 股利收益率$$

　　其中,資本利得報酬率為 50%,股利收益率為 10%。

(2) 王品飯店於年中配發每股 2 元的股票股利

　　此時須將股票股利的權值還原,所以年底股價還原權值為 36（30×1.2）

　　投資王品飯店股票的報酬率

$$R_t = \frac{總報酬}{最初投資金額} = \frac{(P_t - P_{t-1}) + D_t}{P_{t-1}} = \frac{(36-20)+0}{20}$$

$$= \frac{36-20}{20} + \frac{0}{20} = 80\% + 0\% = 80\% = 資本利得報酬率$$

　　其中,資本利得報酬率為 80%,股利收益率為 0%。

(3) 王品飯店於年中各配發每股 1 元的現金與股票股利

　　此時須將股票股利的權值還原,所以年底股價還原權值為 33（30×1.1）

　　投資王品飯店股票的報酬率

$$R_t = \frac{總報酬}{最初投資金額} = \frac{(P_t - P_{t-1}) + D_t}{P_{t-1}} = \frac{(33-20)+1}{20}$$

$$= \frac{33-20}{20} + \frac{1}{20} = 65\% + 5\% = 70\% = 資本利得報酬率 + 股利收益率$$

　　其中,資本利得報酬率為 65%,股利收益率為 5%。

（二）多期報酬率

投資某項資產於一段期間後，計算每單一期間報酬率之平均報酬率（Average Rate of Return）。計算平均報酬率有兩種方式，其一為算術平均報酬率，另一為幾何平均報酬率。以下將分別介紹之。

1. 算術平均報酬率：將多項單期報酬率加總後，再除以期數所得出之報酬率。該報酬率較適用於不牽扯到時間的橫斷面分析，其計算式如（8-2）式：

$$算術平均報酬率 = \frac{R_1 + R_2 + \cdots\cdots + R_n}{n} \qquad (8\text{-}2)$$

2. 幾何平均報酬率：將多項單期報酬率加 1 後連乘，再開以期數之次方根後減 1，所得出之報酬率。該報酬率較適用於牽扯到時間的縱斷面分析。其計算式如（8-3）式：

$$幾何平均報酬率 = \sqrt[n]{(1+R_1)(1+R_2)\cdots\cdots(1+R_n)} - 1 \qquad (8\text{-}3)$$

例題 8-2

【算術與幾何平均報酬率】

假設投資人今年初買進每股市價 80 元的京華飯店股票，年底該股票上漲至每股市價 100 元，而明年年底該股又跌回每股市價 80 元，這兩年內該股票無任何配息，請問
(1) 投資人投資該股票這兩年的報酬率分別為多少？
(2) 這兩年的平均報酬率為何？

解 ▷▷

(1) 這兩年的報酬率分別為

$$第一年報酬率為 R_1 = \frac{100 - 80}{80} = 25\%$$

$$第二年報酬率為 R_2 = \frac{80 - 100}{100} = -20\%$$

(2) 這兩年的平均報酬率

$$算術平均報酬率 = \frac{R_1 + R_2}{2} = \frac{25\% + (-20\%)}{2} = 2.5\%$$

$$幾何平均報酬率 = \sqrt{(1+R_1) \times (1+R_2)} - 1 = \sqrt{(1+25\%)(1-20\%)} - 1 = 0\%$$

此題由兩種不同平均報酬率所求出的答案並不一致，因為此平均報酬率牽扯到時間的變動，應該用幾何平均報酬率比較合理。

例題 8-3

【算術與幾何平均報酬率】

假設燦星旅遊公司股票近 5 個交易日的每日報酬率如下表所示：

交易日	1	2	3	4	5
報酬率	5%	2%	−3%	1%	0%

請問

(1) 算術平均報酬率為何？

(2) 幾何平均報酬率為何？

解 ▷▷

(1) 算術平均報酬率 $= \dfrac{R_1 + R_2 + R_3 + R_4 + R_5}{5}$

$$= \frac{5\% + 2\% + (-3\%) + 1\% + 0\%}{5} = 1\%$$

(2) 幾何平均報酬率 $= \sqrt[5]{(1+R_1)(1+R_2)(1+R_3)(1+R_4)(1+R_5)} - 1$

$$= \sqrt[5]{(1+5\%)(1+2\%)(1+(-3\%))(1+1\%)(1+0\%)} - 1 = 0.966\%$$

註：通常觀察期數愈多，算術平均與幾何平均會愈接近。

預期報酬率

預期報酬率（Expected Rate of Return），又稱期望報酬率，是指投資人投資某項資產時，預期未來所能獲得報酬率，是一種「事前」或「未實現」的報酬率，由於投資標的物之未來報酬率，往往會隨著各種狀況的不同而改變。在統計學上，以機率（Probability）來衡量各種狀況發生的可能性，一般以機率分配來表示。因此我們將每種可能狀況所發生的機率，分別乘上該狀況發生後所提供的報酬率，再予以加總可得預期報酬率。其計算式如（8-4）式：

$$\tilde{R}_i = E(R_i) = \sum_{i=1}^{n} P_i R_i \qquad (8\text{-}4)$$

第 i 種資產的預期報酬率

P_i：第 i 種資產在某情況下的機率值

R_i：投資第 i 種資產，可能獲得的報酬率

例題 8-4

【預期報酬率】

下列為東南旅行公司與五福旅行公司，內部估計未來 1 年不同經濟景氣狀況下，其相對應的股票報酬率之機率分配。試問兩家旅行公司股票預期報酬率各為何？

經濟景氣狀況	東南旅行公司		五福旅行公司	
	發生機率	股票報酬率	發生機率	股票報酬率
繁榮	0.2	40%	0.3	20%
持平	0.6	20%	0.4	10%
衰退	0.2	-30%	0.3	-10%

解 ▷▷

東南旅行與五福旅行公司股票預期報酬率各為

東南預期報酬率：$\tilde{R}_A = E(R_A) = 0.2 \times 40\% + 0.6 \times 20\% + 0.2 \times (-30\%) = 14\%$

五福預期報酬率：$\tilde{R}_B = E(R_B) = 0.3 \times 20\% + 0.4 \times 10\% + 0.3 \times (-10\%) = 7\%$

例題 8-5

【預期報酬率】

下列三種有關餐旅行業（飯店業、餐飲業、旅行業）的股票報酬率，在未來 1 年不同經濟景氣狀況下，其報酬率的機率分配如下表。試問這三種資產預期報酬率各為何？

經濟景氣狀況	發生機率	飯店業報酬率	餐飲業報酬率	旅行業報酬率
繁榮	0.3	40%	4%	10%
持平	0.5	10%	5%	3%
衰退	0.2	− 30%	6%	− 5%

解 ▷▷

這三種產業股票的預期報酬率各為

飯店業：$\tilde{R}_S = 0.3 \times 40\% + 0.5 \times 10\% + 0.2 \times (-30\%) = 11\%$

餐飲業：$\tilde{R}_B = 0.3 \times 4\% + 0.5 \times 5\% + 0.2 \times 6\% = 4.9\%$

旅行業：$\tilde{R}_F = 0.3 \times 10\% + 0.5 \times 3\% + 0.2 \times (-5\%) = 3.5\%$

小案例

　　近年來，許多愛酒人士，將年份酒當作投資炒作的標的。2019年登上最貴單瓶日本威士忌寶座的「山崎50年」，2015年每瓶60萬元，才短短4年，去年拍賣會上就售出1,300餘萬元，漲幅高達220%，令人咋舌。其他酒類的投資原則，如：橡木桶熟成的威士忌，置於桶中原酒熟成年份越久，自然越有價值。高粱酒因蒸餾技術，裝瓶後還會持續陳化，反而越陳越香，其中58度高粱酒最為容易陳化。所以各位杜康們，除了品酒外，也都希望他們的珍藏酒的投資報酬，都能隨著年份而「酒漲船高」。

（資料來源：節錄自由財經 2020/01/25）

8-2　風險的衡量

　　在投資領域中，風險（Risk）常與不確定性（Uncertainty）連結在一起。投資人在進行投資時，對未來資產（或計畫方案）的報酬高低具有不確定性。當不確定性愈高，風險就愈大；反之，不確定性愈低，則風險就愈小。例如：飯店業欲新蓋住宿大樓，必須面對「經濟景氣」與「政府開放觀光政策」的不確定風險；遊樂場擴建遊樂設備，必須面對「經濟景氣」與「天氣氣候因素」的不確定風險。

　　因此風險乃指事件發生與否的不確定性。通常投資人對事件發生與否，會有個預期結果；所以風險亦指在特定時期內，預期結果和實際結果之間的差異程度。因此風險依事件是否已經實現，可分為「歷史風險」與「預期風險」兩種。以下將分別介紹之。

歷史風險

　　歷史風險（Historical Risk），是指投資人進行某種投資，經過一段時間後，每期所獲取的報酬率距離平均報酬率的離散程度。在統計學上，衡量離散程度通常使用全距、四分位距、變異數與變異係數等方式。其中以「變異數」和其平方根－「標準差」最常被使用衡量於絕對的離散程度（或稱絕對風險）；「變異係數」最常被使用衡量於相對的離散程度（或稱相對風險）。以下我們將分別介紹之。

（一）變異數與標準差

　　變異數（Variance）與標準差（Standard Dispersion）兩者皆主要用以衡量資產報酬的波動程度，波動性愈大，風險就愈高，是衡量風險的「絕對」指標。變異數的平方根即為標準差，變異數與標準差的計算公式如（8-5）、（8-6）式：

$$變異數 = Var(R) = \sigma^2 = \frac{\sum_{i=1}^{n}(R_i - \bar{R})^2}{n-1} \qquad (8\text{-}5)$$

$$標準差 = \sigma = \sqrt{Var(R)} = \sqrt{\frac{\sum_{i=1}^{n}(R_i - \bar{R})^2}{n-1}} \qquad (8\text{-}6)$$

R_i：資產第 i 期所獲得報酬率

$\bar{R}$：資產平均報酬率

n：期數

（二）變異係數

　　變異係數（Coefficient of Variation, CV）是衡量投資人欲獲取每單位報酬，所必須承擔的資產報酬波動程度。亦即投資人欲獲取每單位報酬，必須承擔的風險值。所以變異係數是衡量風險的「相對」指標。其計算公式如（8-7）式：

$$變異數係數（CV）= \frac{標準差}{平均報酬率} = \frac{\sigma}{R} \qquad (8\text{-}7)$$

例題 8-6

【歷史風險衡量】

假設夏都觀光旅館股票近 5 個交易日的每日報酬率如下表所示。

交易日	1	2	3	4	5
報酬率	4%	6%	− 2%	3%	− 1%

請問

(1) 平均報酬率為何？

(2) 變異數與標準差（風險）為何？

(3) 變異係數為何？

(4) 變異係數所代表意義為何？

解 ▷▷

(1) 平均報酬率 $= \dfrac{4\% + 6\% + (-2\%) + 3\% + (-1\%)}{5} = 2\%$

(2) 變異數 $= \dfrac{(4\% - 2\%)^2 + (6\% - 2\%)^2 + (-2\% - 2\%)^2 + (3\% - 2\%)^2 + (-1\% - 2\%)^2}{5 - 1}$

$\qquad = 0.115\%$

標準差 $= \sqrt{0.115\%} = 3.39\%$（歷史風險）

(3) 變異係數（CV）$= \dfrac{標準差}{平均報酬率} = \dfrac{3.39\%}{2\%} = 1.695$

(4) 變異係數 1.695 表示投資人欲獲取 1% 的投資報酬率，必須承擔 1.695 單位的風險。

預期風險

　　預期風險（Expected Risk）是指投資人投資某項資產時，預期未來將必須承擔的風險。因為未來欲發生的狀況有好幾種可能性，因此我們將每種可能狀況所發生的機率，分別乘上該狀況產生的風險值，再予以加總即可求出預期風險。預期風險仍用變異數與標準差來表示之，其計算公式如（8-8）、（8-9）式：

$$預期風險 = \mathrm{Var}(\tilde{R}) = \tilde{\sigma}^2 = \sum_{i=1}^{n} [R_i - E(R_i)]^2 \times P_i \qquad (8\text{-}8)$$

$$\tilde{\sigma} = \sqrt{\sum_{i=1}^{n}[R_i - E(R_i)]^2 \times P_i} \qquad (8\text{-}9)$$

例題 8-7

【預期風險】

同例題 8-4，下列為東南旅行公司與五福旅行公司，內部估計未來 1 年不同經濟景氣狀況下，其相對應的股票報酬率之機率分配。試問這兩家公司股票預期風險各為何？

經濟景氣狀況	東南旅行公司		五福旅行公司	
	發生機率	股票報酬率	發生機率	股票報酬率
繁榮	0.2	40%	0.3	20%
持平	0.6	20%	0.4	10%
衰退	0.2	-30%	0.3	-10%

解 ▷▷

(1) 東南旅行公司股票預期風險

預期報酬率為 $\tilde{R} = 0.2 \times 40\% + 0.6 \times 20\% + 0.2 \times (-30\%) = 14\%$

預期風險為 $\tilde{\sigma} = \sqrt{(40\% - 14\%)^2 \times 0.2 + (20\% - 14\%)^2 \times 0.6 + (-30\% - 14\%)^2 \times 0.2}$
$\qquad = 23.32\%$

(2) 五福股票預期風險

預期報酬率為 $\tilde{R} = 0.3 \times 20\% + 0.4 \times 10\% + 0.3 \times (-10\%) = 7\%$

預期風險為 $\tilde{\sigma} = \sqrt{(20\% - 7\%)^2 \times 0.3 + (10\% - 7\%)^2 \times 0.4 + (-10\% - 7\%)^2 \times 0.3}$
$\qquad = 11.87\%$

8-3　風險的種類

公司在從事營業活動中，會面臨到各種不同的狀況，將使得公司可能會遇到許許多多的風險。在眾多風險中，有一部分的風險是來自於市場，稱為市場風險；另外有一部分的風險是來自於公司本身，稱為公司特有風險。以下將分別介紹之。

市場風險

市場風險（Market Risk）是指市場的非預期因素與金融資產價格的不確定性，對所有公司營運產生的影響。因此市場風險是每家公司都會受到影響的風險，所有公司都逃不掉這些因素的影響。通常市場風險有自然風險、政治風險、社會風險、經濟風險等幾種，詳見表 8-1。例如：餐飲業常受到自然與經濟風險的影響；旅遊業常受到自然、政治、社會與經濟風險的影響。

●●▶ 表 8-1　市場風險類型

類型	說明	實例
自然風險	一國的地理、氣候或環境等因素，發生嚴重的變化或受到汙染，所產生的不確定風險。	地震、颱風、水災、海嘯、火山爆發與瘟疫傳染…等因素。
政治風險	政府或政黨組織團體，因行使權利或從事某些行為，所引起的不確定風險。	戰爭、主權紛爭、政黨惡鬥、政權貪腐與執法不公…等因素。
社會風險	個人或團體的特殊行為，對社會的正常運作，所造成的不確定風險。	社會階級衝突、種族歧視、宗教信仰衝突…等因素。
經濟風險	經濟活動過程中，因市場環境的變化，讓某些商品價格發生異常變動，所導致的不確定風險。	經濟成長率、利率、匯率、物價…等因素。

公司特有風險

公司特有風險（Firm Specific Risk）是指由個別公司或產業的特殊事件所造成的風險，因此只會影響個別公司或產業。通常公司特有風險有營運風險與財務風險等二種，詳見表 8-2。例如：餐飲業中某些因某些食品安全問題、或旅行業因國際機票大幅調漲，所導致的營運風險；餐旅行業某些公司操作金融商品失當，造成公司淨利大量虧損，所導致的財務風險。

•••▶ 表 8-2　公司特有風險類型

類型	說明	實例
營運風險	公司的外部經營環境和條件，以及內部經營管理的問題造成公司利潤的變動。	產業供需失衡致使產品價格大幅下跌、公司管理階層大幅異動、公司的工人罷工與新產品開發失敗等因素。
財務風險	公司在各項財務活動中，由於各種非預期因素，使得公司所獲取財務成果與預期發生偏差，造成公司經濟損失。	企業財務活動中的籌措資金、長短期投資、分配利潤、資產的流動性等因素。

受疫情衝擊…謝金河曝「5 慘業」直言：這 3 類仍水深火熱

　　2020 年上市上櫃公司第二季季報全部揭曉，財信傳媒董事長在臉書以「上半年『慘業』新地圖」歸納整理出，上半年受到武漢肺炎影響嚴重的產業，一共分析出了 5 大類產業成了「慘業」，他也表示因臺灣疫情控制得宜，及振興三倍券的振興，表示一半以上的慘業可以漸漸回春！「剩下精品，航空客運，及國外旅遊仍深陷水火」。這 5 大「慘業」如下：

　　第一慘：機場免稅商店的昇恆昌及專賣陸客精品店的寶得利。

　　第二慘：旅遊業，所有旅遊業者，第二季營收都衰退九成，而且全出現虧損，這其中雄獅旅遊一季虧損逾二億元。

　　第三慘：飯店業，除了晶華酒店賺錢外，所有飯店業都賠錢，災情最嚴重。寒舍，雲品，國賓飯店也都出現虧損。

　　第四慘：餐飲業，王品，瓦城，85 度 C，六角都賺錢，但和去年同期比，都出現大幅衰退的現象，最慘的是大型婚宴的新天地，第二季虧損近億元。

　　第五慘：航空業，華航第二季獲利 24.59 億元，堪稱是最大驚奇，因為長榮航空仍然虧損 6.13 億，以載客為主的虎航上半年虧損 5.69 億。

（資料來源：節錄三立新聞網 2020/08/16）

解說

　　餐旅業是一個靠天吃飯的行業，若全球發生嚴重的「自然風險」，將影響該產業的生計。2020 年全球各行各業均受武漢肺炎疫情的波及，位於海嘯第一排的餐旅業受傷最為嚴重。

Chapter

9

投資組合概論

 本章大綱

本章內容為投資組合概論，主要介紹投資組合的報酬與風險、以及投資組合的風險分散，詳見下表。

節次	節名	主要內容
9-1	投資組合報酬與風險	介紹投資組合的報酬與風險之衡量。
9-2	投資組合的風險分散	介紹投資組合所面臨的風險與 β 係數。

9-1 投資組合報酬與風險

　　通常投資人在進行投資時，基於風險的考量，不會把所有的資金集中投資於某項資產上。而會將資金廣泛投資於數種資產以建構一投資組合（Portfolio）。所謂投資組合是指同時持有兩種以上證券或資產所構成的組合。投資組合理論，是由財務學者馬可維茲（Markowitz）於 1952 年所提出，該理論希望藉由多角化投資，以期使在固定的報酬率之下，將投資風險降到最小，或在相同的風險之下，獲取最高的投資報酬率。故投資組合管理所強調的就是建構一個「有效率」的投資組合，以下將介紹投資組合報酬與風險之衡量。

🔲 投資組合報酬

　　投資組合的預期報酬率之衡量，就是將投資組合內各項資產的預期報酬率，依投資權重加權所得的平均報酬率。投資組合報酬率的計算方式如（9-1）式：

$$\tilde{R}_p = W_1\tilde{R}_1 + W_2\tilde{R}_2 + \cdots + W_n\tilde{R}_n = \sum_{i=1}^{n} W_i\tilde{R}_i \tag{9-1}$$

$\tilde{R}_P$：投資組合的預期報酬率

W_i：即權重，投資組合內各項資產價值佔投資組合總價值的比率

$\tilde{R}_i$：投資組合內各項資產的個別預期報酬率

🔲 投資組合風險

　　投資組合報酬的衡量較為簡單，但投資組合的風險則較複雜，因為兩種或數種個別報酬率很高的資產，所組合出的投資組合報酬，無疑的一定也很高；但兩種或數種個別風險很高的資產，所組合出的投資組合風險就不一定了。因為必須取決於資產之間的相關性，若彼此相關程度很高，投資組合風險才會高；若彼此相關程度很低或甚至是負相關，則投資組合風險就會降低甚至為零。因此要衡量投資組合風險，還須端視資產之間的相關性。

　　以下我們就先說明由兩種、三種資產所組合的投資組合風險，再擴充到多種資產組合的投資組合風險。

（一）兩種資產組合的風險衡量

上述投資組合預期報酬率的計算，以個別證券預期報酬率之加權平均相加即可，但投資組合的風險，則須引入兩種資產的相關係數。其投資組合預期報酬率與風險的計算方式，如（9-2）、（9-3）式。

1. 投資組合預期報酬率：$\tilde{R}_P$

$$\tilde{R}_p = W_1\tilde{R}_1 + W_2\tilde{R}_2 \tag{9-2}$$

2. 投資組合預期風險：$\tilde{\sigma}_P$

$$\tilde{\sigma}_P^2 = VAR(\tilde{R}_P) = VAR(W_1\tilde{R}_1 + W_2\tilde{R}_2) = W_1^2\tilde{\sigma}_1^2 + W_2^2\tilde{\sigma}_2^2 + 2W_1W_2\rho_{12}\sigma_1\sigma_2$$
$$= W_1^2\tilde{\sigma}_1^2 + W_2^2\tilde{\sigma}_2^2 + 2W_1W_2\tilde{\sigma}_{12} \tag{9-3}$$

$\tilde{\sigma}_1$：表示第一種資產報酬率之標準差（風險值）

$\tilde{\sigma}_2$：表示第二種資產報酬率之標準差（風險值）

ρ_{12}：表示這兩資產報酬率之相關係數

$\tilde{\sigma}_{12}$：表示這兩資產報酬率之共變異數

其中，共變異數（Covariance）為表達兩種資產的相關程度與變化方向之量數，其與相關係數關係如（9-4）式：

$$\rho_{12} = \frac{\sigma_{12}}{\sigma_1\sigma_2} \tag{9-4}$$

另外，在衡量兩種資產組合投資風險時，須知道兩種資產彼此間相關係數。所謂相關係數（Correlation Coefficient），是指表達兩種資產的相關程度與變化方向之量數。通常相關係數乃介於正負 1 之間。（$-1 \leq \rho_{12} \leq 1$）

1. 當 $\rho_{12} = 1$ $\Rightarrow$ 完全正相關（表示兩資產預期報酬率呈現完全同向變動）。

2. 當 $\rho_{12} = -1$ $\Rightarrow$ 完全負相關（表示兩資產預期報酬率呈現完全反向變動）。

3. 當 $\rho_{12} = 0$ $\Rightarrow$ 零相關（表示兩資產預期報酬率沒有關係）。

4. 當 $0 < \rho_{12} < 1$ ⇒ 正相關（表示兩資產預期報酬率呈同方向變動）。

5. 當 $-1 < \rho_{12} < 0$ ⇒ 負相關（表示兩資產預期報酬率呈反方向變動）。

（二）三種資產組合的風險衡量

若為三種資產組合的風險，其兩兩資產之間就有 1 個相關係數，所以三種資產之間就有 3 個相關係數（$C_2^3 = 3$）。其計算式如（9-5）式：

$$\tilde{\sigma}_P^2 = VAR(\tilde{R}_P) = VAR(W_1\tilde{R}_1 + W_2\tilde{R}_2 + W_3\tilde{R}_3) \tag{9-5}$$
$$= W_1^2\tilde{\sigma}_1^2 + W_2^2\tilde{\sigma}_2^2 + W_3^2\tilde{\sigma}_3^2 + 2W_1W_2\rho_{12}\tilde{\sigma}_1\tilde{\sigma}_2 + 2W_1W_3\rho_{13}\tilde{\sigma}_1\tilde{\sigma}_3 + 2W_2W_3\rho_{23}\tilde{\sigma}_2\tilde{\sigma}_3$$

（三）n 種資產組合的風險衡量

若為 n 種資產組合的風險，n 種資產之間就有 $\dfrac{n(n-1)}{2}$ 個相關係數（$C_2^n = \dfrac{n(n-1)}{2}$）。其計算式如下：

$$\tilde{\sigma}_P^2 = VAR(\tilde{R}_P) = VAR(W_1\tilde{R}_1 + W_2\tilde{R}_2 + \cdots\cdots + W_n\tilde{R}_n)$$
$$= \sum_{i=1}^{n} W_i^2\sigma_i^2 + 2\sum_{i=1}^{n-1}\sum_{j>i}^{n} W_iW_j\rho_{ij}\sigma_i\sigma_j \tag{9-6}$$

例題 9-1

【投資組合報酬】

若投資人有一筆 100 萬的資金，將 30 萬、20 萬、40 萬與 10 萬分別投資於王品、雄獅、六福與劍湖山四種股票，這四種股票的預期報酬率分別為 15%、12%、8% 與 6%，則投資組合預期報酬為何？

解 ▷▷

投資組合預期報酬率

$$\tilde{R}_p = \frac{30}{100} \times 15\% + \frac{20}{100} \times 12\% + \frac{40}{100} \times 8\% + \frac{10}{100} \times 6\% = 10.7\%$$

例題 9-2

【投資組合風險】

投資人投資麥當勞與星巴克兩種股票，麥當勞與星巴克的預期報酬率分別為 20% 與 30%，預期報酬率之標準差為 15% 與 25%，若兩證券間的相關係數為 0.5，投資人投資於兩證券的權重為 60% 與 40%，則投資組合預期報酬率與風險為何？

解 ▷▷

(1) 投資組合預期報酬率

$$\tilde{R}_p = 0.6 \times 20\% + 0.4 \times 30\% = 24\%$$

(2) 投資組合預期風險

$$VAR(\tilde{R}_P) = \tilde{\sigma}_P^2 = (0.6)^2 \times (15\%)^2 + (0.4)^2 \times (25\%)^2 + 2 \times 0.6 \times 0.4 \times 0.5 \times 15\% \times 25\%$$

$$= 0.0271$$

$$\tilde{\sigma}_P = \sqrt{0.0271} = 16.46\%$$

9-2 投資組合的風險分散

當投資人進行投資時，建構一個投資組合。投資組合所面臨的風險稱為總風險，總風險中有部分可藉由多角化投資將它分散稱為非系統風險；有部分則無法規避掉稱為系統風險。因此總風險是由系統風險與非系統風險所組成。此節首先將介紹此兩種風險的特性；其次，介紹投資組合的風險與報酬亦存在一個相對等的關係；最後，介紹代表系統風險的貝他（β）係數。

▬ 系統與非系統風險

（一）系統風險

系統風險（Systematic Risk）是指無法藉由多角化投資將之分散的風險，又稱為不可分散風險（Undiversifiable Risk）。通常此部分的風險是由市場所引起的，例如，天災、戰爭、政治情勢惡化或經濟衰退等因素，所以此類風險即為市場風險。

（二）非系統風險

非系統風險（Unsystematic Risk）是指可藉由多角化投資將之分散的風險，又稱為可分散風險（Diversifiable Risk）。通常此部分的風險是由個別公司所引起的，例如，新產品開發失敗、工廠意外火災或高階主管突然離職等因素，所以此類風險即為公司特有風險。由於這些因素在本質上是隨機發生的，因此投資人可藉由多角化投資的方式，來抵銷個別公司的影響（亦即一家公司的不利事件，可被另一家公司的有利事件所抵銷）。

由圖 9-1 可以看出，當投資組合只有一檔股票時，該組合的風險最高，但隨著股票數目的增加，投資組合的風險亦隨之下降，而當投資組合內超過三十檔股票以上，投資組合風險的下降幅度會趨緩，最後趨近於一個穩定值，此時再增加股票數目，投資組合風險已無法再下降。上述中可藉由增加股票數而下降的風險即為非系統風險，無法利用增加股票數而下降的風險即為系統風險。

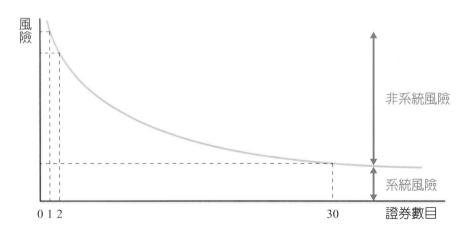

••▶ 圖 9-1　系統與非系統風險關係圖

投資組合風險與報酬之關係

在投資的領域中，將一筆資金建構一組投資組合，在風險與報酬的關係中，風險愈高的資產，其所獲取的報酬愈高，通常這種所指的風險是以系統風險為代表。因為總風險中的非系統風險可以藉由多角化將之去除，所以非系統風險的部分，並不能獲取額外的風險溢酬（Risk Premium）或稱風險貼水，但仍有其資金投入的最基本機會成本報酬可以取之，此乃無風險報酬（Risk-free Rate）。至於系統風險的部分因不可分散，所以必須冒風險才可得到的額外報酬，稱為風險溢酬。

因此投資組合的報酬與風險的關係，我們可以由（9-7）、（9-8）式以下兩式得知：

投資組合報酬＝無風險報酬＋風險溢酬　　　　　　　　　　　　（9-7）

投資組合風險＝非系統風險＋系統風險　　　　　　　　　　　　（9-8）

貝他（β）係數

　　由上述投資組合的報酬與風險關係中得知，系統風險是決定資產（或投資組合）報酬和風險溢酬的重要因素。因此，要決定預期報酬之前，須先知道個別資產（或投資組合）的系統風險水準。通常每一資產受到系統風險（或市場風險）的影響程度不一，例如，現在經濟不景氣，民眾消費減少，但傳統的民生必需品食品股所受到的衝擊相對較小，觀光類股就可能受到較大的衝擊，因此這兩類資產受到市場風險（系統風險）的影響就不一致。所以個別資產報酬受系統風險的影響程度，我們通常用「貝他（β）係數（Beta Coefficient）」來表示之。

　　若從統計學的觀點來看，β 係數其實是一個經由線性迴歸模型（Linear Regression Model）實證所得到的迴歸係數（Regression Coefficient），其可說明個別資產報酬率與市場報酬率的線性關係。此處用以衡量單一資產的報酬率對整個市場系統風險的連動關係。亦可解釋為，當整個市場報酬率變動一單位時，單一資產報酬率的反應靈敏程度。β 值可能大於、等於或小於 1，也可能為負值。若 β 值等於 1 時，表示資產的漲幅與大盤指數（市場報酬率）相同，若 β 值等 1.5 時，表示大盤指數（市場報酬率）上漲 1% 時，資產報酬率會上漲 1.5%；相對的當大盤指數（市場報酬率）回跌 1%，資產報酬率則回跌 1.5%；若 β 值等於－1 時，表大盤指數（市場報酬率）上漲 1%，資產報酬率則下跌 1%，與大盤指數（市場報酬率）連動成反比。其計算公式如（9-9）式：

$$\beta = \frac{Cov(R_i, R_m)}{Var(R_m)} = \frac{\sigma_{i,m}}{\sigma^2_m} = \rho_{i,m} \times \frac{\sigma_i}{\sigma_m}　　　　　（9-9）$$

$Cov(R_i, R_m)$：i 資產報酬率與市場報酬率的共變數

$Var(R_m)$：市場報酬率的變異數

$\rho_{i,m}$：i 資產報酬率與市場報酬率的相關係數

σ_i：i 資產報酬率的標準差

σ_m：市場報酬率的標準差

旅行社要開健身房？鳳凰：疫情後，要有多角化經營

　　旅行社要轉作健身房，兩者聽起來天差地遠，但在新冠狀病毒（COVID-19，俗稱武漢肺炎）肆虐之下，「多角化經營」成為鳳凰在後疫情時代的重要發展方向。

多角化經營是「後疫情時代」重點

　　鳳凰內部常講的一句話：「每過一天，就距離疫情結束又近了一天！」，鳳凰在「後疫情時代」的發展重點，將走向多角化經營。除了團體旅遊的本業，鳳凰旗下還擁有子公司雍利企業，負責代理航空客貨運，目前手上有埃及航空、波蘭航空、星悅航空等，以及提供票券銷售的玉山票務等。

　　但比較少人知道的是，在 2015 年鳳凰成立子公司柏悅，以提供專業美食街商場經營與管理服務為主要業務內容，更在 2018 年新創「好食嗑 HAUS FOOD」美食街新品牌，進駐新北市土城區日月光廣場。

（圖文資料來源：節錄數位時代 2020/06/18）

解說

　　2020 年國內餐旅業受武漢肺炎疫情嚴重影響，許多企業主深深的感受到多角化經營的重要性。國內原本經營旅行業務的「鳳凰旅行社」，也打算疫情過後，發展健身房事業，朝向多角化經營，以降低風險。

Chapter

10

投資計畫的評估方法

 本章大綱

　　本章內容為投資計畫的評估決策，主要介紹各種評估投資計畫的準則，詳見下表。

節次	節名	主要內容
10-1	回收期間法（折現回收期間法）	介紹回收期間法（折現回收期間法）意義與優缺點。
10-2	淨現值法	介紹淨現值法意義與優缺點。
10-3	獲利指數法	介紹獲利指數法意義與優缺點。
10-4	內部報酬率法	介紹內部報酬率法意義與優缺點。

公司在進行長期資本支出的計畫案時，須對未來現金流量進出作一評估，其評估的法則比較常見的有回收期間法（折現回收期間法）、淨現值法、獲利指數法及內部報酬率法等四種方式，以下我們將分別介紹之。

10-1　回收期間法（折現回收期間法）

一　回收期間法

（一）意義

回收期間法（Payback Period）是指投資方案每期所產生的現金流量，能在多久期間內回收期初所投入的原始成本。其評估方式是以回收期間愈短的投資方案為愈優先的選擇。例如，A 方案回收期間為 3 年、B 方案回收期間為 3.5 年，若以回收期間法進行評估，則應選擇 A 方案。該法則之計算方式如下。

$$回收期間＝完全回收年數＋\frac{尚未回收金額}{回收年度現金流量}$$

（二）優缺點

回收期間法之優缺點，整理於表 10-1。

●●▶ 表 10-1　回收期間法之優缺點

回收期間法	優點	1. 計算簡單，容易瞭解，因此在實務界甚為普遍。 2. 著重資金的流動性，適合小型短期投資方案。
	缺點	1. 所有現金流量，均未考慮貨幣的時間價值。 2. 回收期間後，忽略尚存的現金流量的貢獻。

折現回收期間法

（一）意義

折現回收期間法（Discounted Payback Period）是指投資方案所產生的現金流量須先折算成現值，然後再計算能在多久期間回收期初所投入的原始成本。此法乃在改善回收期間法所忽略「貨幣的時間價值」的缺點。其評估方式是以折現回收期間愈短的投資方案，為愈優先的選擇。該法則之計算方式如下。

$$折現回收期間 = 完全回收年數 + \frac{尚未回收金額}{回收年度現金流量折現值}$$

（二）優缺點

折現回收期間法之優缺點，整理於表 10-2。

●●▶ 表 10-2　折現回收期間法之優缺點

折現回收期間法	優點	1. 容易瞭解，容易使用。 2. 已考慮貨幣的時間價值。
	缺點	1. 回收期間後，忽略尚存的現金流量的貢獻。 2. 折現率的取捨並無一定標準。

例題 10-1

【回收期間法與折現回收期間法】

假設寒軒餐飲公司有 A、B 兩投資方案在進行評估，設兩案均投入 100,000 元的原始成本，兩方案每年回收的預期淨現金流量，如下表所示。

(1)請問以回收期間法評估 A 與 B 兩方案，其回收期間各為何？哪個方案較佳？

(2)假設現在折現率為 5%，若以折現回收期間法評估 A 與 B 兩方案，則其折現回收期間各為何？

	0 年	1 年	2 年	3 年	4 年	5 年
A	－ 100,000	30,000	50,000	30,000	30,000	40,000
B	－ 100,000	20,000	40,000	30,000	40,000	80,000

解 ▷▷

(1) 利用回收期間法評估

A 方案前 2 年回收後尚不足 30,000 + 50,000 - 100,000 = - 20,000（元）

A 方案的回收期間 = $2 + \dfrac{20,000}{30,000} = 2.67$（年）

B 方案前 3 年回收後尚不足 20,000 + 40,000 + 30,000 - 100,000 = - 10,000（元）

B 方案的回收期間 = $3 + \dfrac{10,000}{40,000} = 3.25$（年）

A 方案 2.67 年可以回收，B 方案須 3.25 年才可以回收，所以 A 方案較佳。

(2) 利用折現回收期間法評估

A 方案	0 年	1 年	2 年	3 年	4 年	5 年
原始金額	- 100,000	30,000	50,000	30,000	30,000	40,000
折現金額	- 100,000	28,571	45,351	25,915	24,681	31,341

A 方案前 3 年回收後尚不足 28,571 + 45,351 + 25,915 - 100,000 = - 163（元）

A 方案的折現回收期間 = $3 + \dfrac{163}{24,681} = 3.007$（年）

B 方案	0 年	1 年	2 年	3 年	4 年	5 年
原始金額	- 100,000	20,000	40,000	30,000	40,000	80,000
折現金額	- 100,000	19,048	36,281	25,915	32,908	62,682

B 方案前 3 年回收後尚不足 19,048 + 36,281 + 25,915 - 100,000 = - 18,756（元）

B 方案的折現回收期間 = $3 + \dfrac{18,756}{32,908} = 3.57$（年）

不怕缺工問題 投資 3 年回本

服務業缺工問題嚴重，機器人服務旅店順勢出現，鵲絲旅店內部預估，投資 1000 萬元打造的「智動化旅店管理系統」，可以取代飯店櫃檯一天三班人力編制 6~8 人，加上接待跟行李服務人員總計 10~20 人，雖部分成本回饋房價上，但預估仍可望在 2 年半至 3 年內回本。

智慧無人旅店砸金投資機器人與雲端智慧房控系統，負責整合飯店的雲端介面及房控、電梯、門鎖系統的松山科技總經理表示，服務業缺工問題只會越來越高。

6~7 家飯店擬導入

隨政府法令限制工時與天數，很多業者都面臨人力不足困擾，飯店業缺工荒不止是在臺灣，海外有同樣困擾，加上櫃檯人力需禮儀訓練，若臉色不佳，客戶就會誤解而遭負評，機器人取代部分服務獲飯店業青睞。

近期飯店對自動化需求也提升，部分 5 星飯店期望局部設立機器人服務，與現場服務人員搭配運用，紓解人力不足問題，也有部分商旅期望藉

▶▶▶ 圖 10-1　ABB 機器人進駐無人旅店提供服務
（圖片來源：蘋果日報）

此節省人力成本，目前已有 6~7 家飯店業者計劃導入自動化服務，海外也有連鎖飯店期望在東南亞打造無人旅店。

敦謙行銷副理表示，機器智慧服務取代飯店前台服務人員，以 1 天 3 班制及輪班推算，飯店總需聘僱 10~20 人，目前鵲絲旅店將人力減少部分成本反應在房價，提供 3~5 成折扣，所以預估整體投資回本時間約 3 年。

（資料來源：節錄蘋果日報 2016/7/16）

近年來由於科技的進步，讓服務業走向智慧化型態。國內近期也因服務業缺工問題嚴重，許多飯店業者順勢推出機器人服務旅店。飯店初期須投資 1,000 萬元打造的「智動化旅店管理系統」，將可以取代飯店櫃檯一天三班人力編制 6~8 人，並加上接待跟行李服務人員總計 10~20 人，雖部分成本回饋房價上，但預估仍可望在 2 年半至 3 年內回本。由上可知：飯店業者在評估資本預算或投資計畫時，回收期間法是他們常用的方法之一。

10-2　淨現值法

一　意義

　　若以上述「回收期間法」或「折現回收期間法」去評估計畫案之優劣,都會忽略「貨幣時間價值」或「全部現金流量」之缺失,所以發展出淨現值法,可解決此缺失。

　　淨現值法(Net Present Value Method, NPV)是指將依投資方案未來各期之淨現金流量,經過折現率折現後,加總得出現金流量的現值總和,再減去投資方案的期初投資金額,即可得該投資方案的淨現值(NPV)。通常投資方案所計算出淨現值,若淨現值大於零(NPV > 0),則代表該方案可以投資;若淨現值小於零(NPV < 0),則代表該方案不可以投資。若兩計畫案皆可投資時,應選擇淨現值(NPV)較大的來進行投資。該法則之計算方式如下。

$$NPV = \sum_{t=1}^{n} \frac{CF_t}{(1+R)^t} - C_0$$

NPV:投資方案之淨現值

CF_t:各期的現金流量之淨現金流入

R:投資方案的折現率

C_0:投資方案之原始投資金額

二　優缺點

　　淨現值法之優缺點,整理於表 10-3。

●●▶ 表 10-3　淨現值法之優缺點

淨現值法	優點	1. 所有現金流量均考慮貨幣的時間價值。 2. 不同方案之淨現值可以累加。
	缺點	1. 計畫案的現金流量皆為預期,不確定性高。 2. 只考慮淨現金流入與投資額的絕對差額大小,而不管其相對金額大小。 3. 折現率的取捨並無一定標準。

例題 10-2

【淨現值法】

承【例 10-1】寒軒餐飲公司之 A 與 B 兩個投資方案的評估，預期淨現金流量如下表所示。

(1)若折現率為 5%，請問以淨現值法評估 A 與 B 兩案的淨現值各為何？

(2)哪個方案較佳？

	0 年	1 年	2 年	3 年	4 年	5 年
A	−100,000	30,000	50,000	30,000	30,000	40,000
B	−100,000	20,000	40,000	30,000	40,000	80,000

解 ▷▷

【解法 1】

利用計算機解答

(1) A 方案之淨現值

$$NPV_A = -100,000 + \frac{30,000}{(1+5\%)} + \frac{50,000}{(1+5\%)^2} + \frac{30,000}{(1+5\%)^3}$$

$$+ \frac{30,000}{(1+5\%)^4} + \frac{40,000}{(1+5\%)^5}$$

$$= 55,859（元）$$

B 方案之淨現值

$$NPV_B = -100,000 + \frac{20,000}{(1+5\%)} + \frac{40,000}{(1+5\%)^2} + \frac{30,000}{(1+5\%)^3}$$

$$+ \frac{40,000}{(1+5\%)^4} + \frac{80,000}{(1+5\%)^5}$$

$$= 76,834（元）$$

(2) 兩者淨現值比較

$$NPV_B = 76,834 > NPV_A = 55,859$$

註：淨現值、回收期間法與折現回收期間法的討論

在前例 10-1 中，若僅用回收期間法或折現回收期間法去評估計畫案之優劣，都會忽略「貨幣時間價值」或「全部現金流量」，使得投資決策會採取 A 方案。但只要使用淨現值法同時考量「貨幣時間價值」或「全部現金流量」後，投資決策就會改採取 B 方案。

【解法 2】

利用 Excel 解答，步驟如下：

(1) 選擇「公式」

(2) 選擇函數類別「財務」

(3) 選取函數「NPV」

(4)「Rate」填入「5%」

(5)「Value1」A 計畫案依序填入「30,000、50,000、30,000、30,000、40,000」，B 計畫案依序填入「20,000、40,000、30,000、40,000、80,000」

(6) 按「確定」計算結果 A 計畫案為「155,860.15」，B 計畫案為「176,834.12」

●●▶ A 計畫

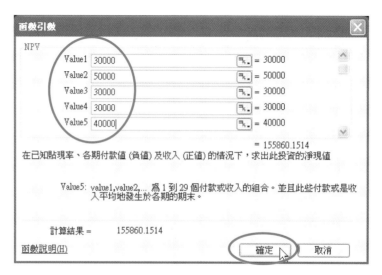

●●▶ B 計畫

(7) 在將計算結果與原始金額「－100,000」相加，即可得到 A 計畫案 NPV 為「55,860.15」，B 計畫案 NPV 為「76,834.12」

10-3 獲利指數法

一 意義

在上述淨現值法的介紹中，此方法對於不同投資專案，只考慮淨現金流入與原始投資額的絕對差額大小，卻忽略其相對金額的大小。根據此項缺點，於是發展出獲利指數法，可解決此缺失。

獲利指數法（Profitability Index, PI），與「淨現值法」的觀念類似，淨現值法是計算淨現金流入與原始投資額之絕對差額，獲利指數法的計算乃著重淨現金流入與原始投資額之相對比值。通常獲利指數法大於 1（$PI > 1$），亦代表 $NPV > 0$，則表示可以接受該投資方案；獲利指數法小於 1（$PI < 1$），亦代表 $NPV < 0$，則表示不可以接受該投資方案。該法則之計算方式如下。

$$PI = \frac{\sum_{t=1}^{n} \dfrac{CF_t}{(1+R)^t}}{C_0}$$

PI：投資方案之獲利指數

CF_t：各期的現金流量之淨現金流入

R：投資方案的折現率

C_0：投資方案之原始投資金額

二 優缺點

獲利指數法之優缺點，整理於表 10-4。

●●▶ 表 10-4 獲利指數法之優缺點

獲利指數法	優點	1. 所有現金流量均考慮貨幣的時間價值。 2. 對於不同投資專案，雖然其投資金額大小不一，但此法卻能予以比較。
	缺點	1. 計畫案的現金流量皆為預期，不確定性高。 2. 其計算值為相對比值，不同投資案不可累加。 3. 折現率的取捨並無一定標準。

例題 10-3

【獲利指數法】

承【例 10-1】寒軒餐飲公司之 A 與 B 兩投資方案的評估，預期淨現金流量如下表所示。

(1) 若折現率為 5%，請問以淨現值法評估 A 與 B 兩方案的獲利指數各為何？

(2) 哪個方案較佳？

	0 年	1 年	2 年	3 年	4 年	5 年
A	− 100,000	30,000	50,000	30,000	30,000	40,000
B	− 100,000	20,000	40,000	30,000	40,000	80,000

解 ▷▷

(1) ① A 方案之獲利指數

$$PI_A = \frac{\dfrac{30,000}{(1+5\%)} + \dfrac{50,000}{(1+5\%)^2} + \dfrac{30,000}{(1+5\%)^3} + \dfrac{30,000}{(1+5\%)^4} + \dfrac{40,000}{(1+5\%)^5}}{100,000} = \frac{155,859}{100,000} = 1.56$$

② B 方案之獲利指數

$$PI_B = \frac{\dfrac{20,000}{(1+5\%)} + \dfrac{40,000}{(1+5\%)^2} + \dfrac{30,000}{(1+5\%)^3} + \dfrac{40,000}{(1+5\%)^4} + \dfrac{80,000}{(1+5\%)^5}}{100,000} = \frac{176,834}{100,000} = 1.77$$

(2) 兩者獲利指數比較

$PI_B = 1.77 > PI_A = 1.56$，故以獲利指數比較後，B 方案較佳。

Part 3　資金投資評估篇

10-4 內部報酬率法

一 意義

內部報酬率法（Internal Rate of Return, IRR）是在尋求一個能使投資方案的預期現金流入量之淨現值等於原始投入成本的折現率。亦即求算 $NPV = 0$ 之折現率，就是內部報酬率 IRR。其評估準則，是選擇各投資方案中的內部報酬率大於資金成本或必要報酬率之方案。亦即當內部報酬率大於資金成本，則接受該項投資方案。當內部報酬率小於資金成本，則拒絕該項投資方案。該法則之計算方式如下。

$$\sum_{t=1}^{n}\frac{CF_t}{(1+IRR)^t} - C_0 = 0$$

CF_t：各期的現金流量之淨現金流入

IRR：投資方案之內部報酬率

C_0：投資方案之原始投資金額

二 優缺點

內部報酬率法之優缺點，整理於表 10-5。

●●▶ 表 10-5　內部報酬率法之優缺點

內部報酬率法	優點	1. 所有現金流量均考慮貨幣的時間價值。 2. 可將各投資方案的內部報酬率按高低排列，以作為決策參考。
	缺點	1. 在求算內部報酬率時，會出現多重解問題。 2. 內部報酬率是假設以本身 IRR 再進行投資，此投資率不若淨現值法，以資金成本為再投資率來得客觀。 3. 不同方案之內部報酬率不可相加，不若淨現值法具有累加性。

例題 10-4 •••••••

【內部報酬率法】

承【例 10-1】寒軒餐飲公司之 A 與 B 兩個投資方案評估，預期淨現金流量如下表所示。

(1) 請問以內部報酬率法評估 A 與 B 兩方案的內部報酬率各為何？

(2) 哪個方案較佳？

	0 年	1 年	2 年	3 年	4 年	5 年
A	− 100,000	30,000	50,000	30,000	30,000	40,000
B	− 100,000	20,000	40,000	30,000	40,000	80,000

解 ▷▷

【解法 1】

利用計算機解答

(1) A 方案之內部報酬率

$$-100,000+\frac{30,000}{(1+IRR_A)}+\frac{50,000}{(1+IRR_A)^2}$$
$$+\frac{30,000}{(1+IRR_A)^3}+\frac{30,000}{(1+IRR_A)^4}+\frac{40,000}{(1+IRR_A)^5}=0$$
$$\Rightarrow IRR_A = 23.41\%$$

(2) B 方案之內部報酬率

$$-100,000+\frac{20,000}{(1+IRR_B)}+\frac{40,000}{(1+IRR_B)^2}$$
$$+\frac{30,000}{(1+IRR_B)^3}+\frac{40,000}{(1+IRR_B)^4}\quad\frac{80,000}{(1+IRR_B)^5}=0$$
$$\Rightarrow IRR_B = 24.82\%$$

(3) 兩者內部報酬率比較

$IRR_B = 24.82\% > IRR_A = 23.41\%$

故以內部報酬率比較後，B 方案較佳。

【解法 2】

利用 Excel 解答，步驟如下。

(1) 在 Excel 的 6 個計算方格，分別填入 A 與 B 計畫案各期現金流量

A 計畫案	− 100,000	30,000	50,000	30,000	30,000	40,000

B 計畫案	－ 100,000	20,000	40,000	30,000	40,000	80,000

(2) 在表格之後，選擇「公式」

(3) 選擇函數類別「財務」

(4) 選取函數「*IRR*」

(5)「Vaule」，A 與 B 計畫分別填入上述現金流量

(6)「Guess」皆填入「0」

●●▶ A 計畫

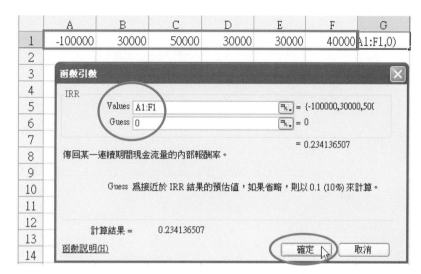

●●▶ B 計畫

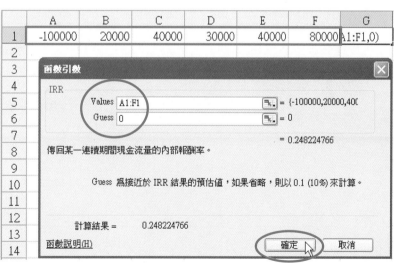

(7) 按「確定」分別計算結果 A 計畫案 *IRR* 為「23.41%」，B 計畫案 *IRR* 為「24.82%」

NOTE

Part 4
資金管理
運用篇

公司管理者需將募集而來的資金，短期內需保有足夠的現金，為償付平時帳款及支付營業費用，以防止流動性不足；長期須制定良好的投資決策，使其資本支出的投資報酬率需高於加權資金成本，才能使資金有效率被運用；至於企業所賺得的盈餘，應部分留做為股利發放，部分保留下來供再投資使用。因此公司的內部資金的管理與運用，對公司的經營績效具有絕對的重要性。本篇包含3大章，其內容為資金管理運用方式。

Chapter

11

短期營運資金

 **本章大綱**

　　本章內容為營運資金管理，主要介紹公司短期營運資金的使用與管理，詳見下表。

節次	節名	主要內容
11-1	營運資金概論	介紹營運資金的意義、循環週期與政策。
11-2	營運資金管理	介紹公司營運時所使用的流動資產，包括現金、有價證券、應收帳款及存貨的管理。

11-1 　營運資金概論

公司每日的運作過程中，除了要規劃長期資本支出所需的資金外，還必須控管公司短期（一年以內）所需用到的現金、應收應付帳款以及存貨的運用。公司對於這些短期營運資金與資產的管控能力優劣，對其獲利與管理能力具有重要的影響。本章將逐一介紹這些公司短期營運所需之現金與資產之運用與管理。

一 營運資金意義

營運資金（Working Capital）的定義可分成兩種：其一是指營運時所使用的流動資產總額，包括現金、有價證券、應收帳款及存貨，又可稱為毛營運資金（Gross Working Capital）；另一是指流動資產減掉流動負債的淨額，稱為淨營運資金（Net Working Capital）。其中流動負債則包括應付帳款、短期應付票據、即將到期的長期負債、應計所得稅及其他應計費用。營運資金可用來衡量公司的短期償債能力，其金額愈大，代表該公司對於支付義務的準備愈充足，短期償債能力愈好。當營運資金出現負數，也就是公司的流動資產小於流動負債時，其營運可能隨時因週轉不靈而發生財務危機。

此處我們以下表假日飯店的財務資料為例，做進一步的說明。今年假日飯店的流動資產合計 2,620 萬元，流動負債表合計為 1,060 萬元。所以其營運資金為 2,620 萬元，而淨營運資金則為 1,560 萬元（2,620－1,060）。

●●▶ 表 11-1　資產負債表（財務狀況表）

假日飯店的資產負債表（財務狀況表）			單位：萬元
資產	今年	負債與權益	今年
流動資產		流動負債	
現金	580	應付帳款	400
應收帳款	1,194	應計項目	660
存貨	846	流動負債合計	1,060
流動資產合計	2,620	非流動負債	620

固定資產	610	負債合計	1,680
其它資產	110	普通股	630
非流動資產合計	720	保留盈餘	1,030
		權益合計	1,660
資產合計	3,340	負債與權益合計	3,340

■ 營運循環週期

營運循環週期（Operating Cycle），又稱營運週期，是指公司是從購入原料，支付原料供應商的應付帳款，然後將原料製成成品，並銷售產品給客戶，最後從客戶收回應收款項（現金）。這段營運循環週期流程中，公司依據買原料、賣產品的交易行為，包含以下四項期間。

（一）存貨轉換期間

從公司購入原料，然後將原料製成成品，到銷售產品給客戶，這段期間稱為存貨轉換期間（Inventory Conversion Period），或稱存貨平均銷售天數。公司的存貨平均銷售天數愈短，代表其管理存貨的效率就愈高。其計算公式如下：

$$存貨轉換期間（存貨平均銷售天數）=\frac{365\ 天}{存貨週轉率}=\frac{365\ 天}{\dfrac{銷貨成本}{平均存貨}}$$

（二）應收帳款轉換期間

產品出售後，到企業收回應收帳款，這段期間稱為應收帳款轉換期間（Account Receivable Conversion Period），或稱應收帳款回收天數。公司的應收帳款回收天數愈短，代表公司應收帳款收現的效率就愈高。其計算公式如下：

$$應收帳款轉換期間（應收帳款回收天數）=\frac{365\ 天}{應收帳款週轉率}=\frac{365\ 天}{\dfrac{銷貨淨額}{平均應收帳款}}$$

（三）應付帳款展延期間

公司從購入原料，到支付原料供應商應付帳款，這段期間稱為應付帳款展延期間（Payables Deferral Period），或稱平均付款天數。公司的平均付款天數愈長，代表公司主導能力愈強、競爭力愈強，能夠獲得供應商無息的資金融通付款。其計算公式如下：

$$應付帳款展延期間（平均付款天數）=\frac{365\ 天}{應付帳款週轉率}=\frac{365\ 天}{\dfrac{銷貨成本}{平均應付帳款}}$$

（四）現金週轉期間

公司從支付原料供應商應付帳款的現金流出，到收回銷售產品的應收帳款的現金流入，這段期期間稱為現金週轉期間（Cash Conversion Period），或稱現金轉換週期。現金週轉週期是公司實際的現金流出到現金流入的平均期間，此期間愈短，代表公司營業資金的運用愈有效率。若能縮短公司的存貨平均銷售天數、應收帳款回收天數以及拉長平均付款期間，就能降低公司日常營運所須的現金週轉期間。其計算公式須由上列三種期間，推展而得如下所示：

$$現金週轉期間=存貨轉換期間+應收帳款轉換期間-應付帳款展延期間$$

我們可由圖 11-1 公司營運循環週期圖得知，公司營運循環週期中，存貨轉換期間、應收帳款轉換期間、應付帳款展延期間、現金週轉期間這四者之間的關係式如下。

$$營運循環週期=存貨轉換期間+應收帳款轉換期間$$
$$=應付帳款展延期間+現金週轉期間$$

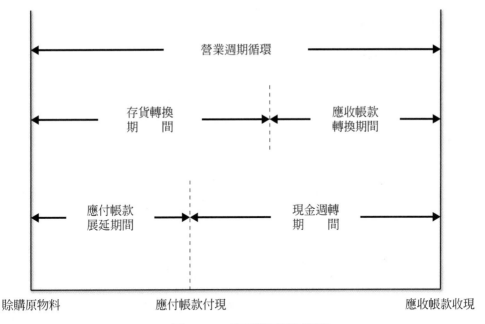

營業週期循環

存貨轉換
期　　間

應收帳款
轉換期間

應付帳款
展延期間

現金週轉
期　　間

賒購原物料　　　　　　　　　應付帳款付現　　　　　　　　　應收帳款收現

●●▶ 圖 11-1　公司營運循環週期

　　舉例說明一公司的營運循環週期、存貨轉換期間、應收帳款轉換期間、應付帳款展延期間、現金週轉期間的計算。假設米蘭諾烘培坊在今年銷貨淨額為 5,000 萬，銷貨成本為 3,000 萬，其公司今年初、年底的存貨、應收帳款與應付帳款如下表所示：

●●▶ 表 11-2　財務相關資料

米蘭諾烘培坊今年財務相關資料		
	今年初	今年底
存貨	240 萬	500 萬
應收帳款	780 萬	960 萬
應付帳款	200 萬	350 萬

(1) 米蘭諾烘培坊今年的存貨轉換期間為 45.02 天，其表示公司平均 45.02 天可將產品製造完成且銷售出去。

$$\text{存貨轉換期間（存貨平均銷貨天數）} = \frac{365\ \text{天}}{\dfrac{\text{銷貨成本}}{\text{平均存貨}}} = \frac{365}{\dfrac{3,000}{\dfrac{240+500}{2}}} = 45.02\ \text{（天）}$$

(2) 米蘭諾烘培坊今年的應收帳款轉換期間為 63.51 天，其表示公司平均 63.51 天才可將應收帳款收款完畢。

$$應收帳款轉換期間（應收帳款回收天數）=\frac{365\ 天}{\dfrac{鎖貨淨額}{平均應收帳款}}=\frac{365}{\dfrac{5,000}{\dfrac{780+960}{2}}}=63.51（天）$$

(3) 米蘭諾烘培坊今年的應付帳款展延期間為 34.07 天，其表示公司平均 34.07 天就必須將應付帳款付款完畢。

$$應付帳款展延期間（平均付款天數）=\frac{365\ 天}{\dfrac{鎖貨成本}{平均應付帳款}}=\frac{365}{\dfrac{3,000}{\dfrac{200+360}{2}}}=34.07（天）$$

(4) 米蘭諾烘培坊今年的現金週轉期間為 74.46 天，其表示公司須花 74.46 天才能完成支付廠商應付帳款的現金流出與銷售產品應收帳款的現金流入之程序。

$$現金週轉期間=存貨轉換期間+應收帳款轉換期間-應付帳款展延期間$$
$$=45.02+63.51-34.07=74.46（天）$$

(5) 米蘭諾烘培坊今年的營運循環週期為 108.53 天，其表示公司須花 108.53 天才能完成從購入原料，支付原料供應商的應付帳款，然後將原料製成成品，並銷售產品給客戶，最後從客戶收回應收款項的完整程序。

$$營運循環週期=存貨轉換期間+應收帳款轉換期間$$
$$=45.02+63.51=108.53（天）$$

例題 11-1

【營運循環週期】

假設天仁餐飲公司在今年銷貨淨額為 6,000 萬元，銷貨成本為 5,000 萬，其公司今年初、年底的存貨、應收帳款與應付帳款如下表所示：

天仁餐飲公司今年財務相關資料		
	今年初	今年底
存貨	450 萬元	550 萬元
應收帳款	580 萬元	860 萬元
應付帳款	400 萬元	640 萬元

請問

(1) 公司的存貨轉換期間為何？

(2) 公司的應收帳款轉換期間為何？

(3) 公司的應付帳款展延期間為何？

(4) 公司的現金週轉期間為何？

(5) 公司的營運循環週期為何？

解 ▷▷

(1) 存貨轉換期間（存貨平均銷貨天數）$= \dfrac{365 \text{ 天}}{\dfrac{銷貨成本}{平均存貨}} = \dfrac{\dfrac{365}{5,000}}{\dfrac{450+550}{2}} = 36.50 \text{（天）}$

(2) 應收帳款轉換期間 $= \dfrac{365 \text{ 天}}{\dfrac{銷貨淨額}{平均應收帳款}} = \dfrac{\dfrac{365}{6,000}}{\dfrac{580+860}{2}} = 43.80 \text{（天）}$

(3) 應付帳款展延期間 $= \dfrac{365 \text{ 天}}{\dfrac{銷貨成本}{平均應付帳款}} = \dfrac{\dfrac{365}{5,000}}{\dfrac{400+640}{2}} = 37.96 \text{（天）}$

(4) 現金週轉期間＝存貨轉換期間＋應收帳款轉換期間－應付帳款展延期間

$\qquad = 36.50 + 43.80 - 37.96 = 42.34 \text{（天）}$

(5) 營運循環週期＝存貨轉換期間＋應收帳款轉換期間

$\qquad = 36.50 + 43.80 = 80.3 \text{（天）}$

三 營運資金政策

一般而言，公司營運資金的取得與使用，對公司的經營效率具有重要的影響。因此公司的營運資金政策（Working Capital Policy），可探出此公司的經營風格與風險。以下我們將介紹公司如何取得營運資金的融資政策，以及如何使用營運資金的投資政策。

（一）融資政策

公司營運資金取得的難易性與多元性，攸關公司的經營績效。公司在一年的營運活動中，都會有季節性與循環性，所以必須適當處理淡旺季所需的營運資金，以維持最佳的經營績效。公司營運資金來源主要來自流動性資產，流動性資產通常可分為下述兩種。其一為永久性流動資產（Permanent Current Assets），是指公司無論產銷水準如何變動，仍會維持一定數量的流動資產。通常永久性流動資產的數量不受短期因素與季節性的影響，但會隨著公司規模成長而增加。另一為暫時性流動資產（Temporary Current Assets），是指公司會隨著季節需求而增減的流動資產。

公司的營運資金融資政策（Current Assets Financing Policy）就是在調和「永久性」和「暫時性」這兩類流動資產組成方式。公司的營運資金融資政策，一般可分為積極的（圖11-2）、中庸的（圖11-3）與保守的（圖11-4）等三種融資策略，詳見表11-3。

●●▶ 表 11-3　營運資金融資政策類型

政策類型	融資策略	優缺點
積極的	• 利用長期融資所得資金來支應永久性流動資產。 • 以短期融資所得資金支應部分永久性和暫時性流動資產。 • 採取「以短支長」之融資策略。	**優點** 因短期融資的資金成本較低廉，永久性流動資產的報酬較高，所以使用成本較低的短期資金支應報酬較高的永久性流動資產，則公司可增加利潤。 **缺點** • 會面臨短期利率上漲，使得融資成本增加的風險。 • 當短期借款到期時，須調度新資金去填滿永久性資產的資金缺口，所面臨的不確定風險。

政策類型	融資策略	優缺點
中庸的	<ul><li>利用長期融資所得資金來支應永久性和部分暫時性流動資產。</li><li>以短期融資所得資金支應部分暫時性流動資產。</li><li>採取「以長支長，以短支短」之融資策略。</li></ul>	**優點** <ul><li>在於不同期間的資產與負債可以互相配合，可以避免以短期融資資金支應永久性資產時，所可能面臨資金到期時的展期風險。</li><li>可避免以長期融資資金支應流動資產時，所增加的利息支出。</li></ul>
保守的	<ul><li>利用長期融資所得資金來支應永久性和部分暫時性流動資產。</li><li>以短期融資所得資金支應部分暫時性流動資產。</li><li>採取「以長支短」之融資策略。</li></ul>	**優點** <ul><li>當淡季時，對暫時性流動資產需求下降，長期性資金此時若有閒置，可投資短期的有價證券（例如票券），不但可賺取有價證券的利息，仍可保留資金的變現性，以供旺季備用。</li><li>當旺季時，對暫時性流動資產需求增加，此時若長期性資金不足，可將短期有價證券賣出變現，以滿足暫時性流動資金需求；若資金仍不足，可再利用短期融資資金支應。</li><li>可藉由長期性資金收放，維持公司資金的流動性與獲利性。</li></ul>

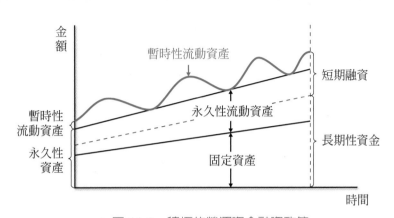

●●▶ 圖 11-2　積極的營運資金融資政策

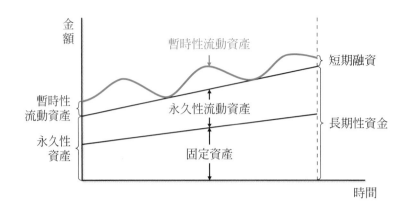

●●▶ 圖 11-3　中庸的營運資金融資政策

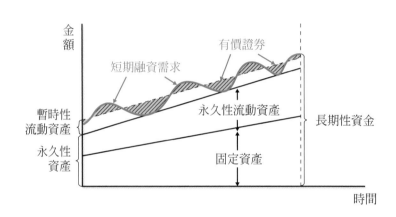

●●▶ 圖 11-4　保守的營運資金融資政策

（二）投資政策

　　公司營運資金是否能有效率的投資運用，攸關公司的經營效率。公司營運資金投資政策，乃指公司管理者評估公司須持有多少流動資產，才能使公司保持最佳的營運狀態。公司投資政策一般可分為寬鬆的、緊縮的與中庸的等三種投資策略（圖 11-5），詳見表 11-4。

●●▶ 表 11-4　營運資金投資政策類型

政策類型	策略說明	優缺點與特性
寬鬆的	• 持有較多的現金與有價證券。 • 採用較寬鬆的信用政策（為了提高應收帳款）。 • 持有較多的存貨。	優點 • 流動性資產高，可降低營運風險。因有足夠的現金與有價證券可隨時變現，短期償債能力較好。 • 採取較寬鬆的信用政策，較容易與客戶建立更好的關係。 • 存貨較多表示公司缺少原料的風險愈小。 缺點 • 因保持較高的流動資產，無法使資金運用在較高報酬的投資，故資金運用的效能較低。
緊縮的	• 持有較低的現金與有價證券。 • 採用較緊縮的信用政策（將降低應收帳款）。 • 減少公司的存貨部位。	優點 • 可將更多的資金用於較高報酬的投資，提高公司資產的運用效能。 缺點 • 必須承擔較差的短期償債能力，以及缺少原料的風險。 • 必須承擔缺少原料的風險。
中庸的	• 介於上述寬鬆與緊縮的政策之間。 • 持有適宜的現金、有價證券、存貨部位、信用政策。	特性 公司經理人須仔細評估公司的特性、產業特性以及營運情況，尋求一個最適宜的營運資金投資策略，在風險與報酬之間找到平衡點，才能使公司的營運資金兼顧流動性與穫利性。

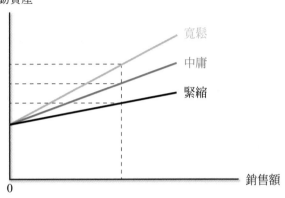

●●▶ 圖 11-5　營運資金投資政策類型

營運資金管理

　　企業經營是一種連續動態的運轉過程，過程的順利有賴適宜的營運資金管理。通常公司的營運資金是指營運時所使用的流動資產總額，包括現金、有價證券、應收帳款及存貨。以下我們將針對這項資產進行介紹。

一 現金管理

　　公司每日的營運過程中，公司內部必需保持一定水位的現金，以備隨時可以支用。通常公司持有現金理由包含交易性、預防性、投機性與補償性等四種需求，詳見表 11-5 說明。

●●▶ 表 11-5　公司持有現金的原因

種類	說明
交易性需求	滿足每日營運所須的交易需求。
預防性需求	預防公司突發狀況，所須的現金需求。
投機性需求	市場突然有廉價的原料或有利可圖的投資機會，所須的現金需求。
補償性需求	銀行要求需配合的現金，通常銀行貸款給廠商資金，有時要求將一部分的資金回存銀行，以補償額外的服務成本。

　　通常公司要持有多少部位的現金，對內部財務人員而言是一項重要的課題。若持有太多現金部位，無法有效率的運用資金，對公司投資報酬率而言是一種浪費。若持有現金太少，無法應付公司突發的現金需要，對公司而言是一種風險。所以如何將公司的現金部位維持在一個適宜水準，有賴經驗豐富的財務人員。現金流量同步化、加速現金收款能力以及控制現金流出等是一般常見的現金管理方法，以下我們將分別介紹之。

（一）現金流量同步化

　　現金流量同步化是指公司精準的預估未來的現金流量，使現金流入量和現金流出量發生時間一致，如此可使公司平日營運所需的現金（稱為交易性餘額）降低。例如，有

些公司每月有固定的時間會有現金收款流入，此時可安排特定時間的現金支出，使得現金流入量和流出量儘量趨於一致，如此可使公司的交易性餘額（Transactions Balance）下降。

（二）加速現金收款能力

公司進行營業活動時，對於應收或應付款項大都以「支票」進行收支。通常支票到期後，須經過票據交換等程序，會有一段時間的落差，支票的金額才會兌現。因此此時公司帳面上會與公司銀行的存款金額產生差額，此差額稱為浮動差額（Float）。

當公司開立支票給廠商，廠商自支票到期後，須經過一段時間才會被兌現，這些未被兌現的支票金額稱為付款浮動差額（Disbursement Float）；又稱正浮動差額。這些金額在公司帳面上已經消失，但實際仍在公司的銀行存款內，這等於公司有一筆免付息的資金可以使用，對公司有利。

相反的，當公司收到廠商開立的支票，公司自支票到期後，須經過一段時間才會被兌現，這些未被兌現的支票金額稱為收款浮動差額（Collection Float）；又稱負浮動差額。這些金額在公司帳面上已經存在，但實際仍未進入公司的銀行存款內，這等於公司提供有一筆免付息的資金給廠商使用，對公司不利。

讓支票產生浮動差額的原因有郵寄浮差、作業浮差與轉換浮差等三種，詳見表11-6。因此公司為縮短浮差，常見的作法是於各地區設置收款中心收取並兌現客戶的支票，再將各地銀行的資金集中至公司主要帳戶的付款總行。但隨著科技進步，資金轉帳途徑愈來愈多（例如，委託轉帳支票、電子委託轉帳支票、電信匯款、自動付款票據等），降低浮差的方式也愈來愈多選擇，重點還是公司必須建立一套有效率的現金作業制度，才能加速現金收款能力。

●●▶ 表 11-6　支票產生浮動差額的原因

種類	說明
郵寄浮差	付款人開立支票，透過郵寄遞送至受款人公司時，所產生的時間耽延。
作業浮差	受款人收到支票後，到其前往銀行兌現支票前，所花費的作業處理時間。
轉換浮差	銀行收到支票後，進行轉帳或票據交換到完成資金入帳，所花費的時間。

（三）控制現金流出

　　若公司需要支付廠商應付帳款時，可以利用一些合法的方法延長付款期限，同樣可增加短期內可運用的資金進行短期投資。一般常見的可行方式包括：

1. 透過偏遠地區的銀行帳戶付款，可以延緩現金支付，增加轉換浮差量。

2. 將付款的票據開立時間固定於一星期或一個月中的某一天，使浮差量增加，並簡化帳務處理程序與作業量。

劍湖山、蘋果西打、天蔥牛排現金不足？肺炎疫情催化，上市櫃公司「錢不夠用」名單出列

　　肺炎疫情如海嘯般來襲，華航用「雪崩」形容航空業受到的衝擊，這隻 2020 年的黑天鵝，會否更進一步，揭開上市櫃公司「海水退潮，誰沒穿褲子」？

　　根據中華徵信所發布報告指出，若根據企業現金部位不滿 1 億元、流動比率與速動比率都不到 100% 作為篩選條件，共有 39 家上市櫃企業可能存在著現金流不足的財務風險。若再加上「負債比未達 70%」這個條件做篩選，則可進一步列出財務風險更高的 13 家示警名單。

　　此名單一字排開，涵蓋電子、科技、運輸及觀光等業者，就連大家熟知的劍湖山世界、天蔥國際（天蔥牛排）、蘋果西打母公司大西洋飲料、以及網路服飾品牌「東京著衣」的母公司「創新新零售」等都在列。

　　在疫情衝擊下，專家指出，觀光、旅館、餐飲都是首當其衝的受創產業，若此時企業帳上現金有不足的風險，恐將成為這波災情最慘重的受災戶。

（圖文資料來源：節錄商業週刊 2020/03/04）

解說

　　2020 年的武漢肺炎突來的疫情危機，正是檢視國內上市櫃公司財務風險的時機。若平時短期營運現金不足，當危機來臨時，容易發生現金週轉不靈的情形；若在加上負債比率過高，那就更可能發生財務違約風險。有專家指出，觀光、旅館、餐飲都是此次危機首當其衝的受創產業，現已多家餐旅業公司都出現帳上現金不足的現象。

◼ 有價證券管理

　　有價證券（Marketable securities）是指短期間可以以接近市價變現的證券，通常是指貨幣市場工具，例如，國庫券、商業本票、銀行承兌匯票或銀行可轉讓定期存單。公司為了使保存於公司內部的現金運用更有效率，可將現金投資於有價證券。公司投資這些短期有價證券，不但可以獲取較高的報酬，最重要的是在急需用錢時，可以隨時變現。所以有價證券的管理須著重安全性與流動性，因此須注意違約、流動性、利率、通貨膨脹等風險。至於有價證券的投資報酬率高低是其次考量的因素。

◼ 應收帳款管理

　　通常公司在銷售產品後，不會立即收到現金，通常使用信用交易的方式銷售，因此公司會有一些等待收回的應收帳款。應收帳款的回收速度會影響公司的利潤，所以公司經理人會根據客戶的信用狀況，訂定不同的授信政策，隨時監控公司的應收帳款回收速度。以下本文將介紹公司的信用政策，以及監控公司應收帳款的方法。

（一）信用政策

　　信用政策（Credit Policy）是公司對客戶賒帳所訂定的規則，通常會根據客戶產業的屬性與不同的信用狀況，而訂定不同的信用政策。一般而言，信用政策包括信用標準、信用期間、現金折扣與收款政策這四個要素。以下將分別說明之。

1. 信用標準（Credit Standard）

　　是指客戶為獲得公司的信用交易，所須具備最低的信用條件。一般而言，衡量客戶的信用狀況可透過以下幾種標準：

(1) 客戶的基本背景與風評。

(2) 客戶的財務報表與財務分析。

(3) 客戶的營運方針與產業情勢。

(4) 客戶的擔保品與擔保品價值。

(5) 客戶以往的還款與信用記錄。

2. 信用期間（**Credit Period**）

是指公司給予客戶的付款期限，不同產業的信用期間會有差異，但一般來說公司會依據個別客戶的「存貨平均銷售天數」來決定給予信用期間的長短。

3. 現金折扣（**Cash Discount**）

是公司為鼓勵客戶儘早付款，只要客戶在約定的期間內付款，即可享受的現金折扣優惠。現金折扣的提供，讓公司除了可以減少應收帳款在外的流通時間，亦有可能吸引到新的客戶，但相對地，表示公司本身收到的貨款就會減少。因此現金折扣的設計必須同時考量成本與效益，才可達成機制設計的目標。

4. 收帳政策（**Collection Policy**）

是指公司對催收逾期應收帳款所制訂的作業程序。一般常見的催收方法有以下四種：

(1) 寄催收信函或電子郵件。

(2) 親自造訪或電話通知。

(3) 委託催收機構處理。

(4) 採取法律途徑。

由於不同的收帳政策，會對銷貨收入、收現期間與壞帳損失產生影響。因此公司在決定收帳政策時，必須就它帶來的效益與伴隨的成本之間作一權衡。

（二）監控應收帳款的方法

公司為了增加銷售額，通常會採取賒銷的方式，以方便彼此生意的往來。雖然採賒銷交易，公司的帳面利潤會增加，但賒銷的對象如果是信用與財務狀況不佳的客戶，導致壞帳過多，仍然會對公司的實際盈餘產生減損，帶來負面的影響。因此監控應收帳款的品質優劣，對公司管理當局來說是一項重要的議題。以下我們將介紹兩種監控應收帳款的方法。

1. 平均回收天數

   公司可藉由公司的信用政策和應收帳款平均回收天數作比較，藉以判斷公司信用政策的有效性。例如，公司給客戶的信用條件是「net30」，此表示公司給予客戶在銷售貨品後 30 天完成付款即可，但根據公司以往的應收帳款平均收現期間為 45 天，這表示客戶通常會比信用條件再晚 15 天付款，此時公司就應該要重新檢討給予客戶的信用政策之效率性。此外，公司仍必須注意平均回收天數的趨勢變化，以及與同業之間的應收帳款回收天數的比較。

2. 帳齡分析表

   公司藉由用帳齡分析表（Aging Schedules）來審視應收帳款的分布情形。帳齡分析表是依照公司應收帳款積欠的時間長短進行分類，然後列出每一類的帳戶數目與金額。此分析表可以讓管理者知道應收帳款在外流通天數與金額的分布的狀況。

   舉例來說，假設晨星旅行社的應收帳款金額流通在外天數的分析如表 11-5，可得知晨星旅行社的客戶數與應收金額中，分別有 58.34%（41.67% ＋ 16.67%）、65.61%（46.86% ＋ 18.75%）會在 30 天內付款完成。僅少部份的客戶數（3.33%）與金額（2.34%）會超過 90 天以後付款，通常超過 90 天的客戶產生壞帳的機會相當高，因此晨星旅行社可透過此帳齡分析表，調整對客戶的信用政策，以降低壞帳發生的機率。

●●▶ 表 11-7　晨星旅行社的帳齡分析表

帳款期間	客戶數	百分比	應收金額	百分比
0-10 天	25	41.67%	300,000	46.86%
11-30 天	10	16.67%	120,000	18.75%
31-60 天	15	25%	180,000	28.13%
61-90 天	8	13.33%	25,000	3.91%
90 天以上	2	3.33%	15,000	2.34%
合計	60	100%	640,000	100%

四 存貨管理

公司存貨包括產品的原物料、再製品與製成品。存貨在資產負債表是屬於流動資產，若存貨太多，代表公司積壓太多的資金成本；若存貨不足，則代表公司無法滿足顧客需求。因此公司為了能順利營運，通常會保持一定水準的存貨量。公司到底需要保持多少存貨量，各部門的立場並不一定相同。例如，行銷部門為了避免缺貨，會傾向保留較高的存貨量；生產部門為了降低生產成本，會傾向大量生產成品與並保持較高的存貨量；採購部門為了大量採購成本較低或避免原料短缺，會傾向保持較高的存貨量；但財務部門為了維持資金的使用效率，會傾向保留較低的存貨量。因此公司必須建構一套合宜的存貨管理制度，以滿足各部門的需求。以下本節將分別討論存貨成本及存貨管理方法。

（一）存貨成本

存貨的相關成本除了購買原物料成本外，還包括其他的管理成本。通常存貨管理成本包括訂購成本（Ordering Costs）與持有成本（Carrying Costs），詳見表 11-8。

●●▶ 表 11-8　存貨管理成本

種類	說明	實例
訂購成本	• 指下訂單與收貨的固定行政成本。 • 通常與存貨持有量呈反比；亦即一次訂購數量愈多，平均每單位的訂購成本就愈低。	包含通話費、文書處理費、運輸與驗收等費用。
持有成本	• 指持有存貨所產生的成本。 • 通常與存貨持有量呈正比；亦即存貨訂購數量愈多，持有成本也就愈高。	包含存貨的倉儲、運送與保險等費用。

（二）存貨管理

公司須有效率的管理存貨，才能使公司的存貨成本下降，並達到更迅速的工作流程。通常比較常用的存貨管理方法有 ABC 存貨管理系統與即時生產系統這兩種，以下我們將分別介紹之。

1. **ABC 存貨管理系統**

   ABC 存貨管理法是將存貨分為 A、B、C 三類，通常 A 類為較貴重或經常使用的存貨，B 類為次之，C 類為更次之。存貨透過 ABC 的分類，可以根據其重要性給予不同程度的管理，例如，A 類存貨因項目少、單價高，所以必須嚴格控制；B 類存貨則較 A 類管理寬鬆，C 類的管控最為寬鬆。此管理方式因很簡單，所以為大多數公司所採用。

   舉例說明，假設金格餐飲公司現有食材原料存貨共 60 種，公司內部將存貨透過 ABC 存貨管理法，將存貨分成 A、B、C 三類，A 類有 5 種存貨、B 類有 20 種存貨、C 類有 35 種存貨。公司存貨的種類和價值比重如表 11-9。

   由表 11-9 得知，A 類存貨的項目雖然只有 5 種，但價值比重已經高達 55%，所以公司必須嚴格控管 A 類存貨，才能有效降低存貨成本。C 類存貨雖然有 35 種，但價值比重只占 15%，所以可採較為寬鬆的存貨管理。因此 ABC 存貨管理法主要在強調「重視高價值的少數存貨」。

   ●●▶ 表 11-9　金格餐飲公司的 ABC 存貨管理系統表

分類	項目	價值比重
A	5	55%
B	20	30%
C	35	15%

2. **即時生產系統**

   即時生產系統（Just-In-Time System, JIT System）的基本理念就是「只在產品需要的時候，按需要的量，去生產所需的產品」，其目的就是追求一套無庫存或庫存量達最小的生產系統。JIT 系統實質上是希望產品的供給與需求，在生產中保持同步，實現以恰當數量的物料，在恰當的時候進入恰當的地方，生產出恰當品質的產品。因此 JIT 系統就是生產的計畫和控制以及庫存的管理。JIT 系統除了有助於降低庫存以減少空間上的浪費，還可以更迅速有效率的工作流程，縮短製作產品的時間。

小案例

　　2020 年這波突來的肺炎疫情，出乎意料的久，讓全球航空業陷入空前的衰退，且產生大量飛機餐「存貨」的問題。現在全球各航空公司利用轉售、捐贈等方式，解決部分可食餐點的出路，同時也解決糧食短缺的問題，並讓企業善盡一點社會責任。以下為全球各大航空公司處理飛機餐「存貨」的情形：

1. 西南航空：捐出價值逾美金 40 萬的食品給非營利組織，以及 13 輛聯結車滿載的雜貨送給賑濟美國所屬的 15 個食物銀行。
2. 達美航空：將大約 23 萬公斤的食物捐到世界各地，包括供應餅乾和咖啡給前線的醫療工作人員。
3. 聯合航空：將機場貴賓室及餐盒央廚近 8 萬公斤的食物，運送到不同的食物銀行與慈善機構。
4. 紐西蘭航空：捐出 15,000 件乾糧給奧克蘭市郊曼吉爾區的食物銀行。
5. 阿拉斯加航空：捐出 273,000 份餐盒給美國 16 州的食物銀行。

Chapter

12

長期資本支出

 本章大綱

　　本章內容為長期資本支出，主要介紹公司資本支出、長期資本的來源以及成本計算，詳見下表。

節次	節名	主要內容
12-1	資本支出簡介	介紹資本支出的意義與種類。
12-2	長期資本來源	介紹兩種組成公司資本的長期資金。
12-3	創業資本來源	介紹各種創業資金來源。

12-1　資本支出簡介

Part 4　資金管理運用篇

　　當公司在進行投資時，通常依據期間長短可分爲短期的收益支出（Revenue Expenditure）與長期的資本支出（Capital Expenditure）。收益性支出是指受益期未滿一年或一個營業週期的支出，亦即發生該項支出僅是爲了取得當期收益；資本支出是指受益期超過一年或一個營業週期的支出，亦即發生該項支出，不僅爲了取得當期收益，也爲了取得以後各期收益。本節將介紹針對公司長期資本支出所產生的未來現金流進與流出之規劃。

（一）意義

　　資本預算（Capital Budgeting）是指公司在進行長期的資本投資時，須規劃未來某一特定期間內的現金流進與流入量，並能有效的控制現金流量，作爲績效評估的參考。通常公司在從事經營活動，面對各種瞬息萬變的狀況與挑戰時，必須預期未來的市場狀況，規劃出各種可能發生的情境，來擬定公司未來的營運方針與投資策略，並編製出合理可行的預算。

　　通常公司在從事資本支出時，大都用於固定資產的購置、擴建、改建與更新等長期投資。因此一個公司的資本支出，都具金額龐大、週期時間長、風險性高與時效性強之特色。在餐旅業中的資本支出案例，例如：國賓飯店要新建住宿大樓、85 度 C 要新成立中央工廠、劍湖山樂園要擴建遊樂設施規模、燦星旅行社要更新電腦票務系統等，這些都是公司欲擴大規模或重置設備所的資本支出。

（二）種類

　　通常一個公司的資本支出，一般以投資目的可區分爲擴充、重置及強制等三種類型，詳見表 12-1 說明。

●●▶ 表 12-1　公司資本支出——以投資目的區分

類型	說明
擴充類型	• 通常是與公司要進入一個新市場、開發一項新產品或增加現有產品產能有關的資本支出。 • 此類型的投資通常風險較大，因爲公司可能要進入一個從未涉及的領域，所以擴充類型的評估，通常會使用一個相對較高的投資報酬率，來進行資本預算的評估。

重置類型	• 通常是與公司更新原有設備，讓公司能繼續正常營運，或與公司要降低生產成本與營業費用有關的資本支出。 • 正常公司機器設備的產能會隨著時間逐漸衰退與損壞，公司須提撥資金以供維修、更新原有設備。
強制類型	• 通常是公司為了符合政府法令限制與善盡社會責任所支付的資本支出。 • 例如，公司為了改善工廠廢氣與廢水的排放需求、政府的法令需求或提高公司社會形象所增加的資本支出。

12-2 長期資本來源

公司若要建設新廠房或購買機器設備等，這些固定資產的資金通常必須尋求長期資金來支應。公司長期資金（資本）的來源通常來自兩方面，其一為股權，另一為債權。以下將介紹這兩種資金來源之特性。

一 股權

一家公司開始成立的資金，通常都是利用股權方式集資。利用股權籌措資金，可將公司的股權分散，使公司所有權與經營權分開，以提高經營效率、利潤分享之目的。通常公司可以藉由發行普通股、特別股與到海外發行存託憑證（DR）等三種方式籌措資本，以下將介紹發行三種股權的特性。

（一）普通股

公司利用股權籌措資金最常用的方式就是發行普通股，普通股是一家公司其資本最初始的來源。所以發行普通股對公司股本的形成最為重要與優先。公司發行普通股的特性詳見表 12-2。

●●▶ 表 12-2　公司發行普通股之特性

特性	說明
稀釋每股盈餘	當公司發行新普通股時，會使公司在外流通股東人數增加，若公司盈餘沒有同比例成長，將會稀釋每股盈餘，進而影響股東權益。

負面訊號發射	通常公司內部對公司的合理股價最為清楚,當公司股價被高估時,公司會傾向發行新普通股籌措資金,因此此時便會發射出對公司股價不利的訊號,這會造成股東對股價負面的心理預期。
發行成本最高	普通股股東在公司經營中所承擔的風險最高,因此相對應所要求的報酬率也愈高;再者在發行過程中,發行普通股時承銷商所要求的發行費用亦最高,因此發行普通股的成本通常比其他證券相對來得高。
降低負債比率	發行普通股使得公司資本中,股權比例增加,相對就會將低債權的的比例,因此公司負債比率會下降,對公司未來的經營具有正面影響力。

(二)特別股

特別股是同時兼具「普通股」與「債權」的一種折衷證券,特別股股東除了可領固定比例的股利外,在公司盈餘分配權與剩餘資產分配權均優先於普通股,其餘特別股的權利義務,在發行時會有特別規定。通常公司發行特別股的理由詳見表 12-3。

•••▶ 表 12-3　公司發行特別股的理由

理由	說明
避免股權被稀釋	公司在發行特別股時,可先限制特別股不可執行公司表決權,如此可以避免普通股股東的所有權被稀釋;但若在發行時無此限制,特別股通常亦具管理公司的表決權。
股利支付無強制	當公司在發行特別股時,沒有規定股利具累積權,則當公司今年營運不佳時,無法正常發放股利給特別股股東,待明年公司出現盈餘亦不用累積支付股利給特別股股東。

(三)存託憑證

存託憑證應視為普通股的一種,其意義就是一種到海外發行,可表彰普通股的憑證,其權利與義務幾乎與普通股一樣。發行海外存託憑證對於公司的優點詳見表 12-4。

•••▶ 表 12-4　公司發行海外存託憑證的優點

優點	說明
增加籌資管道	存託憑證讓公司多一項海外籌措資金的工具,這可使公司財務狀況更健全,並提高經營競爭能力。

提昇國際聲譽	公司可藉由存託憑證的發行，提昇公司在海外的知名度以及產品的國際聲譽，並擴展股東的基礎。

債權

公司缺少資金，除了股東自掏腰包外，尚可向外界融資取得資金，臺灣早期資本市場尚不發達時，公司向外籌借中長期資金，大部分僅能與銀行打交道，尤其餐旅行業的公司都是以中小企業為主，更是依賴銀行的融資管道。但近年來，臺灣的資本市場近年來已具相當成熟，公司亦可藉由在資本市場中發行債券，以取得中長期資金。以下將介紹這兩種債權的特性。

（一）債券

想利用債券籌措資金的公司，通常其資本規模、財務狀況與市場知名度都須具有一定水準以上，如此公司發行債券才有投資人敢投資。公司通常可依據本身的需求設計出各式各樣不同條件的債券，例如，可轉換、可贖回、可賣回、浮動利率、次順位等債券。此外，公司亦可選擇到國外去發行外國債券（Foreign Bonds）或歐元債券（Euro Bonds），來尋求更多元的融資管道。發行債券的特性有利息成本低廉、到期還本壓力、不會稀釋股權以及增加財務槓桿等四種，詳見表 12-5。

●●▶ 表 12-5　發行債券之特性

特性	說明
利息成本低廉	公司發行公司債，通常會選擇利率低檔時，發行固定且長期的債券，如此可以募集到利息成本低廉的資金，且利息部分亦可抵稅，對公司營運具有正面的益處。
到期還本壓力	公司發行公司債，除非某些形式的債券，如可轉換債券，不然正常債權到期時，必須籌措本金還給債券持有者，因此對公司財務面而言，具有到期還本壓力。
不會稀釋股權	通常公司的債券持有者，不具公司經營的表決權，並不會稀釋股東對公司所有權的掌控，且公司可將部分的經營風險轉嫁給債權人，對股東具有降低經營風險的好處。
增加財務槓桿	公司可藉由債券的發行，使公司可借用外部資金來營利，增加公司財務槓桿效果。但隨著債券發行量增加，亦伴隨著提高公司的財務風險，會使公司未來籌資成本增加。

（二）銀行借款

公司向銀行籌借中長期資金，一向是一家公司在未具規模或知名度前，所能採取的融資方式之一。因臺灣以中小企業為主的企業型態，使得銀行扮演著一個重要的融資管道。但隨著企業的茁壯，公司若已成為「公開發行公司」就可選擇利用債券方式，或亦可利用國際銀行聯合貸款（International Syndicated Loan）取得海外資金。不管公司是向本國或國際銀行貸款，通常貸款種類可分為機器設備、土地建築物、政策性貸款三種，詳見表 12-6。

●●▶ 表 12-6　銀行貸款種類

種類	說明
機器設備貸款	此類放款是提供公司購買機器設備所提供的資金，通常公司購入機器設備後必須作為貸款的擔保品。
土地建築物貸款	此類放款是提供公司取得建築土地或建造廠房、辦公大樓所提供的資金，通常銀行會提供購買土地或建造建築物成本的七成資金給公司。
政策性貸款	此類放款乃銀行為配合政府提升國家競爭力，推動經濟發展，扶植傳統產業與中小企業改善產業結構，協助其提昇產品品質，以達產業升級為目的，所提供的政策性資金。

理財小常識

證券型代幣（Security Token）

公司除可發行股票與債券等有價證券籌資外，亦可利用「證券型代幣」。證券型代幣乃由發行公司利用區塊鏈所發行的虛擬代幣，並以有價證券型式表徵公司的資產或財產。公司可透過「證券型代幣發行」（Security Token Offering, STO）向投資人募集資金，並可於虛擬貨幣交易平台進行買賣。證券型代幣大致可分兩種類型，其一為「分潤型」乃投資人可以參與發行人經營利益，此類似股權；另一為「債務型」乃投資人可以領取固定利息的權利，此類似債權。

餐財 NEWS

可不可熟成紅茶獲 8 千萬投資！金主雅茗想帶臺灣品牌一起出海

　　雅茗 -KY 宣布通過飲料品牌「可不可熟成紅茶 Kebuke」投資案，以新台幣 8 千萬取得 20% 股權，目標用雅茗的海外市場拓展基礎，將臺灣好品牌帶向國際舞台，豐富集團品牌深度，專注「茶」的經營。

雅茗拚一把，看好「文青紅茶」可不可的成長性

　　雅茗與六角都是臺灣手搖飲概念股一員，除了少部分餐飲事業，公司經營以茶飲為主，對於攜手「可不可熟成紅茶」的效益，雅茗表示，可不可成立於 2008 年，自 2016 年重新改造品牌概念，主打斯里蘭卡高級熟成紅茶，以世界洋行茶商及英倫復古風為特色，全台已經有超過 170 間店，也是臺灣年輕人及大學生相當喜愛的茶飲品牌，品牌喜愛度排名前 2 名。

布局全球、把臺灣茶推向世界舞台

　　雅茗指出，集團確立以茶為核心的經營理念，進行茶飲品牌的多國家、多市場、多文化布局，除了可以逐步分散過度集中單一市場風險，更重要是把臺灣好的品牌帶到海外，提供全球加盟商更多選擇。雅茗強調在 20 多年前將台式珍珠奶茶帶入香港，引領珍奶旋風由香港一路襲捲至大陸，深耕茶飲領域多年，由於西方國家對於紅茶的接受度與了解程度高，看好「可不可熟成紅茶」的加入，對於集團開拓國際市場有幫助。

（圖文資料來源：節錄數位時代 2020/05/21）

 解說

　　近期，國內主打文青路線的茶飲品牌—「可不可熟成紅茶 Kebuke」，獲得雅茗 –KY 公司 8,000 萬元的資本投資，兩者將攜手進軍海外的茶飲料市場，以共創雙贏。

12-3　創業資本來源

　　上兩節闡述了公司若要進行資本支出時，須用股權與債權的方式來籌集資金，因所使用的工具，較適合用於中大型或稍具規模的公司型態。但對大部分是小微型的餐旅業者而言，這些籌資工具有點太高調，並不適用。因此本節將介紹幾種適用於剛剛起步與準備創業的業者，可以使用的籌資管道與工具。

　　一般而言，對於剛要創業或已創業的小微型公司型態而言，若遇到資金缺口時，除了自己再掏出資金來因應外，再來想到的就是來自親友借款，再進一步可能就須拿房屋、機器設備或保單等，向金融機構抵押借款，最為普遍常見。除此之外，現在的政府單位，也會推出許多扶植中小企業的專案補助計畫，希望提供創業資金，以協助中小企業的發展。因此中小型或微型的公司，現在大致可從三個管道獲取創業資金的協助，分別為民間團體、政府單位與金融機構等。以下本節將分別介紹之：

一　民間團體

　　上述小微型商家或公司缺資金，除了自籌款或向親友借貸外，尚有幾種可從其他民間團體，籌集資金的方法，幾下介紹之。

（一）標會

　　所謂的互助會（標會）（Rotating Savings and Credit Association）為為民間一種小額信用貸款，具有賺取利息與籌措資金的功能。互助會的起會人為「會首」，其餘參加人則為會員。會首起會之後，可以向所有會員收取首期全數會款，之後每期會員所繳交之會款，則需交給得標會員。每一會員在每一會期只能得標一次，尚未得標的會員稱為「活會」，已經得過標的就稱為「死會」。「死會」者通常自得標後，須繳「期初約定的標金」至會期結束；「活會」者則繳交「每期所願意出的標金」至得標後，改繳「期初約定的標金」至會期結束。

　　所以跟會者可以獲得「期初約定的標金」與「每期所願意出的標金」的差額之總和。通常愈晚得標的會員，其可以拿到的總價金愈多，也就是利潤愈高，但有被倒會的風險。所以一般缺資金的會首，會先標下首會，先取得一筆週轉資金，之後每期再支付期初約定的標金，至會期結束。因此標會可為缺乏資金的業主，取得一筆不用抵押擔保品的資金。

（二）天使投資者

　　所謂的天使投資者（Angel Investor）是指出資資助一些具有創意、公益或利益案件的出資人。通常這些資金對於募資者而言，有如天使一樣從天而降，讓它們可以將創意與理想付諸實現。通常天使資金提供給是高風險、高收益的新創公司最早期的外部資金。

　　一般而言，大部份的天使投資者都是成功的企業家，他們尋找可投資的標的物，並常會要求成為該公司的顧問，通常天使投資者的資金，是屬於個人的投資，雖然金額不一定太大，但撥款速度一定較創投公司（或私募基金）來得快，所以對於小微型的公司而言，是一筆重要的資金。

（三）P2P 借貸平台

　　所謂的 P2P 借貸（Peer-To-Peer Lending） 平台是指由由電商公司所提供的網路借貸平台，可以媒合有資金需求與供給的個體戶，讓供需雙方在網路上完成 P2P 的借貸交易，不用再經過傳統銀行的仲介。此舉可以幫助中小企業、以及個人，解決小額信用貸款問題，且可替貸款者降低利息支出、以及增加放款人的利息收入。

●●▶ 圖 12-1　LnB 信用市集
（圖片來源：維基百科）

　　國內較知名的 P2P 借貸平台，如：「哇借貸」、「LnB信用市集」、「鄉民貸」、「臺灣資金交易所」…等。

（四）群眾募資平台

　　所謂的群眾募資（Crowdfunding）平台是指由電商公司成立網路平台，提供給「微小型企業」或「具創意或公益等專案」，向不特定大眾宣傳其公司未來前景、或者創意或公益等專案的概念、設計或作品，藉以達到募資的目的。

●●▶ 圖 12-2　fiying V
（圖片來源：fiying V 平台）

　　通常群眾募資平台，依照募資的目的可分為：「捐贈」、「回饋」、「股權」與「債權」等四種模式。國內現有 16個群眾募資平台，其中 13 個屬於非股權與債權式的平台。其中，較知名的群眾募資平台，例如：「flying V」、「貝果放大」、「Hero O」、「嘖嘖」等等。

小案例

群眾募資平台可以幫助許多創意發想者或微小型商家，宣傳其創意理念或公司未來前景，藉以達到募資的目的。國內「恩居好食」利用醜蔬果進行創業，並於「群眾募資平台」獲得資助，將不符合市場規格的 NG 蔬菜製成餅乾後販售，除了可減少食物浪費，也為自己開創事業之路。

（五）創業投資公司

所謂的創業投資公司（Venture Capital Company）乃為一專業的投資公司，由一群專業人士所組合而成的，經由直接投資「被投資公司」股權的方式，提供資金給需要資金者（被投資公司）。創投公司並不以經營被投資公司為目的，僅提供資金以及專業知識與經驗，以協助被投資公司獲取更大利潤為其主要目的。

近年來，國內原本的創業投資公司，大都逐漸走向私募股權基金投資型態。通常創投公司提供給具有發展潛力的新創公司，較大額且長期的資金，並取得控制權。因此對新創公司而言，這是一筆重要且長久的資金。

📇 金融機構

一般而言，小微型公司若欲從金融機構尋求資金，最常見的就是將房屋、機器設備或保單等，向金融機構進行各類型的抵押借款；其次也可向信用保證基金申請信用保證後，再向銀行申請融資。以下本處將介紹兩種藉由金融機構籌措資金的管道。

（一）各類貸款

1. 壽險保單貸款

通常缺資金的企業主，可將自己的壽險保單，向保險公司申請保單貸款。通常借款利息較銀行的小額信用貸款利息低，且免保人、抵押品且申辦手續簡便。目前一般壽險公司保單貸款利率，多以保單的預定利率再加碼，貸款額度約是保單價值的 60% ～ 85% 之間。

2. **不動產抵押貸款**

通常缺資金的企業主，可將自己的不動產（包括土地、房屋），向銀行設定抵押貸款。通常貸款額度最高可達不動產鑑價值的 80%，且通常利息較低廉，所以此類型的貸款所獲得資金，為公司一筆重要的週轉資金。

3. **個人信用貸款**

通常缺資金的企業主，可向銀行申請個人信用貸款，銀行會根據你的各種信用條件的狀況（如：職業別、住宅別等），給與你一筆信用貸款。通常金額並不是很高，貸款利息也較不動產抵押貸款高一些，且貸款期限也較短，但好處就是可不需提供任何擔保品。

（二）信保基金

所謂的信用保證基金（Credit Guarantee Fund）乃是政府及金融機構，捐助成立之非營利性財團法人組織。信用保證基金的成立是基於，政府對於欠缺擔保品，但具發展潛力的中小企業、僑營事業、台商事業或農漁業者，提供信用保證，並協助其獲得金融機構的資金融通。目前在國內共有三個信用保證基金分別為「中小企業信用保證基金」、「海外信用保證基金」、以及「農業信用保證基金」。

通常通過核准的中小企業，可以直接向信保基金申請信用保證，再憑被準核的申請證明，向銀行申請融通資金。此資金等於是信保基金提供給公司信用保證的靠山，銀行才有信心放款資金給這些中小企業。

三 政府單位

一般而言，政府單位為了扶植中小企業與傳統產業，都會設置許多獎勵補助專案與競賽獎金，以協助這些中小企業與傳統產業的發展。以下將分別介紹兩種政府單位所提供的補助與獎金計劃。

（一）專案補助計畫

通常政府單位為了提升中小企業創新研發能力，中央與地方政府都分別提供了許多創新研發輔導及經費補助，包括：小型企業創新研發計劃（SBIR）、服務業創新研發計劃（SIIR）、業界發展產業技術計劃（TDP）、微型創業鳳凰貸款計劃、企業小頭家貸

款計劃、青年創業融資貸款計劃、協助傳統產業技術開發計劃…等等。這些計劃案補助款，都是希望能夠提升中小企業或傳統產業競爭力，以及擴大公司規模與加速產業升級。

（二）創業競賽獎金

通常政府單位為了鼓勵青年創業，中央和地方政府都會辦理多項競賽，來遴選優良的創業家，並提供創業輔導以及創業金補助等，以協助青年創業。例如：教育部青年發展署的大專畢業生創業服務計畫（U star）、教育部體育署的運動服務業創新創業輔導計畫等競賽。

Chapter

13

股利政策

 本章大綱

　　本章內容為股利政策，主要介紹公司發放股利的種類、理論與實務運用的政策，詳見下表。

節次	節名	主要內容
13-1	股利概念	介紹公司各種股利的意義、種類以及實務發放的程序。
13-2	股利政策理論	介紹六種有關公司股利政策理論。
13-3	股利發放政策	介紹公司根據自身財務狀況制定各種發放股利的政策。

13-1 股利概念

公司經過營運活動後，應將所賺得的淨利潤分配給股東。這些利潤是股東投資這家公司獲利的來源之一，我們稱為股利（Dividends）；另一部分為資本利得。公司發放股利的來源除了當期的獲利之外，尚可利用之前留下的保留盈餘。以下我們將介紹公司的股利種類與發放程序。

一 股利的種類

通常公司發放股利的方式與型態可分為現金股利（Cash Dividends）、股票股利（Stock Dividends）、經常性股利（Regular Dividends）、額外性股利（Extra Dividends）以及清算股利（Liquating Dividends）等，其說明如下。

1. **現金股利（Cash Dividends）**

   公司將保留盈餘以現金的方式發放出去，股東拿到現金後，公司的股價須經過除息的調整。通常一家獲利穩定的公司，將來比較傾向穩定成長，會傾向以現金的方式發放給股東。

2. **股票股利（Stock Dividends）**

   公司以股票作為股利分配給股東，是一種盈餘轉增資的行為，又稱為無償配股。當公司發放股票股利的同時，股價須經過除權的調整，其股東權益總數不因發放股票股利而有所改變，但公司流通在外的股數會因發放股票股利而增加[1]。通常一家未來會積極成長的公司，希望保留較多的現金以供將來投資使用，會傾向以股票股利的方式發放給股東。

---

1 此處除了公司發放股票股利會使公司流通在外的股數增加又不影響股東權益，還有股票分割（Stock Spilt）也會有此情形。股票分割跟股票股利的最大不同點，乃在於公司發放股票股利時股票面額不會改變，但股票分割會隨著股票分割的比例調整。例如：將普通股由 1 股分割成 2 股，則原先流通在外的股數會增加 2 倍，但面額也會減半，股價亦跟著減半。通常公司會使用股票股利與股票分割方式，使公司股票維持在一個適當的價格區間，讓投資人對股票的需求提高，藉以推升股票價格。

3. 經常性股利（Regular Dividends）

公司定期（每季或每月）從盈餘提撥現金股利給股東，此股利為經常性的發放。通常一家獲利穩定的公司，為了不破壞公司的股利政策，會採取經常性股利的方式。

4. 額外性股利（Extra Dividends）

額外性股利或稱特別股利（Special Dividends），是公司非定期發放的股利。公司除了經常性的股利發放外，偶爾會因某些其他原因，發放額外、非固定的股利給股東。

5. 清算股利（Liquating Dividends）

當公司將結束營業時，公司將所有資產變賣並還清所有債務後，將剩下的現金拿來支付股利即為清算股利。基本上清算股利是資本的返還，而不是資本所帶來的收益。此種股利通常是股東較不願意拿到的股利。

股利的發放

當一家公司要進行配發股利時，股東從得知發放股利訊息到拿到股利，須要經過一個標準流程，其流程一般可分為宣告日（Declaration Date）、除息（權）日（Ex-Dividend Date）、過戶基準日（Record Date）、發放日（Payment Date）等 4 個步驟（股利發放程序如圖 13-1）說明如下。

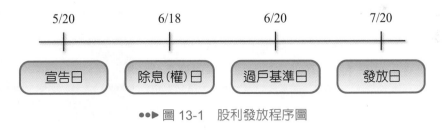

●●▶ 圖 13-1　股利發放程序圖

1. 宣告日（Declaration Date）

公司股利宣告日乃指董事會將股利發放的議案送至股東會後，經由股東會予以表決通過後，即可宣布發放股利。例如：A 公司於 5 月 20 日召開股東會議，宣布於今年 7 月 20 日每股發放 3 元的現金股利，並將 6 月 18 日訂為除息（權）日期、6 月 20 日訂為過戶基準日。

2. 除息（權）日（**Ex-Dividend Date**）

公司為了發放現金股利須訂一個過戶基準日，通常該日往前推算二個營業日，就是除息（權）交易日。因此投資人欲領今年公司的股利，須於除息（權）日當日前一天，持有該公司股票；若在除息（權）日當日以及之後所買進之證券，即不得享有該次發放股利的權利。

3. 過戶基準日（**Record Date**）

公司為了發放現金股利須確定股東名冊，通常會訂一個過戶基準日，若在這個基準日之前持有股票才可領取股利。過戶基準日在國內通常為除息（權）日往後推二個營業日。

4. 發放日（**Payment Date**）

當股東名冊登入作業完成後，即確定股利發放對象。並於股利發放日將股利以支票或銀行匯款的方式，寄給或匯給已列於股東名冊上的股東，以完成整個股利發放作業。

通常買股票領股利不稀奇，若領的股利是香蕉才具創意。高雄旗山是國內有名的種植香蕉王國，只要在當地買兩張香蕉股票（明信片），便送 1 根香蕉，隔年再持 2 張股票便可再領 1 根香蕉作為股利。這張股票最大用意是幫蕉農賣香蕉，兼具文創商機。

13-2 股利政策理論

公司股利發放的多寡或發放的型態是否影響公司的價值。以往研究學者均有眾多的爭論，以下我們將介紹六種有關公司股利政策的相關理論。

一 股利政策無關論（Dividend Relevance Theory）

首先，我們介紹於 1961 年由米勒（Miller）與莫迪里亞尼（Modigliani）（以下簡稱 MM），兩位美國經濟學者所提出的股利政策無關論。股利政策無關論主張，股利政策並不會影響公司的價值或資金成本，所以公司沒有最佳的股利政策。MM 認為公司的價值高低完全取決於公司的投資決策，並不會受到公司的盈餘分配方式（亦即股利政策）的影響。

二 一鳥在手理論（Bird in the Hand Theory）

林特納（Lintner）與戈登（Gorden）認為經由保留盈餘再投資而來的資本利得，其不確定性比現金股利支付高，所以投資人對於近期將減少發放現金股利的公司評價較低。投資人認為與其公司自吹自擂的告訴投資人，「將公司現在的保留盈餘轉成股本，可以為公司未來賺更多的錢發放給股東」，不如現在就將現金發給股東來的實際。這如同「兩鳥在林，不如一鳥在手」的意思一樣，就像停留在叢林中尚有兩隻未被抓到的鳥（將來的資本利得）比不上一隻已握在手中鳥（現金股利）來的實際。所以根據此理論，投資人認為高現金股利發放的公司，公司的評價較高。

三 租稅差異理論（Tax Differential Theory）

租稅差異理論主張如果投資人拿到股利後，其所得稅率若比資本利得的稅率高，則投資人可能不喜歡公司發放太高的現金股利，反而希望公司將較多的盈餘保留下來作為再投資用，以獲取為較高的預期資本利得，同時資本利得只要未獲實現，就不用繳稅，要直到出售股票後，獲利了結才課稅。所以根據此理論的主張，只要股利稅率比資本利得稅率高的情況下，只有採取低股利支付率政策，公司才有可能使它的價值增加。

四 訊號發射理論（Information Signaling Theory）

公司的股利發放通常具有資訊內涵（Information Content）效應。實務上大致可以觀察到，當公司宣布股利增加時，通常股價會上揚；當公司宣布股利減少時，通常股價會下跌。但有些學者認為公司發放股利的訊息必須超出投資人心理預期，如此所發射出來的訊號，才會引起股價變動；若公司所採取的政策已經被投資人所預期，則此項政策就

無效。因此訊號發射理論主張，投資人通常偏愛現金股利，但公司發放股利的政策，要超乎投資人心理預期，公司的股票價值才會變動。

五 顧客效果理論（Dividend Clientele Effect Theory）

實務上投資人對股利的偏好並不相同，有人偏愛高股利，有些人卻偏愛資本利得，並不期望公司發放高股利，因此公司必須制定一套特別的股利政策，去吸引不同偏好的投資者。顧客效果理論的主張，乃公司必須了解該公司的股東，到底是偏好現金股利還是資本利得，公司可以依據股東的偏好，設計一套符合股東需求的股利政策，才能維持公司股票價值的穩定性。通常投資人會依據公司過去股利發放政策，選擇自己喜歡的公司，若公司決定後的股利政策就不要輕易改變，以免失去忠實股東的支持。

六 代理成本理論（Agency Cost Theory）

若以代理成本的觀點來討論最適股利政策，則須相對權衡外部融資所帶來的影響。其理論認為公司透過股利的支付，將使公司內部可供再投資的保留盈餘減少，如此可降低公司內部濫用資金的機會，藉以降低權益資金的代理成本之問題。但此時公司若有好的投資機會需要資金，可能會因保留盈餘不足時，必須求助於外部資金，這樣又會造成外部融資成本增加的負面影響。因此代理成本理論認為，公司在支付股利時須權衡「代理問題」與「外部融資」所帶來的利益與成本之間，找出一個最適股利政策。

13-3 股利發放政策

公司經理人須將公司的盈餘，一部分用於股利的支付，一部分保留於公司內部。公司如何去制定一個股利發放政策，才能兼顧股東的需求與將來投資的需要，其實每家公司考量的因素並不相同。以下將介紹幾種公司常用的股利發放政策。

一 剩餘股利政策

剩餘股利政策（Residual Dividend Policy）乃指公司的盈餘必須先考慮未來投資的需求後，剩餘的現金才留為支付股利之用。所以當公司未來投資機會愈多，愈需要內部融

資資金，故必須減少股利的發放，若用於投資後無剩餘資金，則不再發放股利。因此剩餘股利政策，公司每年的股利，端視每年的盈餘與投資機會而定。

❏ 穩定或持續增加的股利政策

　　穩定或持續增加的股利政策，乃指公司每年均以穩定的金額支付股利，較不受當年度盈餘多寡的影響，若預期未來盈餘增加足以使股利維持一個更高的水準，才會提高股利的發放金額。因此穩定或持續增加的股利政策真正涵義並非股利固定不變，而是維持一合理的股利成長率。通常實施此政策的公司，會先訂一個目標股利成長率，然後公司再根據此一標準來增加股利的發放。

❏ 低正常股利加額外股利政策

　　低正常加額外股利政策乃指公司每年僅配發較低水準的基本股利，除非在盈餘較高的年度，才發放額外的股利。這項政策對公司而言，提供較多的融資彈性，對投資人而言，每年都可配發一定的股利。若一家公司的盈餘受景氣波動影響較大，無法維持高股利政策，比較適合此股利政策。

❏ 固定股利支付政策

　　固定股利支付政策乃指公司每年的股利與每股盈餘保持一個固定的百分比。所以當公司盈餘較高時，其所支付的股利也較多；當盈餘較少時，其股利金額也會相對較低，因此股利的多寡取決於公司盈餘的多寡。實務上，較少有公司會採行此政策，因為公司每年的盈餘通常會變動，所以它每年所發放的股利亦會跟著變動，若變動過大，通常較不受投資人青睞。

❏ 股利再投資計畫

　　股利再投資計畫（Dividend Reinvestment Plans, DRPs）乃指股東將所分配到的現金股利，再投資於原公司股票的計畫。此種計畫乃類似員工持股計畫（Employee Stock Purchase Plans），以往公司以低於市價的優惠，鼓勵員工將收到的現金股利再投資於公司股票上，現在將此計畫擴展於股東上。其用意乃透過此方式可以持續引導股東投資公

司的操作，藉以穩定或增加公司股價。通常股利再投資計畫有「買回已流通在外的股票」與「購買公司新發行股票」兩種型態，說明如下。

1. 買回已流通在外的股票

   此種型態乃股東將所發到的現金股利交付給信託人（通常為金融機構）後，再由信託人於次級市場買回公司股票，並按每個股東的出資比例，分配給參與這項計畫的股東。此舉等同於股東將現金股利投資於原公司股票上，因信託人大量買進，使得交易成本會較股東自己單獨買進還要便宜，故可降低交易成本。

2. 購買公司新發行股票

   此種型態讓股東將現金股利，再投資於公司所發行的新股票（增資股），此舉可為公司引進新資金，公司可以節省發行新股票的承銷成本，所以參加這項計畫的投資人，公司可將原承銷費用回饋給投資人，讓投資人可用低於市場的價格取得原公司股票。

策略轉彎國賓今年不發股利了

老牌飯店國賓，公司董事會決議，原先規劃發放現金股利每股 0.4 元將不發放，是國內上市櫃公司中，為因應疫情而更改股利政策的首例，也是國賓自 2004 年以來首度不配息。

國賓日前公告今年股利政策，原本還準備發現金股利 0.4 元，估計支出總金額 1.46 億元，但新冠肺炎疫情嚴峻，董事會決議「擬保留現金，以充實營運資金，擬改為不配發股息」。換言之，將可望省下近 1.5 億元。這也是上市櫃飯店業中第一家因疫情調整去年股利政策的公司。

（圖文資料來源：節錄經濟日報 2020/04/14）

解說

國內知名飯店—國賓飯店，2020 年原先規劃發放現金股利 0.4 元，但為了因應武漢肺炎疫情的衝擊，擬保留現金，以充實營運資金，臨時改為不配發股息，創下國內疫情後，更改股利政策的首例。

Part 5
財務管理
專題篇

　　本書前述的四篇已經對財務管理範疇中，三大領域包含資金的融通、投資評估與管理運用進行介紹。本篇將針對前述內容中較不足的議題，再進一步進行介紹。本篇的內容包含3大章，其內容對主要針對企業從事併購與國際投資與避險活動，所需的基本常識。

Chapter

14

企業併購

 **本章大綱**

本章內容為企業併購，主要介紹企業之間如何進行併購的種類與理由，以及介紹如何防禦被併購的方法，詳見下表。

節次	節名	主要內容
14-1	併購的簡介	介紹合併和收購的差異以及各種併購的種類。
14-2	併購的動機與防禦方法	介紹企業為何要進行併購的動機，以及如何防止被其他公司併購的方法。

14-1　併購的簡介

　　一家公司的規模要從小變大，除了靠自家公司努力的經營外，最快速的方式就是去進行併購其他公司。如此可以在較短的時間內擴大公司的經營範圍，進一步使公司的經營更具效益。在這併購的活動中，可以使用的方式有很多種，哪一種較為合宜，必須根據雙方的條件而定。本節首先介紹併購的意義與類型，再進一步說明各種併購的支付方式。

一　併購的意義

　　「併購」（Mergers and Acquisitions, M&A），從英文字的原意，其實是由合併（Mergers）與收購（Acquisitions）兩種不同的行為所組成。我們通常將發動併購的公司稱為主併公司（Bidder Firm）或是收購公司（Acquiring Firm）；而被併購的公司則稱為目標公司（Target Firm）或是被收購公司（Acquired Firm）。合併與收購這兩種行為的意義與特性並不相同，詳見表 14-1 說明。

●●▶ 表 14-1　合併與收購

行為	說明	特性
合併	• 由兩家或兩家以上的公司，利用合作的方式整合彼此的資源，雙方經過換股或現金交易，合法形成一家公司。 • 必須由一家主併公司概括承受所有即將被消滅的公司之所有資產與負債。	通常雙方都是基於善意立場。
收購	• 由一家收購公司直接出資買下另一家被收購公司的資產或股權，以達成收購公司策略發展或擴大營運之需要。 • 僅須由收購公司出資買下被收購公司的部分資產或股權，並不一定要完全概括承受被收購公司所有的資產與負債	雙方可能具有敵對之關係。

二　併購的類型

　　企業在進行合併與收購時，一般可依據「存續方式」與「產業相關」來進行區分併購的方式，以下我們將分別介紹之。

（一）依「存續方式」區分

　　兩家以上的公司要併購成為一家公司，其雙方必須研擬將來的存續方式，一般而言存續方式可分為吸收併購（Mergers）及創設併購（Consolidation）兩種類型，詳見表 14-2 說明。

●●▶ 表 14-2　併購的類型——依「存續方式」區分

類型	說明	實例
吸收併購 （存續併購）	• 指兩家以上公司合併成一家公司，其中一家主併公司為存續公司，其餘被消滅的目標公司將被併入存續公司內。 • 通常主併公司會保留原有公司名稱與實體，並概括承受目標公司所有的資產與負債，目標公司則消失或成為主併公司內的一個事業部門。	國內知名健身房－「World Gym 健身俱樂部」宣佈收購「加州健身中心」。此案例中，「World Gym 健身俱樂部」為存續公司，「加州健身中心」為被消滅公司。
創設併購 （新設併購）	• 指兩家以上公司合併成為一家公司，所有參與合併的公司均為消滅公司，並新設一家新公司。 • 通常被消滅的公司分別成為新公司的一部分。一般而言，會進行此類型的合併案通常是兩家實力相當的公司合併之結果。	國內「易飛網科技公司」與「誠信旅行社」曾進行創設合併。此案例中，新設公司為「易飛網國際旅行社」，原「易飛網科技公司」與「誠信旅行社」則於市場消失。

（二）依「產業相關」區分

　　通常企業之間在進行併購時，依照雙方的經濟利益與產業相關性，可分為水平併購（Horizontal M&A）、垂直併購（Vertical M&A）、同源併購（Congeneric M&A）及複合併購（Conglomerate M&A）四種類型，詳見表 14-3 說明。

●●▶ 表 14-3　併購的類型──依「產業相關」區分

類型	說明	目的	實例
水平併購	在相同產業中，兩家業務相同的公司併購在一起。	雙方希望透過合併後，能夠達成共同研發、集中採購原料與整合行銷管道的目的，使得生產上達到規模經濟效應，以降低成本，進而提高競手能力。	• 國內超市龍頭「全聯」併購「松青超市」、以及經營量販店為主的「家樂福」收購「頂好超市」，皆為經營量販超市業務重疊的水平併購案例。 • 「晶華國際酒店」向美國卡爾森酒店管理集團收購了舉世聞名的「麗晶國際酒店」的品牌商標及特許權，即為水平併購案例。
垂直併購	在相同產業中，具有中上下游關係的兩家公司併購，其中又分為向前整合（Forward Integration）與向後整合（Backward Integration）。	• 向前整合：下游購併上游，其目的是下游的公司可因而掌握上游的原料，獲得穩定且便宜的供貨來源。 • 向後整合：上游購併下游，其目的是上游公司的產品可取得固定的銷售管道，降低銷貨的風險。	國內上市旅行社中的「鳳凰國際旅行社」與主要營業項目為航空票務為主「喜泰旅行社」的合併，即為上下游業務的併購案例。
同源併購	在相同產業中，兩家業務性質不同的公司進行併購。	部分企業為追求在某個領域的全面領導優勢，可能會利用此購併的方式來達到目標。	• 國內以販售水餃餐點類為主的「八方雲集」收購以銷售咖啡飲品為主的「丹堤咖啡」，即為餐點類與飲品類異質公司的同源併購案例。 • 國內「亞果遊艇」收購「燦星旅行社」，即為觀光休閒製造業與旅行業，異質公司的同源併購案例。
複合併購	• 兩家公司位於不同產業，沒有業務往來的公司間之併購。 • 又稱為集團式併購。	部分企業希望從事多角化經營，避免將資金過度集中於某種產業，以將營運風險降低。	美國投資銀行「摩根史坦利」併購日本「全日空航空公司旗下十三家旅館」即為金融業與觀光業兩種不同產業之間的併購案例。

遊艇大亨收購燦星旅看好互補效應

　　臺灣遊艇休憩服務品牌「亞果遊艇」，已正式登錄興櫃掛牌交易。近期，亞果遊艇董事長，以個人名義收購燦星旅，主要著眼的是可協助遊艇會員完善國內外陸上交通、旅遊、住宿等行程需求，提供完整的「一站式服務」，看好互補效應。

　　由於收購燦星旅的時機正值疫情期間，被外界形容是「危機入市」，他表示，最大原因還是因為有需求才收購，且「時機很好、價格不錯」，今年旅行社受疫情影響業績急凍，他認為這也是能「好好整頓」的時機，目前規畫先私募、再減資，透過挹注資金重整體質、改善財務結構。

　　亞果透過與燦星旅合作，可優先提供亞果會員的國內外陸上旅遊行程服務，且燦星旅在線上 OTA 投資甚多，在票務及東北亞線方面具一定優勢，未來將繼續維持，並開發歐洲遊艇、帆船等與海洋相關的行程，打造「海上遊憩專家」的新亮點特色。

（圖文資料來源：節錄經濟日報 2020/06/30）

解說

　　近期，國內遊艇休憩服務品牌「亞果遊艇」，收購「燦星旅行社」，其主要目的乃可提供遊艇會員完善的國內外陸上交通、旅遊、住宿等「一站式行程服務」，且看好購併後的互補效應。

14-2 # 併購的動機與防禦方法

企業併購的活動，近年來如風起雲湧的進行中，無論是國際大型或是本土企業之間的併購案，其之所進行併購案，都有他們特殊的理由與動機，以下我們將逐一介紹之。

■ 併購的動機

（一）追求綜效

大部分企業併購的動機在於希望併購後，公司的價值增加。也就是所謂「1 + 1 > 2」的綜效（Synergy）。綜效的來源通常可分為管理綜效（Managerial Synergy）、營運綜效（Operation Synergy）與財務綜效（Financial Synergy）這三種類型。

1. 管理綜效：兩家公司併購，將可使部分人事重疊的人力更加精簡，降低人事管理成本，增進公司利益。

2. 營運綜效：兩家公司併購，將可使生產技術互補、行銷規模更擴大，且資訊資料相互共享，增加市場佔有率，以達到規模經濟（Economics of Scale）的效益。

3. 財務綜效：兩家公司併購，將可使融資額度與投資機會更為提高，使得公司取得更加低廉的資金，投入價值更高的投資計畫，以增加公司更高的盈餘。

（二）多角化經營

企業藉由併購進行多角化經營，以分散經營風險。企業可在不同屬性的產業同時經營，產生盈餘互補，降低盈餘劇烈變動，以分散公司經營之風險。公司多角化經營亦可使公司知名度更為擴展，可以吸收更多的潛在客戶，此對於現有客戶、供應商與員工均有正面的影響。

（三）解決代理問題

當公司有過多的內部保留盈餘時，會產生股東與經理人之間的利益衝突，亦即代理問題。公司股東可以藉由併購活動，降低保留盈餘的存量，減少公司經理人的自利行為，解決權益之間的代理問題。

（四）節稅考量

企業可從併購的過程中帶來稅盾效果，節稅的利益大致可以從兩方面說明：

1. **目標公司的營業虧損**：若目標公司於併購前具有大量營業虧損，主併公司可藉由併購將目標公司的虧損轉移到自家公司，如此可降低主併公司的盈餘，達到節稅的效果。

2. **目標公司的資產重估**：若主併公司併購目標公司後，可將目標公司帳面價值低於市價的資產重估，然後依市價入帳再攤銷折舊費用，如此可減少課稅所得，達到節稅的效果。

（五）剩餘資金的運用

若企業已處於成熟穩定期，較沒有重要特殊獲利的投資機會，且又累積大量的穩定資金。若此時分配現金股利給股東，可能必須負擔過高的所得稅，因此企業若將資金用於併購其他企業，可使剩餘資金重新被活用，增加公司價值。

（六）目標公司股價低估

若目標公司市場股價被嚴重低估，遠低於公司淨值，且該公司的營運與獲利都很正常。此時市場會有與該目標同質或異質的公司，覬覦該公司的股價被低估所潛在的利益，於是發動併購動作，企圖併購目標公司，希望併購後當目標公司股價恢復合理價值時，可以獲取超額利潤。

（七）控制權的掌握

有些公司可能即將遭受併購，公司管理者為了抵抗敵意併購，可能採取利用舉債的方式先去併購其他公司，使得公司規模變大，讓潛在的併購者難以併購。因此公司可藉由併購其他公司後，保住公司的掌控權。

（八）追求成長

有些企圖心較強的公司經營者，為了讓公司的營業快速擴展因而進行併購，併購是公司成長最快的捷徑，除了可以省去自己創業所花費的時間和成本外，還能快速取得被併購公司的生產設備及行銷管道，能在短時間內有效率的擴展公司營業規模。

防禦被併購的方法

企業在進行併購時，若雙方「情投意合」，則併購過程就會比較順利；若非在「你情我願」的情況下，則主併公司與目標公司將會有一段攻防的戲碼，而攻防的結果大部分都是兩敗俱傷。因此目標公司要在主併公司欲進行敵意併購（Hostile Takeover）前，作好防禦措施，讓主併公司知難而退，打消併購的企圖。以下我們將介紹幾種目標公司防禦被併購的方法。

（一）股票購回策略（Stock Repurchase）

目標公司若發現市場被鎖定成為併購對象時，可以藉由公司的資金買回自家公司股票，讓主併公司無法從市場上大量購買該公司的股票，讓主併公司持股不足，就無法達成併購的目的。

（二）白衣騎士策略（White Knights）

目標公司在發現公司成為併購對象時，可以尋找一家友善的公司（白衣騎士）出面相助，希望友善公司提出比主併公司更為優惠的條件或價格，來收購目標公司的股票，藉此提高併購成本，讓主併公司知難而退。

（三）綠色郵件策略（Greenmail）

若主併公司已於市場購入目標公司股票，欲進行併購，此時目標公司可以與主併公司洽談不要再購入該公司股票，並願意以高於市價購回已被收購的股票（此稱為綠色郵件），且簽訂一段凍結期間，期間內主併公司不能再購買目標公司股票，藉以防禦再被併購的可能。

（四）吞毒藥丸策略（Poison Pills）

吞食毒藥丸是指目標公司發現自己一旦成為併購對象時，便允許原股東可以一個遠低於市價的價格購買公司新發行的增資股票。此舉將使目標公司的原股東大量買入股票，造成公司流通在外的股數增加，股權被大量稀釋，因此主併公司若還要繼續併購目標公司，就必須付出更多的成本進行公開收購。這意味著主併公司必須支付更多金錢來補貼目標公司的原有股東，若這種變相的補貼必須付出很高的金錢代價，可能就會迫使主併公司放棄併購的行為。

（五）金降落傘策略（Golden Parachutes）

目標公司的經理人若發現公司成為併購對象時，希望主併公司能提供一筆豐厚的補償金給予目標公司的經理人，讓目標公司的經理人同意雙方合併，不作敵意的抵抗。其目的是希望藉由高額的補償金金額，打退主併公司欲併購目標公司的念頭。

（六）訴諸法律行為

目標公司可以訴諸法律，控訴主併公司若併購目標公司後，主併公司將可能違反反托拉斯法、公平交易法或股權收購法則等法令，希望藉由法令的規定，來限制併購的行為。

NOTE

Chapter

15

匯率管理

 本章大綱

本章內容為匯率管理,主要介紹匯率與外匯市場,詳見下表。

節次	節名	主要內容
15-1	匯率簡介	介紹匯率的種類與報價方式。
15-2	外匯市場	介紹外匯市場的種類、組織與功能。

企業至海外經商最直接面對的，就是不同國家貨幣換算的匯率問題，以及當地國家外匯市場是否完善的問題。例如：國內餐飲業－王品集團與旅遊業－雄獅旅行社，若至海外展店，除了考慮不同國家法律、語言、文化與政治上的差異性外，最重要的就是面臨貨幣的差異；又如：旅遊業中的旅行社出團至海外去，兩個不同國家的旅遊業者在支付費用時，亦會面臨貨幣的差異。因此不同貨幣換算的匯率問題，以及當地外匯市場的健全問題，對於餐旅行業的經營管理具有相當的重要性。以下我們將針對匯率與外匯市場這兩部分進行介紹。

15-1　匯率簡介

■ 匯率

匯率（Foreign Exchange Rate）即兩種不同貨幣的交換比率或是外國通貨的交易價格。匯率也是一國貨幣對外的價值，匯率的升貶值對跨國企業的營收有莫大的影響性。以下我們將介紹匯率的種類與報價方式。

（一）匯率的種類

外匯市場上，常見的匯率有下列幾種：

1.　買入匯率（**Buying\Bid Exchange Rate**）與賣出匯率（**Selling\Offer Exchange Rate**）

就銀行的立場而言，買入匯率為銀行願意買入外匯的價格，賣出匯率則表示銀行願意賣出的外匯價格。買入與賣出的價差即為銀行買賣外匯所賺的利差。

2.　固定匯率（**Fixed Exchange Rate**）與浮動匯率（**Floating Exchange Rate**）

固定匯率是因某種條件限制下，使貨幣固定於狹小範圍內進行波動的匯率。浮動匯率是指貨幣間的匯率自由波動，完全不受干預及限制，一切由市場供需來決定匯率的漲跌。

3.　基本匯率（**Basic Exchange Rate**）與交叉匯率（**Cross Exchange Rate**）

基本匯率是本國貨幣對其主要交易貨幣（如美元）的匯率，為本國貨幣與其他貨幣匯率的參考依據。交叉匯率是兩種貨幣若無直接的交換比率，則透過第三種貨

幣交叉求算出的匯率。例如，東京外匯市場 US / JPY 為 105.70 / 90，而台北外匯市場 US / NT 為 30.4320 / 80，故可交叉求出 NT / JPY 之買入匯率 3.4726（105.70 / 30.4380），賣出匯率為 3.4799（105.90 / 30.4320）。

4. 即期匯率（**Spot Exchange Rate**）與遠期匯率（**Forward Exchange Rate**）

即期匯率為外匯交易雙方於買賣成交日後，當日或兩個營業日內進行交割所適用的匯率。遠期匯率為買賣雙方於買賣成交日後，在一段期間內的某特定日進行交割所適用的匯率。

5. 電匯匯率（**Telegraphic Transfer Exchange Rate；T/T**）與票匯匯率（**Demand Draft Exchange Rate；D/D**）

電匯匯率是指銀行以電報方式進行外匯買賣，因電匯付款時間快，買賣雙方較少有資金的耽擱，所以電匯匯率是計算其他匯率的基礎。票匯匯率又分為「即期票匯」與「遠期票匯」兩種，遠期匯率是由即期匯率求算出的。即期票匯乃因銀行買入即期匯票後，銀行支付等值的本國貨幣給顧客，但銀行尚須郵寄到國外付款銀行請付款，因郵寄期間所產生的利息，銀行須支付，所以通常即期票匯匯率比電匯匯率要低。

6. 名目匯率（**Nominal Exchange Rate**）與實質匯率（**Real Exchange Rate**）

名目匯率是兩國的匯率未考慮兩國物價相對變動對貨幣相對價值的影響，而一般人常談到的多是名目匯率。實質匯率是需將兩國的物價變動列入考量所表示的匯率，其計算方式如下：

$$實質匯率 = 名目匯率 \times \frac{外國物價指數}{本國物價指數}$$

（二）匯率的報價方式

銀行間外匯交易報價方式，採雙向報價法（Two-way Quotation），同時報出買入和賣出匯率。如欲買賣外匯，須了解外匯的掛牌方式，亦即要明白外匯價格的表示方式。一般而言，外匯的報價有下列兩種方式。

1. 美式報價法（**American Quotation**）

   亦稱直接報價法（Direct Quotation）或價格報價法（Price Quotation）。所謂價格報價法，即指以「一單位外幣折合多少單位的本國通貨」來表示匯率的方法，我國亦採直接報價法。例如，在台北外匯市場報價為「1 美元＝ 29.4310 新台幣」即為此種報價方式。

2. 歐式報價法（**European Quotation**）

   亦稱間接報價法（Indirect Quotation），或數量報價法（Volume Quotation）。所謂數量報價法，即指以「一單位本國通貨折合多少外幣」來表示匯率的方法，例如，在英國外匯市場報價「1 英鎊＝ 1.25 美元」即為此種報價方式。

   在國際上的銀行間外匯市場，除英鎊、愛爾蘭鎊、南非幣、澳洲幣與紐西蘭幣以及歐元是以一單位此種幣別折合多少美元來表示外，其他各幣別均用一美元折合多少其他幣別之方式來報價。

匯率指標　咖啡披薩搶戲

　　用單一產品來評估各國貨幣的匯率是否合理，30 年來大麥克指數一直獨領風騷；但目前已經出現多種替代性的指標，包括星巴克咖啡、披薩、辣雞翅及鱈魚套餐等，讓各界在利用食品價格來評估各種貨幣的購買力平價（PPP）時也能換換胃口。

　　大麥克匯率指數是英國「經濟學人」所編製的匯率指數，用來評估各國貨幣的匯率是否被高估或低估。如果某國大麥克的本地貨幣售價換算成美元後，超過美國的大麥克價格，就表示該種貨幣的匯率遭到高估；反之，即表示低估。

達美樂臘腸中披薩在各城市價格

單位：美元

紐約	
東京	
法蘭克福	
倫敦	

0　　4　　8　　12　　16　　20　　24

註：計算期間為2016年12月30日　　　資料來源：達美樂、彭博資訊

●●▶ 圖 15-1　達美樂披薩各城市價格
（圖片來源：經濟日報）

星巴克全球布點，雖不如麥當勞普及，但也絕不會放過任何一個大城市。據紐約、東京、法蘭克福及倫敦商業區內星巴克拿鐵咖啡價目表估算，目前美元對日圓匯率約被高估 10%，對英鎊更高估 25%；若比較大麥克的售價，美元對日圓及英鎊匯率更分別被高估 60% 及 30%。但若以披薩的價格來估算，卻顯示英鎊對美元匯率被高估 26%，但歐元對美元匯率卻被低估近 50%。

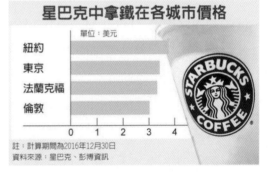

●●▶ 圖 15-2　星巴克拿鐵各城市價格
（圖片來源：經濟日報）

（資料來源：節錄自經濟日報 2017/1/10）

　　以往常用麥當勞大麥克漢堡指數，來衡量一個國家匯率的高低的非正式經濟指數。現在星巴克咖啡、達美樂披薩也紛紛跳出來搶戲，也都希望能取代麥當勞大麥克漢堡指數的地位。

15-2　外匯市場

　　外匯（Foreign Exchange）狹義的定義即為外國的通貨（Foreign Currency）或稱外幣。而廣義的定義則不侷限於外幣，舉凡所有對外國通貨的請求權而可用於國際支付或實現購買力，在國際間移轉流通的外幣資金，包含外幣現鈔、銀行的外幣存款、外匯支票、本票、匯票及外幣有價證券等，皆可統稱為外匯。

　　外匯市場（Foreign Exchange Market）係指上述各種不同的外國通貨之買賣雙方，透過各種不同的交易方式，得以相互交易而終至成交的交易場所或交易網路。亦即外匯市場是以外匯銀行為中心，外匯供需雙方相互交易所形成的市場。以下我們將介紹外匯市場的種類、組織與功能。

（一）外匯市場的種類

　　外匯市場依區域性、參與者以及交割時點可分為下列幾種類型。

1. 依區域性分類

   (1) 國內性市場（Local Market）：國內性市場大體上是由當地的參與者組合而成，而在市場交易的幣別僅限於當地貨幣或幾種主要外幣的交易。例如，台北、曼谷或馬尼拉等外匯市場。

   (2) 國際性市場（International Market）：國際性市場的組成份子，則不限當地的參與者，亦包含境外的參與者利用電話、電報及網路等方式參與外匯交易，而交易幣別較爲多樣，除了當地貨幣與美元交易外，亦有其他第三種貨幣或黃金等商品的交易。例如，紐約、倫敦與東京等外匯市場。

2. 依參與者分類

   (1) 顧客市場（Customer Market）：主要是以廠商或個人基於各種理由必須買賣外匯，而與銀行之間的外匯交易屬之。通常顧客市場的單筆交易金額不大，對匯率變化影響較小，又稱爲零售市場（Resale Market）。

   (2) 銀行間市場（Inter-bank Market）：通常外匯指定銀行對某些顧客買進外匯，同時將之轉賣給其他的顧客，但當買入及賣出的差距過大時，產生多餘的外匯部位（Position），就必須在市場進行拋補。所以銀行爲了軋平外匯部位以賺取價差或從事金融性交易，而與其他銀行從事外匯交易，即形成銀行間市場。通常銀行間的單筆交易金額較大，對匯率變動影響較大，又稱爲躉售市場（Wholesale Market）。

3. 依交割時點分類

   (1) 即期市場（Spot Market）：即期市場的交易，意指交易雙方在某特定時點簽訂成交契約，並於成交日當日或兩個營業日內進行貨幣交割的外匯交易。

   (2) 遠期市場（Forward Market）：遠期市場的交易，意指交易雙方在某特定時點簽訂契約，並於成交後的一段期間內，在某特定日進行貨幣交割的外匯交易。

（二）外匯市場的組織

外匯市場由一群外匯供給及需求者所組合而成，其組織架構可分爲四層（見圖 15-4），各層所擔任的角色如下：

1. 顧客：包括進出口廠商、出國觀光者、移民者及投資者等，他們以自己的實際供需而買賣外匯。除上述有實際外匯供需的顧客外，尚有以外匯投機爲目的的投機客，

以尋求匯率變動的獲利機會。

2. **外匯銀行**：為外匯市場最主要的角色。外匯銀行除了接受顧客的外幣存款、匯兌、貼現等各種外匯買賣外，並依據本身的外匯部位，在市場與其他銀行進行拋補及從事其他外匯交易。而外匯銀行在國內稱為「外匯指定銀行」（Foreign Appointed Banks）。

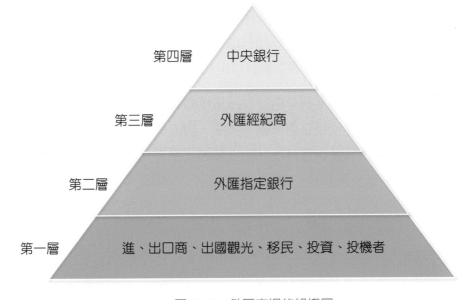

第四層　中央銀行

第三層　外匯經紀商

第二層　外匯指定銀行

第一層　進、出口商、出國觀光、移民、投資、投機者

●●▶ 圖 15-3　外匯市場的組織圖

3. **外匯經紀商**：外匯經紀商是外匯銀行與中央銀行的仲介機構，主要任務為提供快速正確的交易情報以使交易順利，本身不持有部位，僅收取仲介手續費。且中央銀行為了調整外匯或干預匯率時，須透過外匯經紀商與外匯銀行進行交易。臺灣於 1994 年將原為財團法人型態的「台北外匯市場發展基金會」，重組為「台北外匯經紀公司」，成為我國第一家專業的外匯經紀商。此外，在 1998 年國內成立第二家外匯經紀商為「元太外匯經紀商」，將進一步提升市場效率，擴大外匯市場交易規模。

4. **中央銀行**：為維持一國經濟穩定成長，不使該國幣值波動過大，所以中央銀行會主動在外匯市場進行干預，以維持幣值的穩定。所以當外匯市場發生供需失衡時，中央銀行是調整外匯市場供需平衡及維持外匯市場秩序的唯一機構。

（三）外匯市場的功能

　　茲將外匯市場的功能，分述如下：

1.　平衡外匯供需與達成匯率均衡：外匯銀行與顧客進行外匯交易買賣時，常因外匯部位供需不一，導致匯率不均衡，此時須藉由外匯市場調節供需以達成均衡匯率。

2.　提供國際兌換與國際債權清算：透過外匯市場進行各種外匯的交易買賣，使國際間不同的貨幣得以互相兌換，其產品或勞務的買賣才能順利進行。國際間因交易、借貸或投資而產生的債務關係，透過外匯市場使國際收付與清算工作得以順利處理。

3.　融通國際貿易與調節國際信用：當企業從事國際貿易行為時，可藉由外匯銀行居間仲介，使進出口商的貿易行為得以順利進行。此外，進出口商可藉由外匯市場的遠期匯票交易、貼現、承兌以及開立海外信用狀等方式，以獲得國際間的信用。

4.　提供匯率波動避險與外匯套利：由於外匯市場的匯率常隨供需而變動，若匯率過度波動，將會對國際貿易或投資帶來匯率風險，因而產生匯兌損失。此時，可利用遠期外匯、外匯期貨、外匯選擇權與貨幣交換等交易方式來規避匯率風險，亦可進行外匯套利活動。

餐財 NEWS

日本靠日圓貶值賺觀光財背後卻隱藏其他風險

《日經亞洲評論》報導，日本經濟正因為外國觀光客大增而獲益，不過儘管日本觀光部門強盛，但報導指出若繼續依賴疲弱的日圓促進成長，日本經濟可能面臨風險。

專家將日本觀光客人數增加的原因歸功於亞洲收入提高，以及日本放寬簽證規定，特別是來自中國及東南亞國家的旅客。此外，日本央行自 2013 年以來採取貨幣寬鬆讓日圓貶值，也使得外國觀光客可以用本國貨幣換得更多日圓。2018 年訪日的中國觀光客花費超過 1.5 兆日圓（約 4,267.5 億台幣），佔了海外觀光客消費的 3 分之 1。若以人均計算，平均每位中國觀光客消費 22.5 萬日圓（約 6.4 萬台幣），若依照國家或地區排名，也是前 3 大消費最多的海外觀光客。

日本央行資深官員表示，央行正在密切關注人民幣近來的貶值是否會造成中國觀光客減少花費。他提出了對於中國政策允許人民幣貶值可能會衝擊日本觀光的擔憂。另一方面，由於日本勞動力面臨短缺，日本需要透過更多外國工作者來彌補缺口，然而不同於觀光產業，日本招募外國勞工反而受到日圓貶值的衝擊。報導指出對這些外國工作者而言，貶值的日圓並不特別具有吸引力。

（圖文資料來源：節錄蘋果日報 2019/11/22）

解說

前陣子，日圓貶值確實為日本觀光注入一股新商機，也為日本經濟帶來成長動能，但日本政府仍擔憂背後隱藏的風險。其一，因中國旅客是他們最主要的成長的動能，若人民幣貶值幅度高於日圓，是否會影響他們的消費力減縮。另一，則是大量的觀光客來訪，也需要招募大量勞工，包含外籍工作者，因日圓貶值，對外籍工作者的收入並不利，所以可能會有缺工的危機。

NOTE

衍生性金融商品

本章大綱

　　本章內容為衍生性金融商品，主要介紹公司在從事避險或投資活動時，所會使用到的衍生性金融商品，這些商品的種類與特性，詳見下表。

節次	節名	主要內容
16-1	衍生性金融商品簡介	介紹衍生性金融商品的種類、特性與功能。
16-2	衍生性金融商品種類	介紹各種衍生性金融商品的意義。

16-1 衍生性金融商品簡介

衍生性金融商品是公司在進行營業活動時，必須用到的避險或投資工具。在餐飲業中的某些公司在進行營業活動時，必須嚴格控管物料的成本，如此方能使公司的利潤增加，在管控物料成本上，除了必須從供應商取得最佳的議價空間外，仍須透過金融商品的避險，才能使價格穩定。例如：餐飲業中的咖啡烘焙廠從國外咖啡豆供應者進口一批咖啡豆，製造商除了必須控管咖啡豆的買進價格外，還須盯住進口時的匯率變動，因此咖啡烘焙廠就得依賴衍生性金融商品中的遠期或期貨合約來控管價格。又如：旅遊業中某些旅行社出團至國外，須支付國外旅行業者美金、日圓或歐元等幣別，這些幣別升值或貶值亦攸關旅行業的利潤，所以業者必須依賴衍生性金融商品中的外幣相關的遠期、期貨、選擇權或交換合約來規避匯率風險。

所謂的「衍生性金融商品」（Derivative Securities）是指依附於某些實體標的資產所對應衍生發展出來的金融商品。這些金融商品大都以無實體的合約（Contract）方式呈現，其最原始的功能就是提供避險的需求，但因合約設計上的方便，亦常常提供投資或投機的功能。以下我們將簡單的介紹衍生性金融商品的種類、功能與特性。

一 衍生性金融商品的種類

衍生性金融商品的種類大致可分為遠期（Forwards）、期貨（Futures）、選擇權（Options）與金融交換（Financial Swap）等四種基本型式，表 16-1 將針對這四種合約作一簡單介紹。

●●▶ 表 16-1　衍生性金融商品的類型

類型	說明
遠期	遠期合約是指買賣雙方約定在未來的某一特定時間內，以期初約定好的價格，來買賣一定數量與規格的商品，當約定期限到期時，雙方即依期初所簽定的合約來履行交割。

期貨	期貨是指交易雙方在期貨交易所,以集中競價的交易方式,約定在將來的某一時日,以市場成交的價格,交割某特定數量、品質與規格商品的合約交易。大部分的期貨交易都在合約到期前,僅對期貨合約的買賣價差進行現金結算,鮮少進行實物交割。
選擇權	選擇權是一種賦予買方具有是否執行權利,而賣方需相對盡義務的合約。選擇權合約的買方在支付賣方一筆權利金後,享有在選擇權合約期間內,以約定的履約價格,買賣某特定數量標的物的一項權利。選擇權的賣方,因必須負起以特定價格買賣某標的物的義務,故先收取權利金,但須盡履約義務。
金融交換	金融交換是指交易雙方同意在未來的一段期間內,以期初所約定的條件,彼此交換一系列不同現金流量的合約。通常金融交換簽一次合約,則在未來進行好幾次的遠期交易,所以金融交換合約,可說是由一連串的遠期合約所組合而成。

衍生性金融商品的功能

(一) 提供資產風險管理的工具

衍生性金融商品最原始的功能就是作為規避風險之用。通常人們在真實世界上買賣商品,可能會因遇到一些不可預期的因素而遭受到損失,所以發展出衍生性金融商品,以尋求買賣商品的價格穩定。例如,臺灣的進口商可以買入遠期美元,以規避美元升值、新台幣貶值的損失。

(二) 提供投機與套利的需求

發展衍生性金融商品最初的動機乃在避險,但也有交易者在沒有現貨的供需情形下,買賣衍生性金融商品來尋求投機與套利的交易行為。通常避險者,可藉由衍生性金融商品的交易把風險移轉給願意承擔風險的投機者或套利者。該市場也因投機者與套利者的加入,增加市場合約的流動性,促使避險者在市場上尋求避險更加便利。

(三) 具有價格預測的功能

衍生性金融商品的合約大多是建立在未來的一段期間內,所以其合約的價格可以反應未來現貨商品的價格。也就是說,衍生性金融商品的合約價格可以預測未來現貨價格的走勢。所以衍生性金融商品對現貨價格具有預測的功能。

（四）促進市場效率及完整性

由於衍生性金融商品的價格和現貨商品的價格存在一定的關係，如果兩者的關係出現不合理價差，便存在套利機會。而套利的結果將使價格快速調整到合理的價位，直到沒有套利機會為止，因此可以促使市場更有效率。此外，由於衍生性金融商品的種類非常多，而交易策略也相當多，因此可以提供投資者許多不同風險與報酬的組合，適合各種不同的風險需求者，使金融市場的產品更加完整。

三 衍生性金融商品的特性

（一）具有高槓桿與高風險

衍生性金融商品最大的特性，也是最吸引人的特點就是「以小博大」，亦即所謂的槓桿操作（Leverage Trading）。槓桿操作是指交易者只要付出少量的保證金或權利金，就可以操作數倍價值的資產。例如只要付出 10% 左右的保證金，就可以操作十倍價值的資產合約。因為衍生性金融商品的具有高槓桿特性，所以常常可以在極短時間內賺得數倍本金的利潤，但也可能在極短時間內損失掉本金，故是一項高風險的投資工具。

（二）產品結構複雜且評價難

衍生性金融商品雖然包括遠期合約、期貨、選擇權、交換等四種基本商品，但是這些基本商品又可組合成更複雜的衍生性金融商品，所以常常有新的衍生性金融商品產生，因此評價愈來愈困難，這些商品絕大部分要靠數學計算或電腦加以模擬，所以投資人對於這些產品結構複雜且評價困難的衍生性金融商品不易了解。

（三）交易策略繁多，風險難以評估

衍生性金融商品的交易策略繁多，這點和現貨交易不同。就像選擇權的交易策略就有好幾十種，且投資人亦可在期貨與選擇權的相互搭配下創造許多交易策略，因此一般投資者除非深入了解投資策略，否則不太容易了解風險的可能程度。

居家防疫食物囤積需求升咖啡豆期貨價格飆漲

　　為了防止新冠肺炎（COVID-19）疫情擴大，各國政府皆採取嚴格的封鎖措施，並下令民眾進行居家防疫，由於消費者擔憂疫情恐將導致食物短缺問題，因此紛紛搶購及囤積物資，並促使咖啡豆價格於近日來持續攀升，合約到期日為 5 月的紐約阿拉比卡咖啡豆期貨價格，在過去一個月來已上漲了超過 15%。

　　大宗商品交易商表示，肺炎疫情導致消費者支出萎縮，且市場對於其他大宗商品的需求量，如：金屬及石油等，皆因疫情的衝擊而大幅下滑，但是，消費者對於咖啡的需求卻並未減少，因此促使咖啡價格的攀升。顯示儘管民眾減少了外出喝咖啡的頻率，但卻將此消費行為轉為在家中進行。

　　另外，在供應鏈層面，雖然各國政府所採取的封鎖措施，導致企業及工廠被迫關閉，並造成許多商品的供應鏈中斷，但由於咖啡等食物的生產活動，被視為是具有必要性的經濟活動，因此相關供應鏈所受到的衝擊較小。

　　雖然疫情對於咖啡的生產影響較小，但由於封城措施導致交通道路阻斷，預期咖啡的運輸將會是較大的問題。咖啡價格於未來的走勢變數較大，而在疫情受到控制之後，各國將會解除封鎖措施，屆時民眾的消費習慣也將有所改變。由於消費者在疫情期間囤積了大量的咖啡，因此在疫情獲得紓緩之後，民眾將傾向在家消耗庫存，因此，短期間將可能減少對於咖啡的購買，並造成咖啡豆價格的回跌。

（圖文資料來源：節錄鉅亨網 2020/04/17）

 解說

　　2020 年突來的肺炎疫情，各國政府皆採取嚴格封鎖措施，並下令民眾進行居家防疫。由於消費者擔憂疫情會影響食物的供給，因此紛紛搶購及囤積物資，並使咖啡豆期貨價格飆漲，連動的也會帶動咖啡現貨價格往上攀升。因為期貨價格的變動對現貨具有價格預測的功能。

16-2　衍生性金融商品的種類

　　衍生性金融商品的種類大致可分為遠期、期貨、選擇權與金融交換等四種基本型式，以下將分別介紹之：

一　遠期合約

　　遠期合約是指買賣雙方約定在未來的某一特定時間，以期初約定的價格，來買賣一定數量及規格的商品，當約定期限一到，雙方即依期初所簽定的合約來履行交割。遠期合約是衍生性金融商品的起源，通常公司在從事避險活動時，可能會最先考慮此種方式避險。通常公司除了與廠商簽定實體商品（例如，原油、黃豆、黃金等）的遠期合約外，最常見的仍是針對金融資產（例如，匯率、利率等）的波動進行避險，以下我們介紹兩種常用的遠期合約。

（一）遠期外匯

　　遠期外匯合約（Forward Exchange Contract）是交易雙方約定在未來某一特定時日，依事先約定之匯率進行外匯買賣的合約。合約期限以半年以下居多，國內依據中央銀行現行法規規定，銀行與客戶之間的遠期外匯買賣合約保證金由銀行與客戶議定。買賣遠期外匯必須是有實際需要者，客戶必須提供訂單、信用狀或商業發票等相關交易交件，以茲證明其實質需要。合約期間最長不得超過一年，必要時得展期一次。其主要功能為企業規避匯率風險及投機者套取匯差的工具。

（二）遠期利率

　　遠期利率合約（Forward Rate Agreement, FRA）是指交易雙方相互協議，依據某一相同的貨幣利率，約定在未來的某一特定期間內，依合約期初約定利率與期末實際支付（收取）利率之差額，以現金互為補償。遠期利率協定交易只有對利息淨差額的收付，並無本金之交換，也不須保證金，所以信用風險的補償只限於利息差額。遠期利率合約中，交易雙方相互協議之參考利率（Reference Rate）報價，通常是以英國倫敦銀行同業間拆款利率（LIBOR）為基礎，買方（賣方）鎖定一種固定利率，賣方（買方）鎖定一種浮動利率，雙方在結算日進行利息差額的清算。其主要功能為企業提供保障資產報酬、鎖定負債成本與維持利差收益。

期貨合約

期貨係指交易雙方在期貨交易所，以集中競價的交易方式，約定在將來的某一時日內，以市場成交的價格交割某特定數量及品質規格的金融資產合約之交易。期貨合約乃將遠期合約標準化，所以在避險效率上較遠期合約高，但因採保證金制度且可現金交割，所以也提供了以小博大的投機功能。因此期貨合約同時提供給企業避險與投機的需要。

一般而言，期貨商品可分為「商品期貨」（Commodity Futures）及「金融期貨」（Financial Futures）兩大類，「商品期貨」又可分農畜產品、金屬、能源及軟性商品期貨等；而「金融期貨」又可分外匯、利率及股價指數期貨等種類。

（一）商品期貨

1. **農畜產品期貨（Agricultural Futures）**：農產品包括穀物（如小麥、黃豆、玉米、黃豆油與黃豆粉等）以及家畜產品（如活牛、幼牛、豬腩及活豬等）。

2. **金屬期貨（Metallic Futures）**：金屬包括貴金屬期貨（如黃金、白銀等）以及基本金屬期貨（如銅、鋁、錫、鎳及鋅等）。

3. **能源期貨（Energy Futures）**：能源包括原油（及其附屬產品的燃油、汽油等）以及其他能源（如丙烷、天燃氣等）。

4. **軟性商品期貨（Soft Futures）**：軟性商品通常包括咖啡、可可、蔗糖、棉花及柳橙汁等商品。

（二）金融期貨

1. **外匯期貨（Foreign Currency Futures）**：外匯期貨就是以各國貨幣相互交換的匯率為標的所衍生出來的商品，而國際金融市場的外匯期貨交易以歐元（Euro）、日圓（JPY）、瑞士法郎（SF）、加幣（CD）、澳幣（AD）及英鎊（BP）等六種與美元相互交叉的貨幣為主。

2. **利率期貨（Interest Rate Futures）**：利率期貨可分為「短期利率期貨」及「長期利率期貨」兩種。

(1) 「短期利率期貨」的標的物主要有二大類，其一為「政府短期票券」，例如，美國國庫券（T-Bills）；另一為「定期存單」（CD），例如三個月期的歐洲美元（3-Month ED）。

(2)　「長期利率期貨」的標的物主要以「美國政府長期公債」（T-Bonds）、「美國政府中期公債」（T-Notes）等為主。

3.　股價指數期貨（Stock Index Futures）：股價指數是由一組被特別挑選出的股票價格所組合而成；專為期貨交易之目的而開發出來之股票市場指數有很多種，主要有史坦普 500 指數（S&P 500）、價值線綜合指數（Value Line Composite Index）、紐約股票交易所綜合指數（NYSE Composite Index）與主要市場指數（Major Market Index, MMI）。美國市場以外，其他國家中較著名的有日經 225 指數（Nikkei 225 Index）、英國金融時報 100 種指數（FTSE 100 Index）、法國巴黎證商公會 40 種股價指數（CAC 40 Index）與香港恆生指數（Hang Seng Index）等。

選擇權合約

選擇權是一種賦予買方具有是否執行權利，而賣方需相對盡義務的合約。選擇權合約的買方在支付賣方一筆權利金後，享有在選擇權合約期間內，以約定的履約價格，買賣某特定數量標的物的一項權利。選擇權可分為買權（Call Option）和賣權（Put Option）兩種，不管是買權或賣權的「買方」，因享有合約到期前，以特定價格買賣某標的物的權利，故須先付出權利金，以享有權利；反之，買權或賣權的「賣方」，因必須負起以特定價格買賣某標的物的義務，故先收取權利金，但須盡履約義務。

選擇權分為買權與賣權兩種形式。投資人可以買進或賣出此兩種選擇權，因此選擇權的基本交易形態共有「買進買權（Long a Call）」、「賣出買權（Short a Call）」、「買進賣權（Long a Put）」、「賣出賣權（Short a Put）」等四種。以下我們將分別介紹之，其四種形式的比較見表 16-2。

●●▶ 表 16-2　選擇權型式比較表

	買進買權 （Long Call）	賣出買權 （Short Call）	買進賣權 （Long Put）	賣出賣權 （Short Put）
權利金	支付	收取	支付	收取
最大獲利	無上限	權利金收入	履約價格 減權利金價格	權利金收入
最大損失	權利金支出	無下限	權利金支出	履約價格 減權利金價格
損益平衡點	履約價格 加權利金價格	履約價格 加權利金價格	履約價格 減權利金價格	履約價格 減權利金價格

（一）買進買權

　　買權的買方在支付權利金後，享有在選擇權合約期間內，以約定的履約價格，買入某特定數量標的物的一項權利。在此種型式下，當標的物上漲，價格超過損益平衡點（Break Even Point）時，漲幅愈大，則獲利愈多，所以最大獲利空間無限；若當標的物下跌時，其最大損失僅為權利金的支出部分，而其損益平衡點為履約價格加上權利金價格。投資人若預期標的物將來會大幅上漲，可進行此類型式的操作，圖 16-1 即其示意圖。

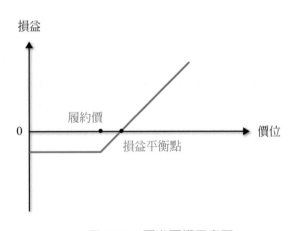

●●▶ 圖 16-1　買進買權示意圖

（二）賣出買權

買權的賣方，在收取買方所支付的權利金之後，即處於被動的地位，必須在合約期限內，以約定的履約價格賣出某特定數量標的物的一項義務。在此種型式下，當標的物不上漲或下跌時，其最大獲利僅為權利金的收入部分；當標的物上漲時，價格超過損益平衡點時，漲幅愈大，則虧損愈多，所以其最大損失空間無限，而其損益平衡點為履約價格加上權利金價格。投資人若預期標的物將來價格會小幅下跌或持平，可進行此類型式的操作，圖 16-2 即其示意圖。

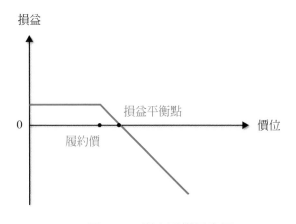

●●▶ 圖 16-2　賣出買權示意圖

（三）買進賣權

賣權的買方在支付權利金後，享有在選擇權合約期間內，以約定的履約價格，賣出某特定數量標的物的一項權利。在此種型式下，當標的物下跌，跌幅超過損益平衡點時，跌幅愈大，則獲利愈多，但其最大獲利為到期時履約價格減權利金價格之差距；當標的物沒有下跌或上漲時，最大損失僅為權利金的支出部分，而其損益平衡點為標的物履約價格減權利金價格。故投資人對標的物預期將來價格會大幅下跌時，可進行此類型式的操作。圖 16-3 即其示意圖。

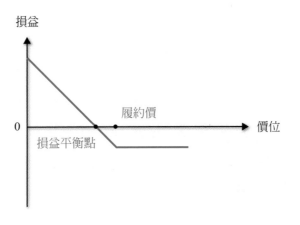

●●▶ 圖 16-3　買進賣權示意圖

（四）賣出賣權

　　賣權的賣方，在收取買方所支付的權利金之後，即處於被動的地位，必須在合約期限內，以特定的履約價格買入某特定數量標的物的一項義務。在此種型式下，若當標的物價格沒有下跌或上漲時，其最大獲利僅為權利金的收入部分，若標的物下跌時，下跌幅度超過損益平衡點時，跌幅愈大，則虧損愈多，但其最大損失為標的物履約價格減權利金價格之差距，而損益平衡點為履約價格減權利金價格。故投資人若預期標的物將來價格會小幅上漲或持平，可進行此類型式的操作。圖 16-4 即其示意圖。

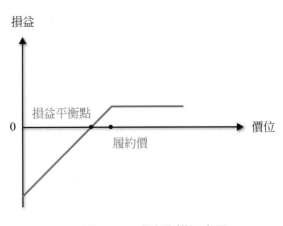

●●▶ 圖 16-4　賣出賣權示意圖

四 交換合約

　　金融交換是指交易雙方同意在未來的一段期間內，彼此交換一系列不同現金流量的一種合約。其交易方式可以由二個或二個以上的個體，在金融市場上進行不同的金融工

具交換交易。其用來交換的金融工具包括利率、貨幣、股權及商品等,其進行的交換場所可以是貨幣市場、資本市場或外匯市場;其可能在單一市場上,也可能在好幾個市場上同時進行交易。金融交換的合約約定期間大部分爲 2~5 年,甚至 10 年以上,所以金融交換合約可說是由一連串的單一期的遠期合約所組合而成。金融交換的目的在於使交易雙方經交換之後,得以規避匯率、利率、信用及價格等風險,增加資金取得途徑、降低資金成本、增強資金調度能力、調整財務結構以及使資產和負債能做更佳的配合等利益。

金融交換的種類依不同的金融工具將金融交換分爲下列幾種。

(一) 利率交換 (Interest Rate Swap)

利率交換交易是一種契約,簽約雙方同意在契約期間內(通常爲 2 年至 10 年),以共同的名目本金 (Notional Principal) 金額,各自依據不同的利率計算指標,定期(每季、半年或一年)交換彼此的利息支出。利率交換交易只交換彼此的利息 (Interest) 部分,並不涉及本金 (Principal) 的交換,雙方收支的利息均以名目本金爲計算基礎,且收支的幣別也相同,通常雙方收支相抵後,僅有淨支出的一方將收支相抵後的淨額給予另一方。利率交換主要功能是用來規避資產或負債的利率風險。

通常利率交換依兩組不同的利息流量可分爲下列兩種基本型式。

1. 息票交換 (Coupon Swap)

在利率交換中交換的兩組利息流量,一組是以固定利率爲基準,另一組則是以浮動利率爲基準,此種「固定對浮動」的利率交換交易稱爲息票交換交易。此類交換交易採用的固定利率通常是以固定收益債券的息票收入爲主,浮動利率的基準通常爲 LIBOR。息票交換是利率交換的最原始及常見的交換型式,其交換示意圖如圖 16-5。

●●▶ 圖 16-5　利率交換 - 息票交換示意圖

2. 基差交換 (Basis Swap)

在利率交換中所交換的兩組利息流量,皆採取浮動利率爲基準,這種「浮動對浮動」

利率的交換交易稱爲基差交換，而基差交換交易係由各種不同型式的浮動利率指標所構成，所以又稱爲「利率指標交換（Index Rate Swap）」，其交換示意圖如圖 16-6。

●●▶ 圖 16-6　利率交換 - 基差交換示意圖

（二）貨幣交換（Currency Swap）

貨幣交換交易是一種契約，契約雙方同意在期初時，以即期匯率交換兩種貨幣的本金金額（或不交換本金），並在契約約定的期間內交換兩組不同貨幣的利息流量，且在期末到期時，依合約當初約定的匯率，交換本金金額。因此，貨幣交換交易不僅交換利息外，通常也交換本金。根據衍生性金融商品的定義，因衍生性金融商品的交易只涉及商品的價格行爲，並無實際買賣該商品，故貨幣交換嚴格來說應不屬於衍生性金融商品，其主要功能是用來管理企業資產與負債部位的匯率及利率的風險。

通常貨幣交換在彼此交換不同的貨幣基礎下，其兩組不同的利息流量，又可將貨幣交換分爲下列兩種型式。

1. **普通貨幣交換（Generic Currency Swap）**

   兩種不同貨幣的交換下，其所交換的兩組利息流量，亦採取「固定對固定」利率交換交易。其交換示意圖如圖 16-7。

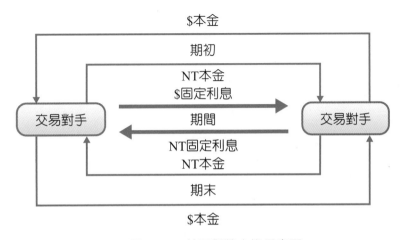

●●▶ 圖 16-7　普通貨幣交換示意圖

2. **貨幣利率交換**（**Cross Currency Swap**）

兩種不同貨幣的交換下，其所交換的兩組利息流量，若兩組利息流量採「固定對浮動」利率或「浮動對浮動」利率交換，則稱為貨幣利率交換，亦稱「換匯換利」。其交換示意圖如圖 16-8。

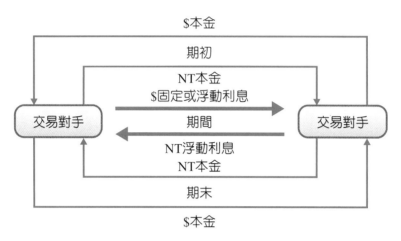

●●▶ 圖 16-8 貨幣利率交換示意圖

（三）商品交換（Commodity Swap）

　　商品交換原理類似利率交換，利率交換是「兩組利息流量」的交換，而商品交換是「兩組價格流量」的交換（例如，固定價格對浮動價格）。此種交換的交易雙方不涉及商品的實質交割，只對交換的支付價格相抵後，淨支出的一方支付淨額給予另一方，並交換名目本金，不交換實質本金。商品交換通常運用在當企業預期商品價格將走高時，可以承做一筆商品交換，將浮動價格支付方式轉為固定價格支付方式，以規避因商品價格走高而使購買成本增加；同理，當企業預期商品價格走低時，則可利用商品交換，將固定價格支付方式轉為浮動價格支付方式，享受商品價格走低的好處。其商品交換示意圖如圖 16-9。

●●▶ 圖 16-9 商品交換示意圖

水果也能炒作！陸媽瘋買蘋果期貨、交易額超車陸股

中國熱錢到處流竄，炒股炒債炒房之後，最新投機對象是蘋果期貨！這個蘋果不是生產 iPhone 的公司，而是可以吃的水果。2018 年 4 月初中國蘋果產區遭受寒害，點燃投機潮，蘋果期貨價格短期內暴衝近 40%、改寫空前新高，單日交易量甚至超越滬深證交所。

南華早報、21 世紀經濟報導稱，中國股債退燒，當局又狂打房市，投機資金尋找新去處，瘋狂湧入蘋果期貨。錢潮有多洶湧，看看數字就知道。2018 年 10 月蘋果期貨的交易額，近日飆至人民幣 3,630 億元（570 億美元）；作為對照，上海和深圳證交所當日的股票交易總額為人幣 4,020 億元（630 億美元），等於單一期貨合約的交易額快要追上陸股的總成交額。

更誇張的是，若把上海和深圳證交所分開來看，蘋果期貨早已超車。蘋果期貨交易額 15 日來到人幣 2,530 億元，超車上海證交所的人幣 1,630 億元、深圳證交所的人幣 2,510 億元。

2018 年 4 月初至今，蘋果期貨價格累計漲幅達 38.75%。如果倉位從四月持有至今，按照 5 倍槓桿計算，過去一個月的實際投資報酬高達 190%。大媽炒作風再起，鄭州交易所急忙降溫，宣布提高蘋果期貨的平倉費用，也表示要拉高融資準備金。

（圖文資料來源：節錄 Money DJ 2018/05/18）

前陣子，中國經濟起飛，讓熱錢到處流竄，炒股、炒債、炒房之後，最新投機對象是「蘋果期貨」。在大量熱錢的炒作下，蘋果期貨價格曾經短期內暴漲近 40%，且單日交易量甚至超越上海和深圳證交所當日的股票交易總額。

NOTE

附 錄

個案影片明細

期	1%	2%	3%	4%	5%	6%	7%	8%	9%	10%	11%	12%	13%	14%	15%
									每期利率						
1	1.0100	1.0200	1.0300	1.0400	1.0500	1.0600	1.0700	1.0800	1.0900	1.1000	1.1100	1.1200	1.1300	1.1400	1.1500
2	1.0201	1.0404	1.0609	1.0816	1.1025	1.1236	1.1449	1.1664	1.1881	1.2100	1.2321	1.2544	1.2769	1.2996	1.3225
3	1.0303	1.0612	1.0927	1.1249	1.1576	1.1910	1.2250	1.2597	1.2950	1.3310	1.3676	1.4049	1.4429	1.4815	1.5209
4	1.0406	1.0824	1.1255	1.1699	1.2155	1.2625	1.3108	1.3605	1.4116	1.4641	1.5181	1.5735	1.6305	1.6890	1.7490
5	1.0510	1.1041	1.1593	1.2167	1.2763	1.3382	1.4026	1.4693	1.5386	1.6105	1.6851	1.7623	1.8424	1.9254	2.0114
6	1.0615	1.1262	1.1941	1.2653	1.3401	1.4185	1.5007	1.5869	1.6771	1.7716	1.8704	1.9738	2.0820	2.1950	2.3131
7	1.0721	1.1487	1.2299	1.3159	1.4071	1.5036	1.6058	1.7138	1.8280	1.9487	2.0762	2.2107	2.3526	2.5023	2.6600
8	1.0829	1.1717	1.2668	1.3686	1.4775	1.5938	1.7182	1.8509	1.9926	2.1436	2.3045	2.4760	2.6584	2.8526	3.0590
9	1.0937	1.1951	1.3048	1.4233	1.5513	1.6895	1.8385	1.9990	2.1719	2.3579	2.5580	2.7731	3.0040	3.2519	3.5179
10	1.1046	1.2190	1.3439	1.4802	1.6289	1.7908	1.9672	2.1589	2.3674	2.5937	2.8394	3.1058	3.3946	3.7072	4.0456
11	1.1157	1.2434	1.3842	1.5395	1.7103	1.8983	2.1049	2.3316	2.5804	2.8531	3.1518	3.4785	3.8359	4.2262	4.6524
12	1.1268	1.2682	1.4258	1.6010	1.7959	2.0122	2.2522	2.5182	2.8127	3.1384	3.4985	3.8960	4.3345	4.8179	5.3503
13	1.1381	1.2936	1.4685	1.6651	1.8856	2.1329	2.4098	2.7196	3.0658	3.4523	3.8833	4.3635	4.8980	5.4924	6.1528
14	1.1495	1.3195	1.5126	1.7317	1.9799	2.2609	2.5785	2.9372	3.3417	3.7975	4.3104	4.8871	5.5348	6.2613	7.0757
15	1.1610	1.3459	1.5580	1.8009	2.0789	2.3966	2.7590	3.1722	3.6425	4.1772	4.7846	5.4736	6.2543	7.1379	8.1371
16	1.1726	1.3728	1.6047	1.8730	2.1829	2.5404	2.9522	3.4259	3.9703	4.5950	5.3109	6.1304	7.0673	8.1372	9.3576
17	1.1843	1.4002	1.6528	1.9479	2.2920	2.6928	3.1588	3.7000	4.3276	5.0545	5.8951	6.8660	7.9861	9.2765	10.7613
18	1.1961	1.4282	1.7024	2.0258	2.4066	2.8543	3.3799	3.9960	4.7171	5.5599	6.5436	7.6900	9.0243	10.5752	12.3755
19	1.2081	1.4568	1.7535	2.1068	2.5270	3.0256	3.6165	4.3157	5.1417	6.1159	7.2633	8.6128	10.1974	12.0557	14.2318
20	1.2202	1.4859	1.8061	2.1911	2.6533	3.2071	3.8697	4.6610	5.6044	6.7275	8.0623	9.6463	11.5231	13.7435	16.3665
21	1.2324	1.5157	1.8603	2.2788	2.7860	3.3996	4.1406	5.0338	6.1088	7.4002	8.9492	10.8038	13.0211	15.6676	18.8215
22	1.2447	1.5460	1.9161	2.3699	2.9253	3.6035	4.4304	5.4365	6.6586	8.1403	9.9336	12.1003	14.7138	17.8610	21.6447
23	1.2572	1.5769	1.9736	2.4647	3.0715	3.8197	4.7405	5.8715	7.2579	8.9543	11.0263	13.5523	16.6266	20.3616	24.8915
24	1.2697	1.6084	2.0328	2.5633	3.2251	4.0489	5.0724	6.3412	7.9111	9.8497	12.2392	15.1786	18.7881	23.2122	28.6252
25	1.2824	1.6406	2.0938	2.6658	3.3864	4.2919	5.4274	6.8485	8.6231	10.8347	13.5855	17.0001	21.2305	26.4619	32.9190
30	1.3478	1.8114	2.4273	3.2434	4.3219	5.7435	7.6123	10.0627	13.2677	17.4494	22.8923	29.9599	39.1159	50.9502	66.2118
40	1.4889	2.2080	3.2620	4.8010	7.0400	10.2857	14.9745	21.7245	31.4094	45.2593	65.0009	93.0510	132.7816	188.8835	267.8635
50	1.6446	2.6916	4.3839	7.1067	11.4674	18.4202	29.4570	46.9016	74.3575	117.3909	184.5648	289.0022	450.7359	700.2330	1,083,657
60	1.8167	3.2810	5.8916	10.5196	18.6792	32.9877	57.9464	101.2571	176.0313	304.4816	524.0572	897.5969	1,530.0535	2,595.9187	4,383.9987

●●▶ 表 A-1　終值利率因子表：$FVIF_{(r,n)} = (1+r)^n$（續）

每期利率

期	16%	17%	18%	19%	20%	21%	22%	23%	24%	25%	26%	27%	28%	29%	30%
1	1.1600	1.1700	1.1800	1.1900	1.2000	1.2100	1.2200	1.2300	1.2400	1.2500	1.2600	1.2700	1.2800	1.2900	1.3000
2	1.3456	1.3689	1.3924	1.4161	1.4400	1.4641	1.4884	1.5129	1.5376	1.5625	1.5876	1.6129	1.6384	1.6641	1.6900
3	1.5609	1.6016	1.6430	1.6852	1.7280	1.7716	1.8158	1.8609	1.9066	1.9531	2.0004	2.0484	2.0972	2.1467	2.1970
4	1.8106	1.8739	1.9388	2.0053	2.0736	2.1436	2.2153	2.2889	2.3642	2.4414	2.5205	2.6014	2.6844	2.7692	2.8561
5	2.1003	2.1924	2.2878	2.3864	2.4883	2.5937	2.7027	2.8153	2.9316	3.0518	3.1758	3.3038	3.4360	3.5723	3.7129
6	2.4364	2.5652	2.6996	2.8398	2.9860	3.1384	3.2973	3.4628	3.6352	3.8147	4.0015	4.1959	4.3980	4.6083	4.8268
7	2.8262	3.0012	3.1855	3.3793	3.5832	3.7975	4.0227	4.2593	4.5077	4.7684	5.0419	5.3288	5.6295	5.9447	6.2749
8	3.2784	3.5115	3.7589	4.0214	4.2998	4.5950	4.9077	5.2389	5.5895	5.9605	6.3528	6.7675	7.2058	7.6686	8.1573
9	3.8030	4.1084	4.4355	4.7854	5.1598	5.5599	5.9874	6.4439	6.9310	7.4506	8.0045	8.5948	9.2234	9.8925	10.6045
10	4.4114	4.8068	5.2338	5.6947	6.1917	6.7275	7.3046	7.9259	8.5944	9.3132	10.0857	10.9153	11.8059	12.7614	13.7858
11	5.1173	5.6240	6.1759	6.7767	7.4301	8.1403	8.9117	9.7489	10.6571	11.6415	12.7080	13.8625	15.1116	16.4622	17.9216
12	5.9360	6.5801	7.2876	8.0642	8.9161	9.8497	10.8722	11.9912	13.2148	14.5519	16.0120	17.6053	19.3428	21.2362	23.2981
13	6.8858	7.6987	8.5994	9.5964	10.6993	11.9182	13.3641	14.7491	16.3863	18.1899	20.1752	22.3588	24.7588	27.3947	30.2875
14	7.9875	9.0075	10.1472	11.4198	12.8392	14.4210	16.1822	18.1414	20.3191	22.7374	25.4207	28.3957	31.6913	35.3391	39.3738
15	9.2655	10.5387	11.9737	13.5895	15.4070	17.4494	19.7423	22.3140	25.1956	28.4217	32.0301	36.0625	40.5648	45.5875	51.1869
16	10.7480	12.3303	14.1290	16.1715	18.4884	21.1138	24.0856	27.4462	31.2426	35.5271	40.3579	45.7994	51.9230	58.8079	66.5417
17	12.4677	14.4265	16.6722	19.2441	22.1861	25.5477	29.3844	33.7588	38.7408	44.4089	50.8510	58.1652	66.4614	75.8621	86.5042
18	14.4625	16.8790	19.6733	22.9005	26.6233	30.9127	35.8490	41.5233	48.0386	55.5112	64.0722	73.8698	85.0706	97.8622	112.4554
19	16.7765	19.7484	23.2144	27.2516	31.9480	37.4043	43.7358	51.0737	59.5679	69.3889	80.7310	93.8147	108.8904	126.2442	146.1920
20	19.4608	23.1056	27.3930	32.4294	38.3376	45.2593	53.3576	62.8206	73.8641	86.7362	101.7211	119.1446	139.3797	162.8524	190.0496
21	22.5745	27.0336	32.3238	38.5910	46.0051	54.7637	65.0963	77.2694	91.5915	108.4202	128.1685	151.3137	178.4060	210.0796	247.0645
22	26.1864	31.6293	38.1421	45.9233	55.2061	66.2641	79.4175	95.0413	113.5735	135.5253	161.4924	192.1683	228.3596	271.0027	321.1839
23	30.3762	37.0062	45.0076	54.6487	66.2474	80.1795	96.8894	116.9008	140.8312	169.4066	203.4804	244.0538	292.3003	349.5935	417.5391
24	35.2364	43.2973	53.1090	65.0320	79.4968	97.0172	118.2050	143.7880	174.6306	211.7582	256.3853	309.9483	374.1444	450.9756	542.8008
25	40.8742	50.6578	62.6686	77.3881	95.3962	117.3909	144.2101	176.8593	216.5420	264.6978	323.0454	393.6344	478.9049	581.7585	705.6410
30	85.8499	111.0647	143.3706	184.6753	237.3763	304.4816	389.7579	497.9129	634.8199	807.7936	1,025.927	1,300.504	1,645.505	2,078.219	2,619.996
40	378.7212	533.8687	750.3783	1,051.668	1,469.772	2,048.400	2,847.038	3,946.430	5,455.913	7,523.164	10,347.18	14,195.44	19,426.69	26,520.91	36,118.86
50	1,670.704	2,566.215	3,927.357	5,988.914	9,100.438	13,780.61	20,796.56	31,279.20	46,890.43	70,064.92	104,358.4	154,948.0	229,349.9	338,443.0	497,929.2
60	7,370.2014	12,335.3565	20,555.1400	34,104.9709	56,347.5144	92,709.0688	151,911.2161	247,917.2160	402,996.3473	652,530.4468	1,052,525.6953	1,691,310.1584	2,707,685.2482	4,318,994.1714	6,864,377.1727

每期利率

$(1+r)^n$

期	1%	2%	3%	4%	5%	6%	7%	8%	9%	10%	11%	12%	13%	14%	15%
1	0.9901	0.9804	0.9709	0.9615	0.9524	0.9434	0.9346	0.9259	0.9174	0.9091	0.9009	0.8929	0.8850	0.8772	0.8696
2	0.9803	0.9612	0.9426	0.9246	0.9070	0.8900	0.8734	0.8573	0.8417	0.8264	0.8116	0.7972	0.7831	0.7695	0.7561
3	0.9706	0.9423	0.9151	0.8890	0.8638	0.8396	0.8163	0.7938	0.7722	0.7513	0.7312	0.7118	0.6931	0.6750	0.6575
4	0.9610	0.9238	0.8885	0.8548	0.8227	0.7921	0.7629	0.7350	0.7084	0.6830	0.6587	0.6355	0.6133	0.5921	0.5718
5	0.9515	0.9057	0.8626	0.8219	0.7835	0.7473	0.7130	0.6806	0.6499	0.6209	0.5935	0.5674	0.5428	0.5194	0.4972
6	0.9420	0.8880	0.8375	0.7903	0.7462	0.7050	0.6663	0.6302	0.5963	0.5645	0.5346	0.5066	0.4803	0.4556	0.4323
7	0.9327	0.8706	0.8131	0.7599	0.7107	0.6651	0.6227	0.5835	0.5470	0.5132	0.4817	0.4523	0.4251	0.3996	0.3759
8	0.9235	0.8535	0.7894	0.7307	0.6768	0.6274	0.5820	0.5403	0.5019	0.4665	0.4339	0.4039	0.3762	0.3506	0.3269
9	0.9143	0.8368	0.7664	0.7026	0.6446	0.5919	0.5439	0.5002	0.4604	0.4241	0.3909	0.3606	0.3329	0.3075	0.2843
10	0.9053	0.8203	0.7441	0.6756	0.6139	0.5584	0.5083	0.4632	0.4224	0.3855	0.3522	0.3220	0.2946	0.2697	0.2472
11	0.8963	0.8043	0.7224	0.6496	0.5847	0.5268	0.4751	0.4289	0.3875	0.3505	0.3173	0.2875	0.2607	0.2366	0.2149
12	0.8874	0.7885	0.7014	0.6246	0.5568	0.4970	0.4440	0.3971	0.3555	0.3186	0.2858	0.2567	0.2307	0.2076	0.1869
13	0.8787	0.7730	0.6810	0.6006	0.5303	0.4688	0.4150	0.3677	0.3262	0.2897	0.2575	0.2292	0.2042	0.1821	0.1625
14	0.8700	0.7579	0.6611	0.5775	0.5051	0.4423	0.3878	0.3405	0.2992	0.2633	0.2320	0.2046	0.1807	0.1597	0.1413
15	0.8613	0.7430	0.6419	0.5553	0.4810	0.4173	0.3624	0.3152	0.2745	0.2394	0.2090	0.1827	0.1599	0.1401	0.1229
16	0.8528	0.7284	0.6232	0.5339	0.4581	0.3936	0.3387	0.2919	0.2519	0.2176	0.1883	0.1631	0.1415	0.1229	0.1069
17	0.8444	0.7142	0.6050	0.5134	0.4363	0.3714	0.3166	0.2703	0.2311	0.1978	0.1696	0.1456	0.1252	0.1078	0.0929
18	0.8360	0.7002	0.5874	0.4936	0.4155	0.3503	0.2959	0.2502	0.2120	0.1799	0.1528	0.1300	0.1108	0.0946	0.0808
19	0.8277	0.6864	0.5703	0.4746	0.3957	0.3305	0.2765	0.2317	0.1945	0.1635	0.1377	0.1161	0.0981	0.0829	0.0703
20	0.8195	0.6730	0.5537	0.4564	0.3769	0.3118	0.2584	0.2145	0.1784	0.1486	0.1240	0.1037	0.0868	0.0728	0.0611
21	0.8114	0.6598	0.5375	0.4388	0.3589	0.2942	0.2415	0.1987	0.1637	0.1351	0.1117	0.0926	0.0768	0.0638	0.0531
22	0.8034	0.6468	0.5219	0.4220	0.3418	0.2775	0.2257	0.1839	0.1502	0.1228	0.1007	0.0826	0.0680	0.0560	0.0462
23	0.7954	0.6342	0.5067	0.4057	0.3256	0.2618	0.2109	0.1703	0.1378	0.1117	0.0907	0.0738	0.0601	0.0491	0.0402
24	0.7876	0.6217	0.4919	0.3901	0.3101	0.2470	0.1971	0.1577	0.1264	0.1015	0.0817	0.0659	0.0532	0.0431	0.0349
25	0.7798	0.6095	0.4776	0.3751	0.2953	0.2330	0.1842	0.1460	0.1160	0.0923	0.0736	0.0588	0.0471	0.0378	0.0304
30	0.7419	0.5521	0.4120	0.3083	0.2314	0.1741	0.1314	0.0994	0.0754	0.0573	0.0437	0.0334	0.0256	0.0196	0.0151
40	0.6717	0.4529	0.3066	0.2083	0.1420	0.0972	0.0668	0.0460	0.0318	0.0221	0.0154	0.0107	0.0075	0.0053	0.0037
50	0.6080	0.3715	0.2281	0.1407	0.0872	0.0543	0.0339	0.0213	0.0134	0.0085	0.0054	0.0035	0.0022	0.0014	0.0009
60	0.5504	0.3048	0.1697	0.0951	0.0535	0.0303	0.0173	0.0099	0.0057	0.0033	0.0019	0.0011	0.0007	0.0004	0.0002

表 A-2　現值利率因子表：$PVIF_{(r,n)} = \dfrac{1}{(1+r)^n}$　（續）

每期利率

期	16%	17%	18%	19%	20%	21%	22%	23%	24%	25%	26%	27%	28%	29%	30%
1	0.8621	0.8547	0.8475	0.8403	0.8333	0.8264	0.8197	0.8130	0.8065	0.8000	0.7937	0.7874	0.7813	0.7752	0.7692
2	0.7432	0.7305	0.7182	0.7062	0.6944	0.6830	0.6719	0.6610	0.6504	0.6400	0.6299	0.6200	0.6104	0.6009	0.5917
3	0.6407	0.6244	0.6086	0.5934	0.5787	0.5645	0.5507	0.5374	0.5245	0.5120	0.4999	0.4882	0.4768	0.4658	0.4552
4	0.5523	0.5337	0.5158	0.4987	0.4823	0.4665	0.4514	0.4369	0.4230	0.4096	0.3968	0.3844	0.3725	0.3611	0.3501
5	0.4761	0.4561	0.4371	0.4190	0.4019	0.3855	0.3700	0.3552	0.3411	0.3277	0.3149	0.3027	0.2910	0.2799	0.2693
6	0.4104	0.3898	0.3704	0.3521	0.3349	0.3186	0.3033	0.2888	0.2751	0.2621	0.2499	0.2383	0.2274	0.2170	0.2072
7	0.3538	0.3332	0.3139	0.2959	0.2791	0.2633	0.2486	0.2348	0.2218	0.2097	0.1983	0.1877	0.1776	0.1682	0.1594
8	0.3050	0.2848	0.2660	0.2487	0.2326	0.2176	0.2038	0.1909	0.1789	0.1678	0.1574	0.1478	0.1388	0.1304	0.1226
9	0.2630	0.2434	0.2255	0.2090	0.1938	0.1799	0.1670	0.1552	0.1443	0.1342	0.1249	0.1164	0.1084	0.1011	0.0943
10	0.2267	0.2080	0.1911	0.1756	0.1615	0.1486	0.1369	0.1262	0.1164	0.1074	0.0992	0.0916	0.0847	0.0784	0.0725
11	0.1954	0.1778	0.1619	0.1476	0.1346	0.1228	0.1122	0.1026	0.0938	0.0859	0.0787	0.0721	0.0662	0.0607	0.0558
12	0.1685	0.1520	0.1372	0.1240	0.1122	0.1015	0.0920	0.0834	0.0757	0.0687	0.0625	0.0568	0.0517	0.0471	0.0429
13	0.1452	0.1299	0.1163	0.1042	0.0935	0.0839	0.0754	0.0678	0.0610	0.0550	0.0496	0.0447	0.0404	0.0385	0.0330
14	0.1252	0.1110	0.0985	0.0876	0.0779	0.0693	0.0618	0.0551	0.0492	0.0440	0.0393	0.0352	0.0316	0.0283	0.0254
15	0.1079	0.0949	0.0835	0.0736	0.0649	0.0573	0.0507	0.0448	0.0397	0.0352	0.0312	0.0277	0.0247	0.0219	0.0195
16	0.0930	0.0811	0.0708	0.0618	0.0541	0.0474	0.0415	0.0364	0.0320	0.0281	0.0248	0.0218	0.0193	0.0170	0.0150
17	0.0802	0.0693	0.0600	0.0520	0.0451	0.0391	0.0340	0.0296	0.0258	0.0225	0.0197	0.0172	0.0150	0.0132	0.0116
18	0.0691	0.0592	0.0508	0.0437	0.0376	0.0323	0.0279	0.0241	0.0208	0.0180	0.0156	0.0135	0.0118	0.0102	0.0089
19	0.0596	0.0506	0.0431	0.0367	0.0313	0.0267	0.0229	0.0196	0.0168	0.0144	0.0124	0.0107	0.0092	0.0079	0.0068
20	0.0514	0.0433	0.0365	0.0308	0.0261	0.0221	0.0187	0.0159	0.0135	0.0115	0.0098	0.0084	0.0072	0.0061	0.0053
21	0.0443	0.0370	0.0309	0.0259	0.0217	0.0183	0.0154	0.0129	0.0109	0.0092	0.0078	0.0066	0.0056	0.0048	0.0040
22	0.0382	0.0316	0.0262	0.0218	0.0181	0.0151	0.0126	0.0105	0.0088	0.0074	0.0062	0.0052	0.0044	0.0037	0.0031
23	0.0329	0.0270	0.0222	0.0183	0.0151	0.0125	0.0103	0.0086	0.0071	0.0059	0.0049	0.0041	0.0034	0.0029	0.0024
24	0.0284	0.0231	0.0188	0.0154	0.0126	0.0103	0.0085	0.0070	0.0057	0.0047	0.0039	0.0032	0.0027	0.0022	0.0018
25	0.0245	0.0197	0.0160	0.0129	0.0105	0.0086	0.0069	0.0057	0.0046	0.0038	0.0031	0.0025	0.0021	0.0017	0.0014
30	0.0116	0.0090	0.0070	0.0054	0.0042	0.0033	0.0026	0.0020	0.0016	0.0012	0.0010	0.0008	0.0006	0.0005	0.0004
40	0.0026	0.0019	0.0013	0.0010	0.0007	0.0005	0.0004	0.0003	0.0002	0.0001	0.0001	0.0001	0.0001	0.0000	0.0000
50	0.0005	0.0004	0.0003	0.0002	0.0001	0.0001	0.0000	0.0000	0.0000	0.0000	0.0000	0.0000	0.0000	0.0000	0.0000

r

每期利率

期	1%	2%	3%	4%	5%	6%	7%	8%	9%	10%	11%	12%	13%	14%	15%
1	1.0000	1.0000	1.0000	1.0000	1.0000	1.0000	1.0000	1.0000	1.0000	1.0000	1.0000	1.0000	1.0000	1.0000	1.0000
2	2.0100	2.0200	2.0300	2.0400	2.0500	2.0600	2.0700	2.0800	2.0900	2.1000	2.1100	2.1200	2.1300	2.1400	2.1500
3	3.0301	3.0604	3.0909	3.1216	3.1525	3.1836	3.2149	3.2464	3.2781	3.3100	3.3421	3.3744	3.4069	3.4396	3.4725
4	4.0604	4.1216	4.1836	4.2465	4.3101	4.3746	4.4399	4.5061	4.5731	4.6410	4.7097	4.7793	4.8498	4.9211	4.9934
5	5.1010	5.2040	5.3091	5.4163	5.5256	5.6371	5.7507	5.8666	5.9847	6.1051	6.2278	6.3528	6.4803	6.6101	6.7424
6	6.1520	6.3081	6.4684	6.6330	6.8019	6.9753	7.1533	7.3359	7.5233	7.7156	7.9129	8.1152	8.3227	8.5355	8.7537
7	7.2135	7.4343	7.6625	7.8983	8.1420	8.3938	8.6540	8.9228	9.2004	9.4872	9.7833	10.0890	10.4047	10.7305	11.0668
8	8.2857	8.5830	8.8923	9.2142	9.5491	9.8975	10.2598	10.6366	11.0285	11.4359	11.8594	12.2997	12.7573	13.2328	13.7268
9	9.3685	9.7546	10.1591	10.5828	11.0266	11.4913	11.9780	12.4876	13.0210	13.5795	14.1640	14.7757	15.4157	16.0853	16.7858
10	10.4622	10.9497	11.4639	12.0061	12.5779	13.1808	13.8164	14.4866	15.1929	15.9374	16.7220	17.5487	18.4197	19.3373	20.3037
11	11.5668	12.1687	12.8078	13.4864	14.2068	14.9716	15.7836	16.6455	17.5603	18.5312	19.5614	20.6546	21.8143	23.0445	24.3493
12	12.6825	13.4121	14.1920	15.0258	15.9171	16.8699	17.8885	18.9771	20.1407	21.3843	22.7132	24.1331	25.6502	27.2707	29.0017
13	13.8093	14.6803	15.6178	16.6268	17.7130	18.8821	20.1406	21.4953	22.9534	24.5227	26.2116	28.0291	29.9847	32.0887	34.3519
14	14.9474	15.9739	17.0863	18.2919	19.5986	21.0151	22.5505	24.2149	26.0192	27.9750	30.0949	32.3926	34.8827	37.5811	40.5047
15	16.0969	17.2934	18.5989	20.0236	21.5786	23.2760	25.1290	27.1521	29.3609	31.7725	34.4054	37.2797	40.4175	43.8424	47.5804
16	17.2579	18.6393	20.1569	21.8245	23.6575	25.6725	27.8881	30.3243	33.0034	35.9497	39.1899	42.7533	46.6717	50.9804	55.7175
17	18.4304	20.0121	21.7616	23.6975	25.8404	28.2129	30.8402	33.7502	36.9737	40.5447	44.5008	48.8837	53.7391	59.1176	65.0751
18	19.6147	21.4123	23.4144	25.6454	28.1324	30.9057	33.9990	37.4502	41.3013	45.5992	50.3959	55.7497	61.7251	68.3941	75.8364
19	20.8109	22.8406	25.1169	27.6712	30.5390	33.7600	37.3790	41.4463	46.0185	51.1591	56.9395	63.4397	70.7494	78.9692	88.2118
20	22.0190	24.2974	26.8704	29.7781	33.0660	36.7856	40.9955	45.7620	51.1601	57.2750	64.2028	72.0524	80.9468	91.0249	102.4436
21	23.2392	25.7833	28.6765	31.9692	35.7193	39.9927	44.8652	50.4229	56.7645	64.0025	72.2651	81.6987	92.4699	104.7684	118.8101
22	24.4716	27.2990	30.5368	34.2480	38.5052	43.3923	49.0057	55.4568	62.8733	71.4027	81.2143	92.5026	105.4910	120.4360	137.6316
23	25.7163	28.8450	32.4529	36.6179	41.4305	46.9958	53.4361	60.8933	69.5319	79.5430	91.1479	104.6029	120.2048	138.2970	159.2764
24	26.9735	30.4219	34.4265	39.0826	44.5020	50.8156	58.1767	66.7648	76.7898	88.4973	102.1742	118.1552	136.8315	158.6586	184.1678
25	28.2432	32.0303	36.4593	41.6459	47.7271	54.8645	63.2490	73.1059	84.7009	98.3471	114.4133	133.3339	155.6196	181.8708	212.7930
30	34.7849	40.5681	47.5754	56.0849	66.4388	79.0582	94.4608	113.2832	136.3075	164.4940	199.0209	241.3327	293.1992	356.7868	434.7451
40	48.8864	60.4020	75.4013	95.0255	120.7998	154.7620	199.6351	259.0565	337.8824	442.5926	581.8261	767.0914	1,013.704	1,342.025	1,779.0903
50	64.4632	84.5794	112.7969	152.6671	209.3480	290.3359	406.5289	573.7702	815.0836	1,163.909	1,668.771	2,400.018	3,459.507	4,994.521	7,217.7163
60	81.6697	114.0515	163.0534	237.9907	353.5837	533.1282	813.5204	1,253.2133	1,944.7921	3,034.8164	4,755.0658	7,471.6411	11,761.9498	18,535.1333	29,219.9916

··▶ 表 A-3 年金終值利率因子表：$FVIFA_{(r,n)} = \dfrac{(1+r)^n - 1}{r}$ （續）

期	16%	17%	18%	19%	20%	21%	22%	23%	24%	25%	26%	27%	28%	29%	30%
													每期利率		
1	1.0000	1.0000	1.0000	1.0000	1.0000	1.0000	1.0000	1.0000	1.0000	1.0000	1.0000	1.0000	1.0000	1.0000	1.0000
2	2.1600	2.1700	2.1800	2.1900	2.2000	2.2100	2.2200	2.2300	2.2400	2.2500	2.2600	2.2700	2.2800	2.2900	2.3000
3	3.5056	3.5389	3.5724	3.6051	3.6400	3.6741	3.7084	3.7429	3.7776	3.8125	3.8476	3.8829	3.9184	3.9541	3.9900
4	5.0665	5.1405	5.2154	5.2913	5.3680	5.4457	5.5242	5.6038	5.6842	5.7656	5.8480	5.9313	6.0156	6.1008	6.1870
5	6.8771	7.0144	7.1542	7.2966	7.4416	7.5892	7.7396	7.8926	8.0484	8.2070	8.3684	8.5327	8.6999	8.8700	9.0431
6	8.9775	9.2068	9.4420	9.6830	9.9299	10.1830	10.4423	10.7079	10.9801	11.2588	11.5442	11.8366	12.1359	12.4423	12.7560
7	11.4139	11.7720	12.1415	12.5227	12.9159	13.3214	13.7396	14.1708	14.6153	15.0735	15.5458	16.0324	16.5339	17.0506	17.5828
8	14.2401	14.7733	15.3270	15.9020	16.4991	17.1189	17.7623	18.4300	19.1229	19.8419	20.5876	21.3612	22.1634	22.9953	23.8577
9	17.5185	18.2847	19.0859	19.9234	20.7989	21.7139	22.6700	23.6690	24.7125	25.8023	26.9404	28.1287	29.3692	30.6639	32.0150
10	21.3215	22.3931	23.5213	24.7089	25.9587	27.2738	28.6574	30.1128	31.6434	33.2529	34.9449	36.7235	38.5926	40.5564	42.6195
11	25.7329	27.1999	28.7551	30.4035	32.1504	34.0013	35.9620	38.0388	40.2379	42.5661	45.0306	47.6388	50.3985	53.3178	56.4053
12	30.8502	32.8239	34.9311	37.1802	39.5805	42.1416	44.8737	47.7877	50.8950	54.2077	57.7386	61.5013	65.5100	69.7800	74.3270
13	36.7862	39.4040	42.2187	45.2445	48.4966	51.9913	55.7459	59.7788	64.1097	68.7596	73.7506	79.1066	84.8529	91.0161	97.6250
14	43.6720	47.1027	50.8180	54.8409	59.1959	63.9095	69.0100	74.5280	80.4961	86.9495	93.9258	101.4654	109.6117	118.4108	127.9125
15	51.6595	56.1101	60.9653	66.2607	72.0351	78.3305	85.1922	92.6694	100.8151	109.6868	119.3465	129.8611	141.3029	153.7500	167.2863
16	60.9250	66.6488	72.9390	79.8502	87.4421	95.7799	104.9345	114.9834	126.0108	138.1085	151.3766	165.9236	181.8677	199.3374	218.4722
17	71.6730	78.9792	87.0680	96.0218	105.9306	116.8937	129.0201	142.4295	157.2534	173.6357	191.7345	211.7230	233.7907	258.1453	285.0139
18	84.1407	93.4056	103.7403	115.2659	128.1167	142.4413	158.4045	176.1883	195.9942	218.0446	242.5855	269.8882	300.2521	334.0074	371.5180
19	98.6032	110.2846	123.4135	138.1664	154.7400	173.3540	194.2535	217.7116	244.0328	273.5558	306.6577	343.7580	385.3227	431.8696	483.9734
20	115.3797	130.0329	146.6280	165.4180	186.6880	210.7584	237.9893	268.7853	303.6006	342.9447	387.3887	437.5726	494.2131	558.1118	630.1655
21	134.8405	153.1385	174.0210	197.8474	225.0256	256.0176	291.3469	331.6059	377.4648	429.6809	489.1098	556.7173	633.5927	720.9642	820.2151
22	157.4150	180.1721	206.3448	236.4385	271.0307	310.7813	356.4432	408.8753	469.0563	538.1011	617.2783	708.0309	811.9987	931.0438	1,067.2796
23	183.6014	211.8013	244.4868	282.3618	326.2369	377.0454	435.8607	503.9166	582.6298	673.6264	778.7707	900.1993	1,040.3583	1,202.0465	1,388.4635
24	213.9776	248.8076	289.4945	337.0105	392.4842	457.2249	532.7501	620.8174	723.4610	843.0329	982.2511	1,144.2531	1,332.6586	1,551.6400	1,806.0026
25	249.2140	292.1049	342.6035	420.0425	471.9811	554.2422	650.9551	764.6054	898.0916	1,054.791	1,238.636	1,454.201	1,706.803	2,002.616	2,348.803
30	530.312	647.439	790.948	966.712	1,181.882	1,445.151	1,767.081	2,160.491	2,640.916	3,227.174	3,942.026	4,812.977	5,873.231	7,162.824	8,729.985
40	2,360.76	3,134.52	4,163.21	5,529.83	7,343.86	9,749.52	12,936.54	17,154.05	22,728.80	30,088.66	39,792.98	52,572.00	69,377.46	91,447.96	120,392.9
50	10,435.65	15,089.50	21,813.09	31,515.34	45,497.19	65,617.20	94,525.28	135,992.2	195,372.6442	280,255.7	401,374.5	573,877.9	819,103.1	1,167,041	1,659,761

•◆▶ 表 A-4 年金現值利率因子表：$PVIFA_{(r,n)} = \dfrac{1}{r} - \dfrac{1}{r(1+r)^n}$

每期利率

期	1%	2%	3%	4%	5%	6%	7%	8%	9%	10%	11%	12%	13%	14%	15%
1	0.9901	0.9804	0.9709	0.9615	0.9524	0.9434	0.9346	0.9259	0.9174	0.9091	0.9009	0.8929	0.8850	0.8772	0.8696
2	1.9704	1.9416	1.9135	1.8861	1.8594	1.8334	1.8080	1.7833	1.7591	1.7355	1.7125	1.6901	1.6681	1.6467	1.6257
3	2.9410	2.8839	2.8286	2.7751	2.7232	2.6730	2.6243	2.5771	2.5313	2.4869	2.4437	2.4018	2.3612	2.3216	2.2832
4	3.9020	3.8077	3.7171	3.6299	3.5460	3.4651	3.3872	3.3121	3.2397	3.1699	3.1024	3.0373	2.9745	2.9137	2.8550
5	4.8534	4.7135	4.5797	4.4518	4.3295	4.2124	4.1002	3.9927	3.8897	3.7908	3.6959	3.6048	3.5172	3.4331	3.3522
6	5.7955	5.6014	5.4172	5.2421	5.0757	4.9173	4.7665	4.6229	4.4859	4.3553	4.2305	4.1114	3.9975	3.8887	3.7845
7	6.7282	6.4720	6.2303	6.0021	5.7864	5.5824	5.3893	5.2064	5.0330	4.8684	4.7122	4.5638	4.4226	4.2883	4.1604
8	7.6517	7.3255	7.0197	6.7327	6.4632	6.2098	5.9713	5.7466	5.5348	5.3349	5.1461	4.9676	4.7988	4.6389	4.4873
9	8.5660	8.1622	7.7861	7.4353	7.1078	6.8017	6.5152	6.2469	5.9952	5.7590	5.5370	5.3282	5.1317	4.9464	4.7716
10	9.4713	8.9826	8.5302	8.1109	7.7217	7.3601	7.0236	6.7101	6.4177	6.1446	5.8892	5.6502	5.4262	5.2161	5.0188
11	10.3676	9.7868	9.2526	8.7605	8.3064	7.8869	7.4987	7.1390	6.8052	6.4951	6.2065	5.9377	5.6869	5.4527	5.2337
12	11.2551	10.5753	9.9540	9.3851	8.8633	8.3838	7.9427	7.5361	7.1607	6.8137	6.4924	6.1944	5.9176	5.6603	5.4206
13	12.1337	11.3484	10.6350	9.9856	9.3936	8.8527	8.3577	7.9038	7.4869	7.1034	6.7499	6.4235	6.1218	5.8424	5.5831
14	13.0037	12.1062	11.2961	10.5631	9.8986	9.2950	8.7455	8.2442	7.7862	7.3667	6.9819	6.6282	6.3025	6.0021	5.7245
15	13.8651	12.8493	11.9379	11.1184	10.3797	9.7122	9.1079	8.5595	8.0607	7.6061	7.1909	6.8109	6.4624	6.1422	5.8474
16	14.7179	13.5777	12.5611	11.6523	10.8378	10.1059	9.4466	8.8514	8.3126	7.8237	7.3792	6.9740	6.6039	6.2651	5.9542
17	15.5623	14.2919	13.1661	12.1657	11.2741	10.4773	9.7632	9.1216	8.5436	8.0216	7.5488	7.1196	6.7291	6.3729	6.0472
18	16.3983	14.9920	13.7535	12.6593	11.6896	10.8276	10.0591	9.3719	8.7556	8.2014	7.7016	7.2497	6.8399	6.4674	6.1280
19	17.2260	15.6785	14.3238	13.1339	12.0853	11.1581	10.3356	9.6036	8.9501	8.3649	7.8393	7.3658	6.9380	6.5504	6.1982
20	18.0456	16.3514	14.8775	13.5903	12.4622	11.4699	10.5940	9.8181	9.1285	8.5136	7.9633	7.4694	7.0248	6.6231	6.2593
21	18.8570	17.0112	15.4150	14.0292	12.8212	11.7641	10.8355	10.0168	9.2922	8.6487	8.0751	7.5620	7.1016	6.6870	6.3125
22	19.6604	17.6580	15.9369	14.4511	13.1630	12.0416	11.0612	10.2007	9.4424	8.7715	8.1757	7.6446	7.1695	6.7429	6.3587
23	20.4558	18.2922	16.4436	14.8568	13.4886	12.3034	11.2722	10.3711	9.5802	8.8832	8.2664	7.7184	7.2297	6.7921	6.3988
24	21.2434	18.9139	16.9355	15.2470	13.7986	12.5504	11.4693	10.5288	9.7066	8.9847	8.3481	7.7843	7.2829	6.8351	6.4338
25	22.0232	19.5235	17.4131	15.6221	14.0939	12.7834	11.6536	10.6748	9.8226	9.0770	8.4217	7.8431	7.3300	6.8729	6.4641
30	25.8077	22.3965	19.6004	17.2920	15.3725	13.7648	12.4090	11.2578	10.2737	9.4269	8.6938	8.0552	7.4957	7.0027	6.5660
40	32.8347	27.3555	23.1148	19.7928	17.1591	15.0463	13.3317	11.9246	10.7574	9.7791	8.9511	8.2438	7.6344	7.1050	6.6418
50	39.1961	31.4236	25.7298	21.4822	18.2559	15.7619	13.8007	12.2335	10.9617	9.9148	9.0417	8.3045	7.6752	7.1327	6.6605
60	44.9550	34.7609	27.6756	22.6235	18.9293	16.1614	14.0392	12.3766	11.0480	9.9672	9.0736	8.3240	7.6873	7.1401	6.6651

•• 表 A-4 年金現值利率因子表：$PVIFA_{(r,n)} = \dfrac{1}{r} - \dfrac{1}{r(1+r)^n}$ （續）

每期利率

期	16%	17%	18%	19%	20%	21%	22%	23%	24%	25%	26%	27%	28%	29%	30%
1	0.8621	0.8547	0.8475	0.8403	0.8333	0.8264	0.8197	0.8130	0.8065	0.8000	0.7937	0.7874	0.7813	0.7752	0.7692
2	1.6052	1.5852	1.5656	1.5465	1.5278	1.5095	1.4915	1.4740	1.4568	1.4400	1.4235	1.4074	1.3916	1.3761	1.3609
3	2.2459	2.2096	2.1743	2.1399	2.1065	2.0739	2.0422	2.0114	1.9813	1.9520	1.9234	1.8956	1.8684	1.8420	1.8161
4	2.7982	2.7432	2.6901	2.6386	2.5887	2.5404	2.4936	2.4483	2.4043	2.3616	2.3202	2.2800	2.2410	2.2031	2.1662
5	3.2743	3.1993	3.1272	3.0576	2.9906	2.9260	2.8636	2.8035	2.7454	2.6893	2.6351	2.5827	2.5320	2.4830	2.4356
6	3.6847	3.5892	3.4976	3.4098	3.3255	3.2446	3.1669	3.0923	3.0205	2.9514	2.8850	2.8210	2.7594	2.7000	2.6427
7	4.0386	3.9224	3.8115	3.7057	3.6046	3.5079	3.4155	3.3270	3.2423	3.1611	3.0833	3.0087	2.9370	2.8682	2.8021
8	4.3436	4.2072	4.0776	3.9544	3.8372	3.7256	3.6193	3.5179	3.4212	3.3289	3.2407	3.1564	3.0758	2.9986	2.9247
9	4.6065	4.4506	4.3030	4.1633	4.0310	3.9054	3.7863	3.6731	3.5655	3.4631	3.3657	3.2728	3.1842	3.0997	3.0190
10	4.8332	4.6586	4.4941	4.3389	4.1925	4.0541	3.9232	3.7993	3.6819	3.5705	3.4648	3.3644	3.2689	3.1781	3.0915
11	5.0286	4.8364	4.6560	4.4865	4.3271	4.1769	4.0354	3.9018	3.7757	3.6564	3.5435	3.4365	3.3351	3.2388	3.1473
12	5.1971	4.9884	4.7932	4.6105	4.4392	4.2784	4.1274	3.9852	3.8514	3.7251	3.6059	3.4933	3.3868	3.2859	3.1903
13	5.3423	5.1183	4.9095	4.7147	4.5327	4.3624	4.2028	4.0530	3.9124	3.7801	3.6555	3.5381	3.4272	3.3224	3.2233
14	5.4675	5.2293	5.0081	4.8023	4.6106	4.4317	4.2646	4.1082	3.9616	3.8241	3.6949	3.5733	3.4587	3.3507	3.2487
15	5.5755	5.3242	5.0916	4.8759	4.6755	4.4890	4.3152	4.1530	4.0013	3.8593	3.7261	3.6010	3.4834	3.3726	3.2682
16	5.6685	5.4053	5.1624	4.9377	4.7296	4.5364	4.3567	4.1894	4.0333	3.8874	3.7509	3.6228	3.5026	3.3896	3.2832
17	5.7487	5.4746	5.2223	4.9897	4.7746	4.5755	4.3908	4.2190	4.0591	3.9099	3.7705	3.6400	3.5177	3.4028	3.2948
18	5.8178	5.5339	5.2732	5.0333	4.8122	4.6079	4.4187	4.2431	4.0799	3.9279	3.7861	3.6536	3.5294	3.4130	3.3037
19	5.8775	5.5845	5.3162	5.0700	4.8435	4.6346	4.4415	4.2627	4.0967	3.9424	3.7985	3.6642	3.5386	3.4210	3.3105
20	5.9288	5.6278	5.3527	5.1009	4.8696	4.6567	4.4603	4.2786	4.1103	3.9539	3.8083	3.6726	3.5458	3.4271	3.3158
21	5.9731	5.6648	5.3837	5.1268	4.8913	4.6750	4.4756	4.2916	4.1212	3.9631	3.8161	3.6792	3.5514	3.4319	3.3198
22	6.0113	5.6964	5.4099	5.1486	4.9094	4.6900	4.4882	4.3021	4.1300	3.9705	3.8223	3.6844	3.5558	3.4356	3.3230
23	6.0442	5.7234	5.4321	5.1668	4.9245	4.7025	4.4985	4.3106	4.1371	3.9764	3.8273	3.6885	3.5592	3.4384	3.3254
24	6.0726	5.7465	5.4509	5.1822	4.9371	4.7128	4.5070	4.3176	4.1428	3.9811	3.8312	3.6918	3.5619	3.4406	3.3272
25	6.0971	5.7662	5.4669	5.1951	4.9476	4.7213	4.5139	4.3232	4.1474	3.9849	3.8342	3.6943	3.5640	3.4423	3.3286
30	6.1772	5.8294	5.5168	5.2347	4.9789	4.7463	4.5338	4.3391	4.1601	3.9950	3.8424	3.7009	3.5693	3.4466	3.3321
40	6.2335	5.8713	5.5482	5.2582	4.9966	4.7596	4.5439	4.3467	4.1659	3.9995	3.8458	3.7034	3.5712	3.4481	3.3332
50	6.2463	5.8801	5.5541	5.2623	4.9995	4.7616	4.5452	4.3477	4.1666	3.9999	3.8461	3.7037	3.5714	3.4483	3.3333

A

Acceptance　　承兌匯票

Account Receivable Conversion Period
　　應收帳款轉換期間

Accounts Receivable Average Collection
　　Period　　應收帳款回收天數

Accounts Receivable Turnover
　　應收帳款週轉率

Acid Test Ratio　　酸性測驗比率

Acquired Firm　　被收購公司

Acquiring Firm　　收購公司

Acquisitions　　收購

Add Paid-in Capital　　資本公積

Agency Cost　　代理成本

Agency Cost Theory　　代理成本理論

Aging Schedules　　帳齡分析表

Agricultural Futures　　農畜產品期貨

American Depositary Receipts, ADR
　　美國存託憑證

American Terms　　美式報價法

Angel Investor　　天使投資者

Annuity　　年金

Asset Management Ratios　　資產管理比率

Assets　　資產

Assets M&A　　資產併購

Average Rate of Return　　平均報酬率

B

Backward Integration　　向後整合

Balance Sheet
　　資產負債表（財務狀況表）

Bank　　銀行

Bank Debentures　　金融債券

Bank Negotiable Certificates of Deposit, NCD
　　銀行可轉讓定期存單

Banker Acceptance, BA　　銀行承兌匯票

Bankruptcy Costs　　破產成本

Basic Exchange Rate　　基本匯率

Basis Swap　　基差交換

Benchmark　　指標利率

Best Efforts　　代銷制

Beta Coefficient　　β 係數

Bidder Firm　　主併公司

Bills Corporation　　票券商

Bird in the Hand Theory　　一鳥在手理論

BM Ratio　　淨值市價比

Bonds　　債券

Bonds with Warrants　　附認股權證債券

Book Value　　淨值

Break Even Point　　損益平衡點

Brokers　　經紀商

Buying\Bid Exchange Rate　　買入匯率

C

Call Option　　買權

Call Premium　　贖回貼水

Callable Bonds　　可贖回債券

Capital Budgeting　　資本預算

Capital Expenditure　　資本支出

Capital Leases　　資本性租賃

Capital Market　　資本市場

Capital Stock　　股本

Carrying Costs　　持有成本

Cash Conversion Period　　現金週轉期間

Cash Discount　　現金折扣

Cash Dividends　　現金股利

Catastrophe Bonds　　巨災債券

CD　　定期存單

Central Bank　　中央銀行

Circulation Market　　流通市場

Coefficient of Variation, CV　　變異係數

Collection Float　　收款浮動差額

Collection Policy　　收帳政策

Commercial Paper, CP　　商業本票

Commodity Futures　　商品期貨

Commodity Swap　　商品交換

Common Stock　　普通股

Competitive Offer　　競價

Compound Interest　　複利

Congeneric M&A　　同源併購

Conglomerate M&A　　複合併購

Consolidation　　創設併購

Convertible Bonds　　可轉換債券

Corporate Bonds　　公司債

Corporation　　公司

Correlation Coefficient　　相關係數

Coupon Rate　　票面利率

Coupon Swap　　息票交換

Covariance　　共變異數

Commercial Paper；CP　　商業本票

Credit Guarantee Fund　　信用保證基金

Credit Period　　信用期間

Credit Policy　　信用政策

Credit Risk　　信用風險

Credit Standard　　信用標準

Credit Union　　信用合作社

Creditors　　債權人

Cross Currency Swap　　貨幣利率交換

Cross Exchange Rate　　交叉匯率

Crowdfunding　　群眾募資

Currency Swap　　貨幣交換

Current Assets　　流動資產

Current Assets Financing Policy
　　營運資金融資政策

Current Liabilities　　流動負債

Current Ratio　　流動比率

Current Yield　　當期收益率

Customer Market　　顧客市場

D

Day's Sales in Inventories
　　存貨平均銷售天數

Dealers　　自營商

Debt Certificate　　債務憑證

Debt Management Ratios　　負債管理比率

Debtors　　債務人

Declaration Date　　宣告日

Default Risk　　違約風險

Demand Draft Exchange Rate, D/D
票匯匯率

Depository Receipt, DR　存託憑證

Derivative Securities　衍生性金融商品

Derivatives Securities Market
衍生性金融商品市場

Digital Finance　數位金融

Digital Payment Company　電子票證公司

Direct Financial Market　直接金融市場

Direct Leases　直接租賃

Direct Terms　直接報價法

Disbursement Float　付款浮動差額

Discounted Payback Period 折現回收期間法

Diversifiable Risk　可分散風險

Dividend Clientele Effect Theory
顧客效果理論

Dividend Relevance Theory
股利政策無關論

Dividend Payment　股利支付

Dividend Reinvestment Plans, DRPs
股利再投資計畫

Dividend Yield　股利殖利率

Dividends　股利

Dividends　分派股利

Domestic Financial Market
國內的金融市場

E

Earnings after Taxes　稅後淨利

Earnings Before Interest and Taxes, EBIT
稅前息前盈餘

Earnings before Taxes　稅前淨利

Earnings Per Share, EPS　每股盈餘

Effective Annual Rate, EAR　有效年利率

Electronic Payment Company
電子支付公司

Employee Stock Purchase Plans
員工持股計畫

Energy Futures　能源期貨

Euro　歐元

Euro Bonds　歐元債券

Euro-Convertible Bond, ECB
海外可轉換公司債

Euro-currency Market　歐洲通貨市場

European DR：EDR　歐洲存託憑證

European Terms　歐式報價法

Exchangeable Bonds　可交換債券

Ex-dividend　除息

Ex-Dividend Date　除息（權）日

Exercise Price　履約價格

Expected Rate of Return　預期報酬率

Expected Risk　預期風險

Ex-right　除權

Extra Dividends　額外性股利

F

Finance Management　財務管理

Financial Futures　金融期貨

Financial Institutions　金融機構

Financial Intermediary　金融中介者

Financial Leases　融資性租賃

Financial Markets　金融市場

Financial Statement Analysis
　　財務報表分析

Financial Supervisory Commission
　　行政院金融監督管理委員會

Financial Swap　　金融交換

Financial Synergy　　財務綜效

Financial Technology, Fin Tech　　金融科技

Fire and casualty Insurance Company
　　產物保險公司

Firm Commitment　　包銷制

Firm Specific Risk　　公司特有風險

Fix Asset Turnover　　固定資產週轉率

Fixed Exchange Rate　　固定匯率

Float　　浮動差額

Floating Exchange Rate　　浮動匯率

Floating Rate Note, FRN　　浮動利率債券

Food Service Industry　　餐飲業

Foreign Appointed Banks　　外匯指定銀行

Foreign Bonds　　外國債券

Foreign Currency　　外國通貨

Foreign Currency Futures　　外匯期貨

Foreign Exchange　　外匯

Foreign Exchange Market　　外匯市場

Foreign Exchange Rate　　匯率

Forward Contract　　遠期合約

Forward Exchange Contract
　　遠期外匯合約

Forward Exchange Rate　　遠期匯率

Forward Integration　　向前整合

Forward Market　　遠期市場

Forward Rate Agreement, FRA
　　遠期利率合約

Future　　期貨

Future Corporation　　期貨商

Future Value Interest Factor for an Annuity,
　　FVIFA　　年金終值利率因子

Future Value Interest Factor, FVIF
　　終值利率因子表

Future Value, FV　　終值

Futures　　期貨

G

Generic Currency Swap　　普通貨幣交換

Global Depositary Receipts, GDR
　　全球存託憑證

Golden Parachutes　　金降落傘策略

Gordon Model　　勾頓模型

Government Bonds　　政府公債

Greenmail　　綠色郵件策略

Gross Profit Margin　　營業毛利率

Gross Working Capital　　毛營運資金

Guaranteed Bonds　　有擔保債券

H

Historical Risk　　歷史風險

Holding-Period Returns　　持有期間報酬率

Horizontal Analysis　　水平分析

Horizontal M&A　　水平併購

Hostile Takeover　　敵意併購

Hostile Takeover　　惡意接管

Risk-free Rate　　無風險報酬

Rotating Savings and Credit Association
　　互助會（標會）

S

Sale　　營業收入

Sale and Leaseback　　售後租回

Seasoned Equity Offering, SEO
　　現金增資

Secondary Market　　次級市場

Securities Firms　　證券商

Securities Investment Trust Funds
　　證券投資信託公司

Security Token　　證券型代幣

Selling\Offer Exchange Rate　　賣出匯率

Shareholders or Stockholders　　股東

Short a Call　　賣出買權

Short a Put　　賣出賣權

Short-Term Notes or Bills　　短期債券

Short-term Rate　　短期利率

Signaling　　訊號發射

Singapore DR：SDR　　新加坡存託憑證

Simple Interest　　單利

Size　　公司規模

Soft Futures　　軟性商品期貨

Sole Proprietorship　　獨資

Sole Proprietorship　　合夥

Spot Exchange Rate　　即期匯率

Spot Market　　即期市場

Standard Dispersion　　標準差

Statement of Cash Flows　　現金流量表

Statement of Changes in Equity
　　權益變動表

Statement of Comprehensive Income
　　綜合損益表

Stock　　股票

Stock Dividends　　股票股利

Stock Index Futures　　股價指數期貨

Stock M&A　　股權併購

Stock Option　　股票選擇權

Stock Repurchase　　股票購回策略

Stock Spilt　　股票分割

Subordinated Debenture　　次順位債券

Swap　　交換

Synergy　　綜效

Systematic Risk　　系統風險

T

Taiwan DR：TDR　　台灣存託憑證

Target Firm　　目標公司

Tax Differential Theory　　租稅差異理論

T-Bonds　　美國政府長期公債

Telegraphic Transfer Exchange Rate：T/T
　　電匯匯率

Temporary Current Assets
　　暫時性流動資產

Tender Offer　　公開收購

Term Structure of Interest Rate　　利率結構

Term to Maturity　　到期年限

Times Interest Earned Ratio
　　利息賺得倍數

T-Notes　　美國政府中期公債

附
錄

NOTE

NOTE

國家圖書館出版品預行編目資料

餐旅財務管理 / 李顯儀 編著. – 四版. –
新北市：全華圖書，2020.12
　　面　；　公分
　ISBN 978-986-503-531-0(平裝)
　1.餐旅管理　2.財務管理
489.2　　　　　　　　　　109018802

餐旅財務管理（第四版）

作者 / 李顯儀

發行人 / 陳本源

執行編輯 / 張鈺鈴

封面設計 / 盧怡瑄

出版者 / 全華圖書股份有限公司

郵政帳號 / 0100836-1 號

印刷者 / 宏懋打字印刷股份有限公司

圖書編號 / 08172037

四版一刷 / 2020 年 12 月

定價 / 新台幣 450 元

ISBN / 978-986-503-531-0

全華圖書 / www.chwa.com.tw

全華網路書店 Open Tech / www.opentech.com.tw

若您對書籍內容、排版印刷有任何問題，歡迎來信指導 book@chwa.com.tw

臺北總公司(北區營業處)
地址：23671 新北市土城區忠義路 21 號
電話：(02) 2262-5666
傳真：(02) 6637-3695、6637-3696

南區營業處
地址：80769 高雄市三民區應安街 12 號
電話：(07) 381-1377
傳真：(07) 862-5562

中區營業處
地址：40256 臺中市南區樹義一巷 26 號
電話：(04) 2261-8485
傳真：(04) 3600-9806

歡迎加入 全華會員

● **會員獨享**

會員享購書折扣、紅利積點、生日禮金、不定期優惠活動…等。

● **如何加入會員**

掃 QRcode 或填妥讀者回函卡直接傳真 (02) 2262-0900 或寄回，將由專人協助登入會員資料，待收到 E-MAIL 通知後即可成為會員。

如何購買 全華書籍

1. **網路購書**

全華網路書店「http://www.opentech.com.tw」，加入會員購書更便利，並享有紅利積點回饋等各式優惠。

2. **實體門市**

歡迎至全華門市（新北市土城區忠義路 21 號）或各大書局選購。

3. **來電訂購**

(1) 訂購專線：(02) 2262-5666 轉 321-324
(2) 傳真專線：(02) 6637-3696
(3) 郵局劃撥（帳號：0100836-1　戶名：全華圖書股份有限公司）
※　購書未滿 990 元者，酌收運費 80 元。

OpenTech.com.tw 全華網路書店

全華網路書店 www.opentech.com.tw
E-mail: service@chwa.com.tw

※ 本會員制如有變更則以最新修訂制度為準，造成不便請見諒。

得　分

全華圖書（版權所有，翻印必究）

餐旅財務管理
學後評量
CH01 餐旅財務管理概論

班級：_____

學號：_____

姓名：_____

選擇題

(　　)1. 請問國內的餐旅業公司要進行上市上櫃，比較屬於企業管理的何種範疇？
(A) 人力管理　(B) 行銷管理　(C) 生產管理　(D) 財務管理。

(　　)2. 下列何者非財務管理的功能？　(A) 行銷效率　(B) 財務規劃　(C) 規避風險
(D) 資金募集。

(　　)3. 請問財務管理的目標在於何者？　(A) 極大化每股的市值　(B) 極大化公司資
產的價值　(C) 極大化每股的淨值　　(D) 規避所有的風險。

(　　)4. 下列何者較不屬於財務管理的範疇？　(A) 募集資金　(B) 資金運用　(C) 財務
規劃　(D) 產銷機制。

(　　)5. 下列何者為獨資企業之特性？　(A) 公司成立簡便　(B) 業主僅須負有限清償
責任　(C) 具有代理問題　(D) 可永續經營。

(　　)6. 請問最常見的企業組織型態為何者？　(A) 公司　(B) 合夥　(C) 獨資　(D) 集團。

(　　)7. 若想要永續經營，以何種企業型態最為容易？　(A) 股份有限公司　(B) 合夥
(C) 獨資　(D) 以上皆是。

(　　)8. 下列何者為獨資與合夥型態的共同點？　(A) 共同承擔　(B) 設立簡單
(C) 募資容易　(D) 有限清償責任。

(　　)9. 下列何者企業型態不須負起無限清償責任制？　(A) 公司　(B) 合夥　(C) 獨資
(D) 以上皆是。

(　　)10. 下列何者企業型態比較容易發行債券籌資？　(A) 股份有限公司　(B) 合夥
(C) 獨資　(D) 以上皆是。

(　　)11. 依國內現行公司法，股份有限公司須由幾人以上股東所成立？　(A) 2　(B) 5
(C) 7　(D) 10。

(　　)12. 請問國內的雄獅旅行社是屬於組織型態？　(A) 獨資　(B) 合夥　(C) 股份有限
公司　(D) 以上皆是。

(　　)13. 通常哪種公司型態的公司規模會較大？　(A) 上市公司　(B) 上櫃公司　(C) 興
櫃公司　(D) 公開發行公司。

（　）14.下列何種是獨資型態特性？　(A) 所有權移轉容易　(B) 可永續經營　(C) 無限責任　(D) 易有代理問題。

（　）15.下列何種是公司型態的優點？　(A) 籌設簡單　(B) 可永續經營　(C) 設立成本低廉　(D) 決策迅速。

（　）16.如果經營一家獨資的便當店，必須承擔下列哪些風險與不便？ a. 擴大營業時的資金來源 b. 成立籌設麻煩 c. 無人繼承永續經營 d. 老闆需付無限清償責任　(A) abcd　(B) acd　(C) ad　(D) abd。

（　）17.如果經營一家公司型態的觀光大飯店，則此公司具有下列哪些優點？ a. 資金募集較容易 b. 股東須負無限清償責任 c. 申請籌設便利 d. 比較能永續經營 e.所有權移轉方便　(A) abcde　(B) acde　(C) ade　(D) abde。

（　）18.下列敘述何者正確？　(A) 獨資業主須負無限清償責任，但合夥不用　(B) 公司股東會擔心公司倒閉，須負無限清償責任　(C) 公司若想要永續經營較獨資容易　(D) 獨資與合夥所有權容易移轉。

（　）19.下列敘述何者正確？　(A) 財務管理目標為極大化公司帳面價值　(B) 合夥型態較易有代理問題　(C) 公司型態須負無限清償責任　(D) 公司型態所有權容易移轉。

（　）20.下列敘述何者正確？　(A) 股份有限公司須7人以上股東　(B) 財務管理目標為極大化公司的每股淨值　(C) 公司型態易有代理問題　(D) 獨資與合夥型態募資容易。

得　分

餐旅財務管理
學後評量
CH02 金融市場與機構

班級：＿＿＿＿＿＿＿＿
學號：＿＿＿＿＿＿＿＿
姓名：＿＿＿＿＿＿＿＿

選擇題

(　　) 1. 下列何者非貨幣市場工具？　(A) 國庫券　(B) 銀行承兌匯票　(C) 商業本票　(D) 股票。

(　　) 2. 下列何者非資本市場工具？　(A) 公債　(B) 股票　(C) 國庫券　(D) 公司債。

(　　) 3. 下列何者非金融現貨市場工具？　(A) 股票　(B) 票券　(C) 期貨　(D) 債券。

(　　) 4. 請問連接國內與國外金融市場的橋梁為何？　(A) 資本市場　(B) 外匯市場　(C) 貨幣市場　(D) 衍生性商品市場。

(　　) 5. 下列何者屬於衍生性金融商品？　(A) 普通股　(B) 選擇權　(C) 國庫券　(D) 公司債。

(　　) 6. 請問有價證券的發行者為了籌措資金，首次出售有價證券給最初資金之供給者的交易市場稱為何？　(A) 集中市場　(B) 初級市場　(C) 次級市場　(D) 流通市場。

(　　) 7. 下列何者非集中市場的特性？　(A) 競價交易　(B) 議價交易　(C) 交易具效率　(D) 標準化商品。

(　　) 8. 下列何者敘述屬於間接金融？　(A) 企業向銀行借錢　(B) 企業發行股票　(C) 企業發行債券　(D) 企業發行短期票券。

(　　) 9. 下列何者敘述不屬於直接金融的特性？　(A) 資金需求者知道資金是由哪些供給者提供　(B) 企業至資本市場發行有價證券　(C) 須經過銀行仲介的管道　(D) 企業至貨幣市場發行票券。

(　　) 10. 下列何者敘述不屬於店頭市場的特性？　(A) 通常商品合約可以量身訂作　(B) 競價交易　(C) 議價交易　(D) 以上皆是。

(　　) 11. 下列何者非金管會轄下的組織？　(A) 外匯局　(B) 證期局　(C) 保險局　(D) 銀行局。

(　　) 12. 下列何者屬於貨幣機構？　(A) 期貨公司　(B) 票券公司　(C) 證券公司　(D) 信用合作社。

（　）13.若加州休閒度假村缺少短期資金，請問應至何處尋找比較有機會？　(A) 至票券公司發行票券　(B) 至證券公司發行債券　(C) 至證券公司發行股票　(D) 至期貨公司發行期貨。

（　）14.若王品跨國餐飲公司，若欲至海外發行債券籌措資金，請問需要透過哪些市場的協助？　(A) 資本市場、外匯市場　(B) 貨幣市場、外匯市場　(C) 貨幣市場、衍生性商品市場　(D) 外匯市場、衍生性商品市場。

（　）15.當一家觀光級飯店選擇股票上市，請問下列敘述何者不正確？　(A) 可能會先上櫃再轉上市　(B) 需經過證券承銷商的輔導方可上市　(C) 需經過票券公司的承銷　(D) 需經過證交所的同意方可上市。

（　）16.請問下列敘述何者不正確？　(A) 股票是屬於資本市場工具　(B) 企業利用股票籌資屬於直接金融　(C) 企業可以到票券公司發行長期債券　(D) 股票上市須透過初級市場發行。

（　）17.請問下列敘述何者不正確？　(A) 郵局屬於國內的貨幣機構　(B) 期貨交易屬於衍生性商品交易　(C) 店頭市場通常可以議價　(D) 證券金融公司屬於貨幣機構。

（　）18.請問下列敘述何者正確？　(A) 中央銀行對市場利率與匯率具有主導權　(B) 租賃公司與創投公司可以借錢給其他公司　(C) 信託投資公司與信用合作社都屬於貨幣機構　(D) 證券公司亦可交易短期票券。

（　）19.請問下列敘述何者正確？　(A) 股票屬於資本市場工具　(B) 債券屬於貨幣市場工具　(C) 票券屬於資本市場工具　(D) 選擇權屬於貨幣市場工具。

（　）20.請問下列敘述何者正確？　(A) 國內上櫃股票採店頭市場交易　(B) 金融科技產業的主導機構為傳統金融機構　(C) 郵局儲匯處是貨幣機構　(D) 電子支付公司是貨幣機構。

得　分

全華圖書（版權所有，翻印必究）

餐旅財務管理
學後評量
CH03 資金的時間價值

班級：_____
學號：_____
姓名：_____

選擇題

(　) 1. 當計算資金的「終值」時，應查下列何種表？　(A) PVIF　(B) FVIF　(C) FVIFA (D) PVIFA。

(　) 2. 當計算資金的「現值」時，應查下列何種表？　(A) FVIF　(B) PVIF　(C) FVIFA (D) PVIFA。

(　) 3. 現在有一筆100元資金，存入銀行3年，銀行採單利計算，年利率為8%，則3年後的本利和為何？　(A) 100元　(B) 125.97元　(C) 124元　(D) 124.35元。

(　) 4. 承上題，若銀行採複利計算，則3年後的本利和為何？　(A) 124元　(B) 125.97元　(C) 100元　(D) 124.35元。

(　) 5. 假設現在你有1萬元的資金，存入2年期定存，年利率為6%，請問2年之後你擁有多少本利和？　(A) $10,000 \times FVIF_{(6\%,2)}$　(B) $10,000 \times PVIFA_{(6\%,2)}$ (C) $10,000 \times PVIF_{(6\%,2)}$　(D) $10,000 \times FVIFA_{(6\%,2)}$。

(　) 6. 承上題，若銀行計息方式，採半年付息一次，請問2年之後你擁有多少本利和？　(A) $10,000 \times FVIF_{(3\%,2)}$　(B) $10,000 \times FVIF_{(3\%,4)}$　(C) $10,000 \times FVIF_{(6\%,4)}$ (D) $10,000 \times FVIF_{(6\%,4)}$。

(　) 7. 假設5年後想利用100萬元去開一家咖啡店，請問在利率4%情形下，你現在應存多少錢？　(A) 100萬元　(B) 78萬元　(C) 82萬元　(D) 88萬元。

(　) 8. 承上題，若在利率8%情形下，你現在應存為多少錢？　(A) 100萬 $\times PVIF_{(8\%,5)}$ (B) 100萬 $\times PVIFA_{(8\%,5)}$　(C) 100萬 $\times FVIF_{(8\%,5)}$　(D) 100萬 $\times FVIFA_{(8\%,5)}$。

(　) 9. 當計算「年金終值」時，應查下列何種表？　(A) FVIFA　(B) PVIFA　(C) FVIF (D) PVIF。

(　) 10.當計算「年金現值」時，應查下列何種表？　(A) FVIF　(B) PVIF　(C) FVIFA (D) PVIFA。

(　) 11.假設每一期折現率為 r %，請問期初年金終值比普通年金終值，須多乘以下列何項？　(A) $(1+r)$　(B) r　(C) $(1-r)$　(D) $1/(1+r)$。

( ) 12. 運通旅行社公司內部自辦退休金制度，若員工與公司每年各繳交2.5萬元（共5萬元）至員工退休金專戶，請問在利率4%情形下，20年後員工約可領多少退休金？ (A) 143萬元 (B) 149萬元 (C) 155萬元 (D) 158萬元。

( ) 13. 承上題，若現在改為員工與公司每年初各繳交2.5萬元至員工退休金專戶，請問在利率6%情形下，20年後員工約可領多少退休金？ (A) 5萬 × FVIFA$_{(6\%,20)}$ (B) 5萬 × FVIFA$_{(6\%,40)}$ (C) 5萬 × FVIFA$_{(6\%,20)}$ × (1+6%) (D) 5萬 × FVIFA$_{(6\%,20)(1+6\%)}$。

( ) 14. 若有一個10年期儲蓄保險，每年年底繳納一固定金額，利率為5%，期滿可領回 $100,000元，請問每年繳款金額約為多少錢？ (A) 7,950元 (B) 8,348元 (C) 7,572元 (D) 7,211元。

( ) 15. 承上題，若原為年底繳納改為年初繳納，在其他條件不變下，請問每年繳款金額約為多少錢？ (A) 7,950元 (B) 8,348元 (C) 7,572元 (D) 7,211元。

( ) 16. 阿兩餐廳業主經營不善，向地下錢莊借款100萬元，月息1分半（即為15%），請問此借款的有效年利率為多少？ (A) 182% (B) 365% (C) 435% (D) 655%。

( ) 17. 伊利咖啡烘焙公司，預計5年後蓋一間觀光工廠，需要3,000萬元的資金，在利率為6%的情形下，則該公司每年約需募集多少資金？ (A) 502萬元 (B) 498萬元 (C) 464萬元 (D) 532萬元。

( ) 18. 假如現在利率為6%，每半年複利一次的情況下，連續6年每隔半年都支付5,000元的年金終值為何？ (A) 5000 × FVIFA$_{(4\%,12)}$ (B) 5000 × FVIFA$_{(2\%,12)}$ (C) 5000 × FVIFA$_{(3\%,12)}$ (D) 5000 × FVIFA$_{(4\%,6)}$。

( ) 19. 下列敘述中，何者最正確？ (A) 現值與終值皆與利率呈正比 (B) 複利期數愈多、終值愈低 (C) 複利期數愈多、現值愈高 (D) 其他條件相同，普通年金低於期初年金之現值。

( ) 20. 下列敘述中，何者為非？ (A) 年金現值與利率呈反比 (B) 單利與複利的計息不同 (C) 通常普通年金之現值高於期初年金的現值 (D) 一年中複利的次數愈多，有效年利率愈高。

得　分

餐旅財務管理
學後評量
CH04 經營績效指標分析

班級：＿＿＿＿＿＿＿＿

學號：＿＿＿＿＿＿＿＿

姓名：＿＿＿＿＿＿＿＿

選擇題

(　　) 1. 財務報表中，所謂的資產負債表（財務狀況表）是總資產中哪兩項的總和？ (A) 長期負債、股東權益　(B) 負債、權益　(C) 流動負債、長期負債　(D) 流動資產、長期資產。

(　　) 2. 下列何者不是企業的主要財務報表？　(A) 權益變動表　(B) 資產負債表（財務狀況表）　(C) 公司財產明細表　(D) 現金流量表。

(　　) 3. 下列何種報表分為營業、投資、籌資三種活動？　(A) 資產負債表（財務狀況表）　(B) 綜合損益表　(C) 權益變動表　(D) 現金流量表。

(　　) 4. 在財務報表的分析方法中，利用同一年度財務報表的數據除以某一基礎項目，加以分析比較，以瞭解各科目的相對重要性，稱之為何？　(A) 比率分析　(B) 垂直分析　(C) 水平分析　(D) 趨勢分析。

(　　) 5. 在財務報表的分析方法中，將財務報表中，兩個不同年度的同一項目進行比較，以瞭解其增減變動的情形，稱之為何？　(A) 垂直分析　(B) 比率分析　(C) 水平分析　(D) 趨勢分析。

(　　) 6. 下列何者屬於衡量企業之「流動性」的財務比率？　(A) 速動比率　(B) 應收帳款週轉率　(C) 負債比率　(D) 現金流量比。

(　　) 7. 下列何者屬於衡量企業之「資產管理能力」的財務比率？　(A) 流動比率　(B) 速動比率　(C) 利息賺得倍數　(D) 存貨週轉率。

(　　) 8. 下列何者屬於衡量企業之「負債管理」的財務比率？　(A) 資產報酬率　(B) 純益率　(C) 利息賺得倍數　(D) 每股盈餘。

(　　) 9. 下列何者屬於衡量企業之「獲利能力」的財務比率？　(A) 資產報酬率　(B) 營業利益率　(C) 股東權益報酬率　(D) 以上皆是。

(　　) 10. 下列何者屬於衡量企業之「市場價值」的財務比率？　(A) 每股盈餘　(B) 股價淨值比　(C) 本益比　(D) 以上皆是。

（請沿虛線撕下）

(　)11.美味餐飲公司的流動資產為2,000萬元，存貨為400萬元，公司流動比率為2，請問公司的速動比率為何？　(A) 2.5　(B) 1.6　(C) 2　(D) 2.4。

(　)12.在財務比率指標中，下列何者愈高愈好？　(A) 存貨週轉率　(B) 平均收現期間　(C) 負債比率　(D) 存貨週轉天數。

(　)13.假設公司存貨週轉率為36，請問存貨平均銷售天數約為幾天？　(A) 5天　(B) 10天　(C) 15天　(D) 20天。

(　)14.假設公司應收帳款回收天數為45天，請問應收帳款週轉率為何？　(A) 16.2　(B) 8.1　(C) 7.5　(D) 12。

(　)15.下列何者是用來衡量公司運用資產創造淨利的能力？　(A) 營業淨利率　(B) 總資產報酬率　(C) 股東權益報酬率　(D) 本益比。

(　)16.寶來溫泉民宿的稅後利益為800萬，利息費用為200萬，所得稅為200萬，請問公司的利息賺得倍數為多少？　(A) 2.0　(B) 4.0　(C) 5.0　(D) 6.0。

(　)17.歐洲旅遊公司其股東權益總額是5,000萬元，流通在外股數有100萬股。目前該公司股票的市場價格為每股100元，請問該公司的普通股市價對淨值比為何？　(A) 0.5　(B) 2　(C) 1　(D) 4。

(　)18.美食餐飲公司的普通股市價對淨值比為3，公司淨值每股60元，每股盈餘6元，請問該公司的本益比為何？　(A) 10　(B) 15　(C) 20　(D) 30。

(　)19.若巴黎法式餐廳每日約200人次進館食用法國料理，該餐廳共提供50個座位，請問該法式餐廳的座位週轉率（翻桌率）為何？　(A) 0.5　(B) 1　(C) 2　(D) 4。

(　)20.若多米茵旅館客房數為80間，5天連續假期總共賣了180間客房，請問連續假期的住房率為何？　(A) 45%　(B) 50%　(C) 75%　(D) 80%。

得　分

餐旅財務管理
學後評量
CH05 銀行與租賃

班級：＿＿＿＿＿＿＿＿＿

學號：＿＿＿＿＿＿＿＿＿

姓名：＿＿＿＿＿＿＿＿＿

選擇題

（　）1. 下列何者非國內銀行的種類？ (A) 商業銀行 (B) 專業銀行 (C) 信用合作社 (D) 投資銀行。

（　）2. 下列何者非商業銀行的主要任務？ (A) 長期放款 (B) 短期存款 (C) 國內外匯兌 (D) 支票存款。

（　）3. 下列何者非國內的基層金融機構？ (A) 郵局儲匯處 (B) 信合社 (C) 漁會信用部 (D) 資產管理公司。

（　）4. 一般稱信用貸款是指何者？ (A) 定期放款 (B) 無擔保放款 (C) 擔保放款 (D) 不動產放款。

（　）5. 下列何者屬於銀行的放款業務？ (A) 透支 (B) 貼現 (C) 房貸 (D) 以上皆可。

（　）6. 下列何者非銀行可以承作的放款業務？ (A) 信用放款 (B) 票據貼現 (C) 透支業務 (D) 汽車租賃。

（　）7. 若佳佳旅行社須擴充電腦設備，向銀行申請貸款，比較屬於何者？ (A) 證券放款 (B) 資本性放款 (C) 房地產放款 (D) 政策性放款。

（　）8. 若大倉飯店欲新建一棟新的住宿大樓，向銀行申請貸款，比較屬於何者？ (A) 證券放款 (B) 房地產放款 (C) 資本性放款 (D) 政策性放款。

（　）9. 政府針對受肺炎疫情嚴重衝擊的旅行社，可向銀行申請低利貸款，比較屬於何者？ (A) 證券放款 (B) 房地產放款 (C) 資本性放款 (D) 政策性放款。

（　）10.若假期觀光飯店欲將旗下接待旅客的汽車，採租賃方式承租，應屬下列何種形式較合適？ (A) 融資性租賃 (B) 資本性租賃 (C) 營業性租賃 (D) 槓桿性租賃。

（　）11.若品皇咖啡烘焙廠，欲添購數10架烘焙機，先尋找租賃公司代為買下，且定期支付費用給租賃公司，最終仍要擁有這些烘焙機，請問此租賃應屬下列何種形式？ (A) 營業性租賃 (B) 資本性租賃 (C) 間接性租賃 (D) 槓桿性租賃。

( ) 12. 若達美飯店將整棟大樓出售給租賃公司後，再租回營業，請問此租賃應屬下列何種形式？ (A) 售後租回 (B) 直接性租賃 (C) 間接性租賃 (D) 營業性租賃。

( ) 13. 租賃的功能中，不包含下列何者？ (A) 保留自有資本 (B) 提升貸款便利 (C) 減輕稅負支出 (D) 增加負債比率。

( ) 14. 下列何者敘述有誤？ (A) 郵局可承作房屋放款業務 (B) 通常商業銀行著重在短中期的存放款業務 (C) 若要去信合社申請貸款，不一定是那家信合社的社員才可 (D) 擔保貸款又稱為信用貸款。

( ) 15. 下列何者敘述有誤？ (A) 通常商業銀行著重短中期放款業務 (B) 通常銀行匯票的貼現應屬於短期放款業務 (C) 信合社屬於基層金融 (D) 銀行的透支服務屬於長期放款的業務。

( ) 16. 下列何者敘述有誤？ (A) 透支屬於銀行放款的一種 (B) 若非信合社社員，亦可信合社申請貸款 (C) 無擔保貸款又稱為信用貸款 (D) 貼現屬於銀行存款的一種。

( ) 17. 下列何者敘述有誤？ (A) 專業銀行著重在中長期放款 (B) 基層金融只接受存款，不得放款 (C) 貼現屬於銀行放款的一種 (D) 銀行業務不包含租賃。

( ) 18. 下列對於租賃的敘述何者有誤？ (A) 通常租賃公司為出租人 (B) 租賃中承租人須付租賃費用給出租人 (C) 承租人須負起租賃資產的維修 (D) 營業性租賃的資產可分不同時其分租給出租人。

( ) 19. 下列對於租賃的敘述何者正確？ (A) 資本性租賃可提前解約 (B) 資本性租賃出租人須負起租賃資產的維修 (C) 營業性租賃的資產通常經濟耐用性較短 (D) 營業性租賃的資產租賃合約到期，承租人必須購買。

( ) 20. 下列對於租賃的功能敘述何者有誤？ (A) 租賃可以增加承租人的自有資本的保留 (B) 租賃可以防止公司機器設備汰舊換新太快的風險 (C) 租賃可以使減輕稅負支出 (D) 租賃可以增加公司自有資本。

得　分

餐旅財務管理
學後評量
CH06 股權市場

班級：＿＿＿＿＿＿＿＿

學號：＿＿＿＿＿＿＿＿

姓名：＿＿＿＿＿＿＿＿

選擇題

（　　）1. 通常持有公司股票即為該公司的何者？　(A) 債權人　(B) 股東　(C) 債務人　(D) 經理人。

（　　）2. 目前台灣上市公司的普通股票，其每股面額可為何者？　(A) 10元　(B) 5元　(C) 20元　(D) 以上皆可。

（　　）3. 假設有家上市公司資本額300億元，請問該公司有多少張股票流通在外？　(A) 3萬張　(B) 30萬張　(C) 300萬張　(D) 3,000萬張。

（　　）4. 某公司今年除權1元，即每張股票配發？　(A) 現金100元　(B) 現金1,000元　(C) 股票100股　(D) 股票1,000股。

（　　）5. 某公司股本為10億元，若每股配發2元現金股利後，則股本變成多少？　(A) 10億元　(B) 11億元　(C) 9億元　(D) 12億元。

（　　）6. 承上題，若每股配發2元股票股利後，則股本變成多少？　(A) 10億元　(B) 12億元　(C) 8億元　(D) 20億元。

（　　）7. 假設現在公司每股市場價格為30元，則在發放2元現金股利後，請問除息後股價為何？　(A) 28元　(B) 25元　(C) 23元　(D) 30元。

（　　）8. 承上題，若公司改發放2元股票股利，請問除權後股價為何？　(A) 28元　(B) 25元　(C) 23元　(D) 30元。

（　　）9. 承上題，若公司同時發放2元現金與2元股票股利，請問除權息後股價為何？　(A) 28元　(B) 25元　(C) 23.3元　(D) 30元。

（　　）10. 下列何者非普通股的權益？　(A) 盈餘分配權　(B) 資產優先請求權　(C) 選舉董監事權　(D) 新股認股權。

（　　）11. 下列何者為特別股被賦予的權利？　(A) 優先認購債券權利　(B) 優先認股之權利　(C) 優先表決之權利　(D) 優先分配股利權利。

（　　）12. 所謂可參與特別股是指持有者具有何種權利？　(A) 可參加公司股東會　(B) 可參與公司之董事選舉　(C) 可參與普通股之盈餘分配　(D) 可參與公司之經營權。

（請沿虛線撕下）

( ) 13.公司發行無表決權特別股有何優點？ (A) 為長期資金 (B) 不稀釋管理控制權 (C) 可改善財務結構 (D) 以上皆是。

( ) 14.下列對於存託憑證(DR)的敘述何者有誤？ (A) 由外國公司至本地發行憑證 (B) 由本國公司至海外發行憑證 (C) 屬於股票的一種 (D) 屬於選擇權的一種。

( ) 15.下列何者並非股票上市的優點？ (A) 提高公司知名度 (B) 可呈現股票的市場價值 (C) 籌措資金更容易 (D) 增加股票面額。

( ) 16.公司上市、上櫃時，承銷商未能在承銷期間將新發行的證券全數銷售完畢，剩下的證券可退還給發行公司，此種方式稱為何？ (A) 代銷 (B) 分銷 (C) 全額包銷 (D) 餘額包銷。

( ) 17.下列何者為新股配售的方式？ (A) 競價拍賣 (B) 詢價圈購 (C) 公開申購配售 (D) 以上皆是。

( ) 18.下列何者非庫藏股制度的功能？ (A) 穩定公司股價 (B) 防止公司被惡意購併 (C) 增加股東人數 (D) 供股權轉換行使支用。

( ) 19.上市公司買回自己之股份配給員工認購時，以下敘述何者正確？ (A) 每股淨值減少 (B) 發行股數不變 (C) 淨值總額增加 (D) 每股淨值增加。

( ) 20.請問私募股權基金，通常可以提供給公司何項？ (A) 資本 (B) 管理建議 (C) 人脈資源 (D) 以上皆是。

得　分		

餐旅財務管理
學後評量
CH07 債務市場

班級：＿＿＿＿＿＿＿＿
學號：＿＿＿＿＿＿＿＿
姓名：＿＿＿＿＿＿＿＿

選擇題

（　）1. 下列何者非公司可以使用的債務憑證？　(A) 銀行可轉讓存單　(B) 銀行承兌匯票　(C) 商業承兌匯票　(D) 商業本票。

（　）2. 請問商業本票的發行者為何？　(A) 商業銀行　(B) 知名企業　(C) 專業銀行　(D) 政府。

（　）3. 下列非銀行承兌匯票之特性？　(A)實際交易行為產生　(B)須透過票券公司發行　(C)企業發行　(D)銀行的籌資工具。

（　）4. 下列何者主要從事貨幣市場工具之發行業務？　(A) 證券投資信託公司　(B) 票券金融公司　(C) 綜合證券商　(D) 證券金融公司。

（　）5. 下列非企業發行票券的優點？　(A) 資金調度靈活　(B) 利息支出較優惠　(C) 交易時間具彈性　(D) 提供企業避險。

（　）6. 下列何者非一般債券的特性？　(A) 定期領息　(B) 到期還本　(C) 具公司管理權　(D) 具公司資產求償權。

（　）7. 公司發行債券，提供資產作為抵押，或沒有提供擔保品，但有銀行願保證之債券稱為何？　(A) 有擔保公司債　(B) 無擔保公司債　(C) 抵押債券　(D) 信用公司債。

（　）8. 公司債以資產擔保型態發行，哪一個機構須擔負擔保品評價之責？　(A) 投資機構　(B) 發行公司　(C) 受託機構　(D) 承銷商。

（　）9. 請問到期前不支息，以貼現方式所發行的公司債稱為何？　(A) 可贖回債券　(B) 可賣回債券　(C) 可轉換公司債　(D) 零息公司債。

（　）10.通常可贖回公司債在何種時機會選擇贖回？　(A) 公司股價上漲時　(B) 市場利率下跌時　(C) 公司倒閉前　(D) 公司發放股利時。

（　）11.可交換公司債可在發行期間後，可換成下列何者？　(A) 發行公司的普通股　(B) 發行公司的特別股　(C) 其他公司的債券　(D) 其他公司的普通股。

（請沿虛線撕下）

( )12.某一債券3年後到期,其面額為100,000元,每年付息一次8,000元,若該債券以90,000元賣出,則其到期殖利率為 (A) 大於8% (B) 等於8% (C) 小於8% (D) 等於5%。

( )13.債券投資的收益不包含下列何者? (A) 利息收入 (B) 利息之再投資收入 (C) 資本利得 (D) 股利收入。

( )14.下列何者屬於債券折價發行的情況? (A) 票面利率>當期殖利率>到期殖利率 (B) 票面利率=當期殖利率=到期殖利率 (C) 票面利率<當期殖利率<到期殖利率 (D) 當期殖利率>票面利率>到期殖利率。

( )15.通常利率下降時,債券的價格會如何變動? (A) 下降 (B) 上升 (C) 不變 (D) 不一定。

( )16.某公司目前發行為期 3 年、面額 100,000 元之債券,票面利率為 6%,每一年付息一次,殖利率為4%,則發行價格應為 (A) 103,550元 (B) 94,550元 (C) 100,000元 (D) 105,550元。

( )17.下列非企業發行債券的優點? (A) 提高公司知名度 (B) 股權盈餘免稀釋 (C) 資金來源更多元 (D) 公司可以獲取資本利得。

( )18.一般而言,債券評等中具何種等級以上為投資級債券? (A) AAA (B) AA (C) A (D) BBB。

( )19.下列敘述何者正確? (A) 債券價格與殖利率呈正向關係 (B) 債券價格與票面利率呈反向關係 (C) 到期期限愈長的債券,價格波動幅度愈大 (D) 到期期限愈長的債券,票面利率愈高。

( )20.下列何者正確? (A) 次順位債券的求償權仍高於股東 (B) 可贖回債券的票面利率一般會低於普通債券 (C) 公司的債信評等由AAA級調到AA級,則新發行債券的利率亦會下降 (D) 附認股權證債券的票面利率比普通債券高。

得　分

全華圖書（版權所有，翻印必究）

餐旅財務管理
學後評量
CH08 投資報酬與風險

班級：＿＿＿＿＿＿＿＿＿

學號：＿＿＿＿＿＿＿＿＿

姓名：＿＿＿＿＿＿＿＿＿

選擇題

(　　) 1. 一般而言，報酬與風險之間的關係為何？　(A) 風險越大，投資者要求的報酬越大　(B) 風險越大，投資者要求的報酬不變　(C) 風險越大，投資者要求的報酬越小　(D) 風險與報酬無關。

(　　) 2. 若亞都飯店年初的股價為50元，年底股價上漲到70元，今年發放現金股利2元，請問的實際報酬率為何？　(A) 20%　(B) 24%　(C) 44%　(D) 10%。

(　　) 3. 若老爺酒店股票現在價格為30元，預計將發放現金股利2元，若預期投資該股票一年後報酬率為10%，請問一年後的股票價格應為何？　(A) 31元　(B) 34元　(C) 38元　(D) 40元。

(　　) 4. 下列何者在計算多期數的報酬率時較為正確？　(A) 幾何平均數　(B) 算術平均數　(C) 調和平均數　(D) 移動平均數。

(　　) 5. 下列何者為衡量資產風險的指標？　(A) 全距　(B) 標準差　(C) 四分位距　(D) 以上皆是。

(　　) 6. 下列何者可以用來衡量不同期望報酬率投資方案之相對風險？　(A) 變異數　(B) 標準差　(C) 變異係數　(D) 四分位距。

(　　) 7. 假設錢櫃娛樂公司近5年的年報酬率分別為6%、8%、10%、12%、4%，請問算術平均報酬率為何？　(A) 6%　(B) 8%　(C) 10%　(D) 12%。

(　　) 8. 同上題，請問該公司風險為何？　(A) 3.12%　(B) 3.16%　(C) 8.24%　(D) 10.32%。

(　　) 9. 假設將來經濟繁榮的機率為 30%，此時易遊網股票報酬率為 30%；經濟普通的機率為 40%，此時易遊網股票報酬率為10%；經濟蕭條的機率為 30%，此時易遊網股票報酬率為－10%，請問甲公司股票的期望報酬率為何？　(A) 6%　(B) 8%　(C) 10%　(D) 14%。

(　　) 10. 承上題，請問易遊網股票的期望風險為何？　(A) 12.8%　(B) 15.5%　(C) 16.8%　(D) 18.2%。

（請沿虛線撕下）

(　　) 11. 承上題，請問易遊網股票的變異係數為何？　(A) 1.60　(B) 1.55　(C) 1.40　(D) 1.30。

(　　) 12. 下列對風險敘述何者有誤？　(A) 天災是屬於市場風險　(B) 公司營運風險屬於市場風險　(C) 經濟衰退屬於市場風險　(D) 公司財務風險屬於公司特有風險。

(　　) 13. 下列何者非旅遊業的市場風險？　(A) 天災　(B) 戰爭　(C) 政治動盪　(D) 專利權被侵占。

(　　) 14. 全球發生疫情傳染是屬於餐旅業的何種風險？　(A) 營業風險　(B) 財務風險　(C) 市場風險　(D) 公司特有風險。

(　　) 15. 下列何者屬於餐飲公司的特有風險？　(A) 貨幣供給額的變動　(B) 利率的變動　(C) 政治情況的變化　(D) 公司宣布裁撤三百名員工。

(　　) 16. 因國際機票大幅調漲，導致旅行業出國的出團銳減，所造成的風險為何者？　(A) 營業風險　(B) 財務風險　(C) 市場風險　(D) 公司特有風險。

(　　) 17. 某旅行社向銀行借款，因無法正常還款，所造成的風險為何者？　(A) 營業風險　(B) 財務風險　(C) 市場風險　(D) 利率風險。

(　　) 18. 飯店業的股票去年與今年報酬率分別是4%與6%；旅行業股票去年與今年報酬率分別是3%與7%，則何者正確？　(A) 飯店業股票有較高的幾何平均報酬率　(B) 旅行業股票有較高的幾何平均報酬率　(C) 飯店業股票有較高的算術平均報酬率　(D) 旅行業股票有較高的算術平均報酬。

(　　) 19. 下列何種事件屬於餐旅業的市場風險？　A.市場發生人傳人的病毒散播、B.餐點公司工廠發生大火、C.朝野政黨協商破裂、D.飲料產品發現瑕疵，必須延後上市、E.餐飲公司食品專利權被侵占？　(A) AB　(B) CD　(C) BE　(D) AC。

(　　) 20. 下列何者餐旅業的公司特有風險？　A.觀光地發生政治暴動、B.觀光地發生傳染病疫情、C.國際機票大幅調漲、D.咖啡價格大幅調漲、E.政府大幅調高利率水準　(A) AB　(B) CD　(C) BE　(D) AC。

得　分

全華圖書（版權所有，翻印必究）

餐旅財務管理
學後評量
CH09 投資組合概論

班級：＿＿＿＿＿＿＿＿
學號：＿＿＿＿＿＿＿＿
姓名：＿＿＿＿＿＿＿＿

選擇題

( )1. 通常要建構一個投資組合至少要幾項資產以上？ (A) 1 (B) 2 (C) 3 (D) 4。

( )2. 下列何者非建構投資組合報酬所須因素？ (A) 投資資產個數 (B) 個別資產報酬 (C) 資產投資權重 (D) 資產的相關係數。

( )3. 假設有一筆資金平分一半，各投資安心餐飲公司與維格餅店的股票，其預期報酬率分別為16%、24%，其標準差分別為20%及25%，其投資組合報酬率為何？ (A) 15% (B) 18% (C) 20% (D) 22%。

( )4. 承上題，若兩股票之相關係數為＋1，則投資組合報酬率的標準差為何？ (A) 20.5% (B) 22.5% (C) 24.8% (D) 26.2%。

( )5. 若六角餐飲公司之年期望報酬率為20%，而標準差為30%，無風險利率為5%，假若你投資60%資金於該公司，其餘投資於無風險資產。試問你的投資組合報酬與標準差為何？ (A) 14%，18% (B) 16%，24% (C) 18%，16% (D) 24%，12%。

( )6. 當兩證券的相關係數為何時，可以建構完全無風險的投資組合？ (A) 相關係數為－1 (B) 相關係數為＋1 (C) 相關係數為0 (D) 相關係數介於－1與＋1之間。

( )7. 當投資組合的股票數目由5種增為20種時，則投資組合的風險為何？ (A) 非系統風險降低 (B) 市場風險增加 (C) 系統風險降低 (D) 總風險不變。

( )8. 通常股價的變動會跟哪種資產的價格變動呈現零相關？ (A) 公司債券 (B) 定存利率 (C) 短期票券 (D) 認購權證。

( )9. 下列何者不是系統風險的敘述？ (A) β 係數 (B) 可以分散 (C) 市場風險 (D) 可獲取額外的風險溢酬。

( )10. 下列何者是非系統風險的敘述？ (A) 可分散風險 (B) 不可分散風險 (C) 市場風險 (D) β 係數。

( )11. 下列何者對風險敘述何者有誤？ (A) 系統風險是市場風險 (B) 非系統風險為不可分散風險 (C) 天災屬於市場風險 (D) 某公司罷工屬於非系統風險。

（　　）12.下列對風險溢酬敘述，何者有誤？　(A) 又稱風險貼水　(B) 屬於不可分散風險所產生的報酬　(C) 屬於可分散風險所產生的報酬　(D) 屬於投資組合報酬的一部分。

（　　）13.若一股票的預期報酬率等於無風險利率，則其貝它(β)係數為何？　(A) -1　(B) 0　(C) 1　(D) 不確定。

（　　）14.下列對貝它(β)係數敘述，何者有誤？　(A) 介於0至1之間　(B) 可為負值　(C) 與系統風險有關　(D) 是相對值的觀念。

（　　）15.在多頭市場狀況下，高 β 值的證券會比低 β 值的證券？　(A) 上漲較快　(B) 上漲較慢　(C) 與漲跌無關　(D) 以上皆非。

（　　）16.我們通常將下列何者的 β 值定義為0？　(A) 國庫券　(B) 公司債　(C) 普通股　(D) 商業本票。

（　　）17.若增加投資組合中的資產數目，則下列敘述何者正確？　(A) 提高投資組合之流動性　(B) 增加資產的相關性　(C) 提高投資組合的非系統風險　(D) 提高風險分散效果。

（　　）18.下列敘述何者有誤？　(A) 投資組合兩種證券相關係數小於1，則投資組合風險會下降　(B) 兩種風險性證券之報酬率變異數相等，相關係數為＋1，變異數不變　(C) 兩種風險性證券之報酬率變異數相等，相關係數為－1，變異數不變　(D) 以上皆是。

（　　）19.若A股票 β 值為1.5，B股票 β 值為0.8，假設市場均衡的情況下，下列何者正確？　(A) A比B風險高　(B) 若要投資應先考慮A　(C) 若要投資應先考慮B　(D) A的期望報酬高於B。

（　　）20.下列敘述何者有誤？　(A) 系統風險為市場風險　(B) 計算投資組合報酬須知道兩兩資產報酬變動的相關性　(C) 風險溢酬與系統風險有關　(D) 資產的貝它（β）係數與系統風險有關。

得　分

餐旅財務管理
學後評量
CH10 投資計畫的評估方法

班級：＿＿＿＿＿＿＿＿
學號：＿＿＿＿＿＿＿＿
姓名：＿＿＿＿＿＿＿＿

選擇題

（　　）1. 下列何種方法，未考慮貨幣時間價值？　(A) 內部報酬率法　(B) 淨現值法　(C) 獲利能力指數法　(D) 回收期間法。

（　　）2. 下列何種方法，未考慮投資方案所有期間的現金流量？　(A) 內部報酬率法　(B) 淨現值法　(C) 折現回收期間法　(D) 獲利能力指數法。

（　　）3. 下列何者為使用回收期間法的優點？　(A) 計算方便　(B) 考慮所有現金流量　(C) 考慮資金成本　(D) 考慮貨幣時間價值。

（　　）4. 下列何者為非使用折現回收期間法的優點？　(A) 計算方便　(B) 考慮所有現金流量　(C) 適合小型計劃案　(D) 考慮貨幣時間價值。

（　　）5. 下列何者非淨現值法的優點？　(A) 考慮所有現金流量　(B) 計算簡單　(C) 不同投資案的 NPV 可累加　(D) 考慮貨幣時間價值。

（　　）6. 下列對淨現值法的敘述，何者正確？　(A) 未考慮所有現金流量　(B) 會出現多重解的情形　(C) 不同投資案的 NPV 不可累加　(D) 考慮貨幣時間價值。

（　　）7. 若使用獲利指數法作為決策準則，請問何種條件下會接受？　(A) 若獲利指數大於1　(B) 若獲利指數大於0　(C) 若獲利指數大於資金成本　(D) 以上皆非。

（　　）8. 若用獲利指數法作為決策準則，會與何種法則較相似？　(A) 內部報酬率法　(B) 淨現值法　(C) 折現回收期間法　(D) 回收期間法。

（　　）9. 下列何者非內部報酬率法的優點？　(A) 考慮所有現金流量　(B) 內部報酬率與資金成本相比較，決策方便　(C) 不同投資案的 IRR 可累加　(D) 考慮貨幣時間價值。

（　　）10. 請問使淨現值等於零的折現率稱為何？　(A) 投資人要求的報酬率　(B) 平均報酬率　(C) 最高報酬率　(D) 內部報酬率。

（　　）11. 假如計算出的 NPV 為正值，其所使用的折現率為何？　(A) 等於內部報酬率　(B) 高於內部報酬率　(C) 低於內部報酬率　(D) 以上皆非。

（　　）12. 下列哪一種方法會出現多重解問題？　(A) 內部報酬率法　(B) 淨現值法　(C) 獲利指數法　(D) 回收期間法。

( ) 13. 通常會被內部報酬率法用於當折現率者為何？ (A) 股票市場的平均報酬率 (B) 無風險利率 (C) 公司的加權平均資金成本 (D) 公司債的利率。

( ) 14. 小人國遊樂園欲進行長期的資本支出，共有甲、乙、丙與丁四種方案可供選擇，其NPV分別為150、100、120與80，IRR分別為10%、8%、12%與15%，若以NPV法選擇兩種方案投資，請問其組合為何？ (A) 丙與丁 (B) 甲與丙 (C) 甲與乙 (D) 乙與丙。

( ) 15. 承上題，若以IRR法選擇兩種方案投資，請問其組合為何？ (A) 丙與丁 (B) 甲與丁 (C) 甲與乙 (D) 無法判斷。

( ) 16. 若公司在兩個投資計畫中只能擇一時，應該如何選擇為佳？ (A) 回收期間較短的方案 (B) 較高內部報酬率的方案 (C) 較高獲利能力指數的方案 (D) 較高淨現值的方案。

( ) 17. 下列敘述何者正確？ (A) 通常NPV法與PI法均可累加 (B) NPV值為相對值，而PI值為絕對值 (C) 高NPV通常是高IRR (D) IRR累加不具意義。

( ) 18. 下列敘述何者正確？ (A) 利用回收期間與折現回收期間作決策，結論會一致 (B) NPV值與PI值皆為絕對值 (C) 以IRR當再投資率假設為合理 (D)以上皆非。

( ) 19. 五福旅行社有1,000萬元可進行投資，以下為各方案的投資成本與各方案的的NPV值與IRR，若以NPV法做決策，請問應選擇哪些方案？ (A) 甲乙戊 (B) 乙丙戊 (C) 甲乙丙 (D) 乙丙丁。

方案	甲	乙	丙	丁	戊
投資成本	250	400	350	150	300
NPV(萬)	350	450	500	200	350
IRR	16%	12%	18%	15%	20%

( ) 20. 承上題，若以IRR做決策，請問應選擇哪些方案？ (A) 甲丙戊 (B) 丙丁戊 (C) 甲乙丙 (D) 乙丙丁。

得　分

餐旅財務管理
學後評量
CH11 短期營運資金

班級：＿＿＿＿＿＿＿＿
學號：＿＿＿＿＿＿＿＿
姓名：＿＿＿＿＿＿＿＿

選擇題

（　　）1. 何謂淨營運資金？　(A) 流動資產減流動負債的淨額　(B) 流動資產減短期負債的淨額　(C) 流動資產加流動負債的淨額　(D) 流動資產減長期負債的淨額。

（　　）2. 下列何者非毛營運資金的項目？　(A) 存貨　(B) 現金　(C) 應付帳款　(D) 有價證券。

（　　）3. 公司是從購入原料，支付原料供應商的應付帳款，然後將原料製成成品，並銷售產品給客戶，最後從客戶收回應收款項。此種過程稱為何？　(A) 會計循環週期　(B) 存貨循環週期　(C) 現金循環週期　(D) 營業循環週期。

（　　）4. 假設鼎王餐廳在今年銷貨淨額為800萬元，銷貨成本為600萬元，其公司平均存貨為80萬元、平均應收帳款為100萬元、平均應付帳款為70萬元，則A公司的存貨轉換期間為何？　(A) 45.63天 (B) 48.67天　(C) 42.58天　(D) 51.72天。

（　　）5. 承上題，鼎王餐廳的應收帳款轉換期間為何？　(A) 45.63天　(B) 48.67天　(C) 42.58天　(D) 51.72天。

（　　）6. 承上題，鼎王餐廳的應付帳款展延期間為何？　(A) 48.67天　(B) 45.63天　(C) 51.72天　(D) 42.58天。

（　　）7. 承上題，鼎王餐廳的現金週轉期間為何？　(A) 48.67天　(B) 45.63天　(C) 42.58天　(D) 51.72天。

（　　）8. 承上題，鼎王餐廳的營業循環週期為何？　(A) 88.21天　(B) 91.25天　(C) 94.30天　(D) 97.35天。

（　　）9. 下列何種方法可縮短現金轉換期間？　(A) 縮短存貨轉換期間　(B) 減少應收帳款轉換期間　(C) 延長應付帳款展延期間　(D) 以上皆是。

（　　）10.若極鮮素食公司存貨週轉期間為10天，應收帳款週轉期間為16天，則該公司的營運循環週期約為幾天？　(A) 42天　(B) 52天　(C) 59天　(D) 62天。

（　　）11.公司採取「以長支長，以短支短」之融資策略，是屬於下何種融資策略？　(A) 積極的融資策略　(B) 中庸的融資策略　(C) 保守的融資策略　(D) 以上皆非。

（請沿虛線撕下）

( ) 12. 公司利用長期融資所得資金，來支應永久性流動資產和部分暫時性流動資產，此融資政策稱為何？ (A) 積極的融資策略 (B) 中庸的融資策略 (C) 保守的融資策略 (D) 以上皆非。

( ) 13. 公司持有現金的理由中，何種需求為滿足每日營運所需的現金需求？ (A) 交易性需求 (B) 預防性需求 (C) 投機性需求 (D) 補償性需求。

( ) 14. 下列何者非營運資金管理中，有價證券投資的訴求？ (A) 安全性 (B) 流動性 (C) 報酬率 (D) 變現性。

( ) 15. 公司在編製「帳齡分析表」時，通常依照何種方式？ (A) 應收帳款的金額大小編製 (B) 出售商品的進貨順序編製 (C) 客戶的信用評分編製 (D) 應收帳款發生的時間編製。

( ) 16. 存貨管理中，通常訂購成本與存貨持有量呈現何種關係？ (A) 正比 (B) 反比 (C) 無關 (D) 以上皆是。

( ) 17. 存貨管理中，何種方法強調「重視高價值的少數存貨」？ (A) 經濟訂購數量模型 (B) ABC存貨管理系統 (C) 即時生產系統 (D) 以上皆是。

( ) 18. 下列敘述何者錯誤？ (A) 營運資金金額越大，表示長期償債能力越好 (B) 淨營運資金指的是流動資產減去流動負債之後的差額 (C) 毛營運資金包括現金、有價證券、應收帳款及存貨 (D) 適當的營運資金管理可避免現金的短缺。

( ) 19. 下列敘述何者錯誤？ (A) 營運資金融資策略中，採取「以長支短」是屬於保守策略 (B) 公司採取緊縮的營運資金投資政策中，通常會採用較緊縮的信用政策 (C) 公司採取寬鬆的營運資金投資政策中，通常會持有較多的存貨 (D) 公司採取積極融資策略，常會有資金閒置。

( ) 20. 下列敘述何者錯誤？ (A) 公司開支票給廠商，支票到期後，須經過一段時間才會被兌現，這些未被兌現的支票金額，對公司有利 (B) 公司有價證券管理比較重視安全性與變現性 (C) 公司為鼓勵客戶盡早付款，通常會採取現金折扣優惠 (D) 公司在編製「帳齡分析表」，通常依照應收帳款的金額大小編製。

得　分

全華圖書（版權所有，翻印必究）

餐旅財務管理
學後評量
CH12 長期資本支出

班級：＿＿＿＿＿＿＿＿
學號：＿＿＿＿＿＿＿＿
姓名：＿＿＿＿＿＿＿＿

選擇題

(　　) 1. 一家公司將資金進行長期投資的資出稱為何？　(A) 資本支出　(B) 收益支出　(C) 強制支出　(D) 營運支出

(　　) 2. 義大遊樂園擴建遊樂設施，所進行的資本支出是屬於哪一類型？　(A) 回收類型　(B) 重置類型　(C) 強制類型　(D) 擴充類型。

(　　) 3. 五福旅行社更新電腦票務系統，所進行的資本支出是屬於哪一類型？　(A) 擴充類型　(B) 強制類型　(C) 重置類型　(D) 回收類型。

(　　) 4. 下列何者為公司的資本來源？　(A) 股票　(B) 債券　(C) 銀行借款　(D) 以上皆是。

(　　) 5. 下列何者為非股權的資金來源？　(A) 普通股　(B) 特別股　(C) 存託憑證　(D) 認股權證。

(　　) 6. 公司發行何種金融工具不會改變公司的資本結構？　(A) 商業本票　(B) 浮動利率債券　(C) 特別股　(D) 可轉換公司債。

(　　) 7. 請問公司長期資金的來源包括哪些項目？　(A) 負債與普通股　(B) 負債、特別股與普通股　(C) 負債、普通股與保留盈餘　(D) 負債、特別股、普通股與保留盈餘。

(　　) 8. 下列哪一種資金的發行成本可以被抵稅？　(A) 負債　(B) 特別股　(C) 普通股　(D) 以上皆可。

(　　) 9. 下列何者非發行普通股籌資的特性？　(A) 稀釋每股盈餘　(B) 發行成本較高　(C) 具有負面訊號發射　(D) 提高負債比率。

(　　) 10.下列何者介於普通股與債券的折衷證券？　(A)特別股　(B) 存託憑證　(C)認股權證　(D)股價選擇權。

(　　) 11.公司發行存託憑證是表彰何種證券為主？　(A)特別股　(B)普通股　(C)認股權證　(D)股價選擇權。

（　）12.下列何者非發行債券籌資的特性？　(A)不會稀釋每股盈餘　(B)具到期還本壓力　(C)可以增加財務槓桿　(D)發行成本較高。

（　）13.下列何者為銀行的貸款類型？　(A)機器設備貸款　(B)土地貸款　(C)政策性貸款　(D)以上皆可。

（　）14.通常創業資金的來源，何者屬於金融機構的管道？　(A) 信保基金　(B) P2P借貸平台　(C) 募資平台　(D) 創投公司。

（　）15.通常申請個人信用貸款，須至何項機構申請？　(A) 壽險公司　(B) 銀行　(C) 證券公司　(D) 信保基金。

（　）16.下列何處可以提供微小型企業的創業資金？　(A) P2P借貸平台　(B) 群眾募資平台　(C) 標會　(D) 以上皆可。

（　）17.下列何者非國內的信保基金？　(A) 中小企業信保基金　(B) 農業信保基金　(C) 科技業信保基金　(D) 海外信保基金。

（　）18.下列敘述何者有誤？　(A) 債權是長期資金來源之一　(B) 利用債權籌資會稀釋每股盈餘　(C) 存託憑證是海外籌資工具　(D) 發行股票籌資可以降低負債比率。

（　）19.下列敘述何者有誤？　(A) 特別股是長期資金來源之一　(B) 企業向銀行借款屬於公司的債務　(C) 發行普通股籌資可以避免股權被稀釋　(D) 存託憑證是股權的一種。

（　）20.下列敘述何者有誤？　(A) 利用P2P借貸平台可以不經過銀行仲介　(B) 群眾募資平台可為微小型企業提供資金　(C) 創投公司可提供企業長期資金　(D) 以上皆非。

<table>
<tr><td rowspan="2">得　分

</td><td>**全華圖書**（版權所有，翻印必究）</td><td>班級：＿＿＿＿＿＿＿</td></tr>
<tr><td>**餐旅財務管理**
學後評量
CH13 股利政策</td><td>學號：＿＿＿＿＿＿＿

姓名：＿＿＿＿＿＿＿</td></tr>
</table>

選擇題

(　) 1. 下列關於公司配發現金股利與股票股利的差異，何者有誤？　(A) 兩者對股票的面額均不影響　(B) 配發現金股利，股價的調整稱為除息　(C) 配發股票股利，股價的調整稱為除權　(D) 兩者都會使公司內部現金減少。

(　) 2. 通常股東較不願意拿到下列何種股利？　(A) 現金股利　(B) 股票股利　(C) 清算股利　(D) 額外股利。

(　) 3. 當公司發放「現金股利」之後，哪些項目須調整？　A.每股股價、B.股票之面額、C.每股帳面價值、D.流通在外股數　(A) AB　(B) AD　(C) AC　(D) CD。

(　) 4. 當公司發放「股票股利」之後，哪些項目須調整？　A.每股股價、B.股票之面額、C.每股帳面價值、D.流通在外股數　(A) ACD　(B) ABC　(C) BCD　(D) ABCD。

(　) 5. 公司的股利發放是依照何時，確定股東名冊發放給股東股利？　(A) 過戶基準日　(B) 除息（權）日　(C) 宣告日　(D) 發放日。

(　) 6. 如果投資人想要領取公司的股利，最晚必須在哪一天買進股票？　(A) 宣告日　(B) 除息（權）日當天　(C) 除息（權）日前一天　(D) 過戶基準日。

(　) 7. 當一公司召開股東會，通過股利發放的議案，並宣布每股將配發2元的現金股利，請問這是股利支付程序中的什麼日子？　(A) 除息日　(B) 發放日　(C) 過戶基準日　(D) 宣告日。

(　) 8. 請問何種股利理論認為公司發放股利的多寡，並不會影響公司價值？　(A) 股利無關理論　(B) 一鳥在手理論　(C) 租稅差異理論　(D) 訊號發射理論。

(　) 9. 請問何種股利理論認為經由保留盈餘再投資而來的資本利得，其不確定性比現金股利支付高？　(A) 股利無關理論　(B) 訊號發射理論　(C) 租稅差異理論　(D) 一鳥在手理論。

(　) 10.如果所得稅率比資本利得的稅率高，則投資人可能不喜歡現金股利，反而希望公司將盈餘保留下來，作為再投資使用的股利理論為何？　(A) 股利無關理論　(B) 一鳥在手理論　(C) 租稅差異理論　(D) 訊號發射理論。

（　）11.請問何種股利理論認為投資人通常偏愛現金股利，但公司發放股利的政策，要超乎投資人心理預期，公司的股票價值才會變動？　(A) 訊號發射理論　(B) 一鳥在手理論　(C) 租稅差異理論　(D) 股利無關理論。

（　）12.某公司想藉由增發現金股利來提升股價，此種措施類似下列何種理論？　(A) 一鳥在手理論　(B) 顧客效果理論　(C) 股利代理成本理論　(D) 股利訊號發射理論。

（　）13.請問何種股利理論認為公司必須依據股東的偏好，設計一套符合股東需求的股利政策，才能維持公司股票價值的穩定性？　(A) 代理成本理論　(B) 租稅差異理論　(C) 顧客效果理論　(D) 訊號發射理論。

（　）14.請問何種股利理論認為公司在支付股利時，須權衡代理問題與外部融資所帶來的利益與成本？　(A) 股利代理成本理論　(B) 顧客效果理論　(C) 租稅差異理論　(D) 訊號發射理論。

（　）15.當公司未來若有較好的投資機會時，公司的盈餘必須先考慮投資的需求，剩餘的現金才留為支付股利之用。此股利發放政策為何？　(A) 固定股利支付政策　(B) 穩定股利政策　(C) 低正常股利加額外股利政策　(D) 剩餘股利政策。

（　）16.請問何種股利發放政策，主張公司每年均以穩定的金額支付股利，較不受當年度盈餘多寡的影響？　(A) 剩餘股利政策　(B) 穩定股利政策　(C) 低正常股利加額外股利政策　(D) 固定股利支付政策。

（　）17.通常公司每年僅配發較低水準的基本股利，除非在盈餘較高的年度，才發放額外的股利。此股利發放政策為何？　(A) 剩餘股利政策　(B) 穩定股利政策　(C) 固定股利支付政策　(D) 低正常股利加額外股利政策。

（　）18.公司每年的股利與每股盈餘保持一個固定的百分比，此股利發放政策為何？　(A) 剩餘股利政策　(B) 穩定股利政策　(C) 低正常股利加額外股利政策　(D) 固定股利支付政策。

（　）19.請問何種股利發放政策類似公司以低於市價的優惠，鼓勵員工將收到的現金股利再投資於公司股票上？　(A) 穩定股利政策　(B) 股利再投資計畫　(C) 低正常股利加額外股利政策　(D) 固定股利支付政策。

（　）20.下列有關「股利再投資計畫」之敘述中，何者有誤？　(A) 公司可利用盈餘於市場中買回股票，再分發給股東　(B) 公司可留住現金，發行新股給股東　(C) 此類計畫可以降低新股承銷成本　(D) 此種計畫會讓公司累積盈餘減少。

得　分

餐旅財務管理
學後評量
CH14 企業併購

班級：＿＿＿＿＿＿＿＿＿

學號：＿＿＿＿＿＿＿＿＿

姓名：＿＿＿＿＿＿＿＿＿

選擇題

(　　)1. 兩家以上公司進行合併，其中一家為存續公司，其餘被消滅併入存續公司，稱為何？　(A) 創設併購　(B) 吸收併購　(C) 同源併購　(D) 複合併購。

(　　)2. 兩家以上公司合併成為一家公司，所有參與合併的公司均為消滅公司，並新設一家新公司，稱為何？　(A) 創設併購　(B) 吸收併購　(C) 同源併購　(D) 複合併購。

(　　)3. 甲乙兩家公司進行合併，若甲乙兩公司皆為消滅公司，其權利義務全部由丙公司概括承受，此種合併稱為何？　(A) 吸收購併　(B) 敵意購併　(C) 創設購併　(D) 善意購併。

(　　)4. 同一產業中，兩家業務性質相同的公司進行合併，稱為何？　(A) 水平併購　(B) 垂直併購　(C) 同源併購　(D) 複合併購。

(　　)5. 兩家具上下游關係的公司進行合併，稱為何？　(A) 水平併購　(B) 複合併購　(C) 同源併購　(D) 垂直併購。

(　　)6. 同一產業中，兩家業務性質不同的公司進行合併，稱為何？　(A) 水平併購　(B) 垂直併購　(C) 同源併購　(D) 複合併購。

(　　)7. 兩家不同產業，亦沒有業務往來的公司進行合併，稱為何？　(A) 水平併購　(B) 垂直併購　(C) 複合併購　(D) 同源併購。

(　　)8. 若旅行業與媒體業進行合併，稱為何？　(A) 水平併購　(B) 垂直併購　(C) 同源併購　(D) 複合併購。

(　　)9. 若「飯店業」與「旅行社」進行合併，稱為何？　(A) 水平併購　(B) 垂直併購　(C) 同源併購　(D) 複合併購。

(　　)10.下列何種併購方式，最能發揮「規模經濟」之效果？　(A) 水平併購　(B) 垂直併購　(C) 同源併購　(D) 複合併購。

(　　)11.多角化經營比較合適何種併購方式？　(A) 複合併購　(B) 垂直併購　(C) 同源併購　(D) 水平併購。

( ) 12. 兩家公司合併，若合併後的公司價值大於原來兩公司價值之和，此在管理學上稱為何？ (A) 效率合併 (B) 綜效 (C) 乘數效果 (D) 價值合併。

( ) 13. 下列何者非兩家公司進行併購的動機？ (A) 追求綜效 (B) 多角化經營 (C) 節稅考量 (D) 內部資金極大化。

( ) 14. 下列何者為兩家公司進行併購的動機？ (A) 剩餘資金使用 (B) 股東人數增加 (C) 內部資金極大化 (D) 員工人數增加。

( ) 15. 目標公司已成為併購對象時，可以尋找一家友善的公司出面相助，以抵禦被併購的策略，稱為何？ (A) 綠色郵件策略 (B) 白衣騎士策略 (C) 吞毒藥丸策略 (D) 金降落傘策略。

( ) 16. 目標公司願意以高於市價購回已被收購的股票，藉以防禦再被併購的策略，稱為何？ (A) 白衣騎士策略 (B) 吞毒藥丸策略 (C) 綠色郵件策略 (D) 金降落傘策略。

( ) 17. 目標公司允許股東以低於市價購買公司新發行的增資股票，欲讓主併公司付出更多的成本進行公開收購，藉以抵禦被併購的策略，稱為何？ (A) 白衣騎士策略 (B) 綠色郵件策略 (C) 金降落傘策略 (D) 吞毒藥丸策略。

( ) 18. 目標公司的經理人若發現公司成為併購對象時，希望主併公司能提供一筆豐厚的補償金給予目標公司的經理人，藉以抵禦被併購的策略，稱為何？ (A) 白衣騎士策略 (B) 金降落傘策略 (C) 吞毒藥丸策略 (D) 綠色郵件策略。

( ) 19. 下列何者為非抵禦被併購可採行的方法？ (A) 股票購回策略 (B) 訴諸法律行為 (C) 吞毒藥丸策略 (D) 一鳥在手策略。

( ) 20. 下列對於併購的敘述何者為非？ (A) 併購可以解決債權的代理問題 (B) 併購後可轉移目標公司的營業虧損，以達到節稅效果 (C) 併購可使剩餘資金得到應用 (D) 併購可以追求財務綜效。

得　分

餐旅財務管理
學後評量
CH15 匯率管理

班級：＿＿＿＿＿＿＿＿

學號：＿＿＿＿＿＿＿＿

姓名：＿＿＿＿＿＿＿＿

選擇題

（　　）1. 請問國內習慣新台幣匯率的報價是與哪一種幣別兌換比率為主？　(A) 日圓　(B) 美元　(C) 人民幣　(D) 歐元。

（　　）2. 通常銀行所報的匯率賣價是指？　(A) 客戶賣給銀行的匯價　(B) 顧客賣給顧客的匯價　(C) 銀行賣給顧客的匯價　(D) 央行賣給銀行的匯價。

（　　）3. 若現在1美元＝30元台幣，而1歐元＝1.15美元，請問歐元兌台幣的交叉匯率為何？　(A) 26.08　(B) 28.85　(C) 31.15　(D) 34.75。

（　　）4. 若平時的匯率波動完全由市場供需決定，稱為何？　(A) 自由浮動　(B) 管理浮動　(C) 固定匯率　(D) 目標區匯率。

（　　）5. 當預期台幣將貶值，投資人將會如何處理為宜？　(A) 買台幣賣美元　(B) 買黃金　(C) 買美元賣台幣　(D) 買比特幣。

（　　）6. 請問名目與實質匯率的關係，必須透過何種項目進行調整？　(A) 兩國股價指數　(B) 兩國物價指數　(C) 兩國利率　(D) 兩國通貨膨脹率。

（　　）7. 現在台幣匯率約為1美元等於30元台幣，請問此報價方式稱為何？　(A) 直接報價　(B) 間接報價　(C) 歐式報價　(D) 以上皆非。

（　　）8. 現在歐元匯率約為1歐元等於1.15美元，請問此報價方式稱為何？　(A) 直接報價　(B) 間接報價　(C) 價格報價　(D) 以上皆非。

（　　）9. 下列何種幣別非採直接報價？　(A) 新台幣　(B) 人民幣　(C) 日圓　(D) 歐元。

（　　）10. 下列何種幣別採間接報價？　(A) 日圓　(B) 加拿大幣　(C) 英鎊　(D) 新加坡幣。

（　　）11. 下列有關外匯即期與遠期交易之敘述，何者為非？　(A) 通常遠期匯率較高　(B) 銀行均會報價　(C) 遠期交易可提供避險　(D) 遠期交易也可以進行套利。

（　　）12. 下列何者屬於外匯？　(A) 外國現金　(B) 外匯支票　(C) 外國有價證券　(D) 以上皆是。

（　　）13. 下列哪一外匯市場為一般認定的國際性市場？　(A) 台北　(B) 曼谷　(C) 上海　(D) 倫敦。

(　　) 14.下列何者非與外匯指定銀行直接進行交易的組織？　(A) 移民者　(B) 外匯經紀商　(C) 進口商　(D) 中央銀行。

(　　) 15.通常顧客與何者直接交易買賣外匯？　(A) 外匯指定銀行　(B) 外匯經紀商　(C) 進口商　(D) 中央銀行。

(　　) 16.下列何者非外匯市場的功能？　(A) 均衡匯率　(B) 提供匯兌　(C) 調節國際信用　(D) 影響國際股市。

(　　) 17.下列敘述何者有誤？　(A) 人民幣是採直接報價　(B) 外匯可為外國支票　(C) 通常銀行間的外匯市場交易量較顧客市場小　(D) 通常顧客可以與外匯指定銀行直接交易。

(　　) 18.下列敘述何者有誤？　(A) 新台幣是採直接報價　(B) 銀行的匯率報價是指實質匯率　(C) 外國的有價證券也是外匯的一種　(D) 歐式報價又稱間接報價。

(　　) 19.下列敘述何者有誤？　(A) 中央銀行是外匯供需的最後調節者　(B) 通常顧客與外匯指定銀行直接交易　(C) 歐元是採間接報價　(D) 台北外匯市場是國際性外匯市場。

(　　) 20.下列敘述何者有誤？　(A) 通常即期匯率會比電匯匯率的報價要低　(B) 外匯可為外國匯票　(C) 即期匯率會比遠期會率高　(D) 外匯市場可提供匯率投機與避險。

得 分

全華圖書（版權所有，翻印必究）

餐旅財務管理
學後評量
CH16 衍生性金融商品

班級：＿＿＿＿＿＿＿＿

學號：＿＿＿＿＿＿＿＿

姓名：＿＿＿＿＿＿＿＿

選擇題

( ) 1. 下列何者是衍生性金融商品？ (A) 遠期 (B) 股票 (C) 債券 (D) 共同基金。

( ) 2. 下列何者非衍生性金融商品？ (A) 共同基金 (B) 金融交換 (C) 選擇權 (D) 期貨。

( ) 3. 下列衍生性金融商品中，何種必須具標準化契約？ (A) 股票選擇權 (B) 股票指數期貨 (C) 遠期利率 (D) 利率交換。

( ) 4. 下列何者非衍生性金融商品的功能？ (A) 提供投機 (B) 提供避險 (C) 收取固定收益 (D) 預測未來價格。

( ) 5. 何種合約是指買賣雙方約定在未來某一特定日期，以期初約定之價格買入或賣出一定數量與品質的特定資產？ (A) 交換合約 (B) 期貨合約 (C) 選擇權合約 (D) 遠期合約。

( ) 6. 遠期外匯交易的原始交易目的為何？ (A) 避險 (B) 套利 (C) 投機 (D) 干預。

( ) 7. 期貨交易是採何種交易方式？ (A) 集中 (B) 店頭 (C) 議價 (D) 以上皆可。

( ) 8. 下列何者屬於商品期貨？ (A) 股價指數期貨 (B) 黃金期貨 (C) 利率期貨 (D) 外匯期貨。

( ) 9. 下列何者不屬於金融期貨？ (A) 利率期貨 (B) 股價指數期貨 (C) 外匯期貨 (D) 黃金期貨。

( ) 10. 買進股票賣權具有何種權利義務？ (A) 依履約價格買進標的股票之權利 (B) 依履約價格賣出標的股票之權利 (C) 依履約價格買進標的股票之義務 (D) 依履約價格賣出標的股票之義務。

( ) 11. 賣出股票買權具有何種權利義務？ (A) 按履約價格買入該股票的權利 (B) 按履約價格賣出該股票的權利 (C) 按履約價格買入該股票的義務 (D) 按履約價格賣出該股票的義務。

( ) 12. 在股票選擇權交易中，其交易價格是指何者何者？ (A) 保證金 (B) 權利金 (C) 履約價格 (D) 股價。

( ) 13.買賣選擇權何者可收取權利金？　(A) 買方　(B) 賣方　(C) 買賣雙方均要　(D) 買賣雙方均不要。

( ) 14.請問金融交換合約，為何種商品多期串連而成？　(A) 遠期合約　(B) 期貨合約　(C) 選擇權合約　(D) 現貨合約

( ) 15.通常利率交換，交易商會對何種項目的買價與賣價進行報價？　(A) 名目本金　(B) 貨幣匯率　(C) 浮動利率　(D) 固定利率

( ) 16.下列對於貨幣交換的敘述，何者正確？　(A) 須在不同幣別下進行　(B) 可同時規避利率與匯率風險　(C) 也涉及利率交換　(D) 以上皆是。

( ) 17.當日圓有升值趨勢時，台灣出團至日本的旅行社，將來必須付出日圓給日本的業者，請問旅行社應該如何規避匯率風險？　A.賣出遠期日圓、B.賣出日圓期貨、C.買進遠期日圓、D.買進日圓期貨　(A) AB　(B) BC　(C) CD　(D) AD。

( ) 18.若咖啡烘培廠預期咖啡上漲，則應進行下列何者行為較合宜？　A.賣咖啡期貨賣權、B.買咖啡期貨賣權、C.賣咖啡期貨買權、D.買咖啡期貨買權　(A) AB　(B) AD　(C) BC　(D) AC。

( ) 19.下列敘述何者正確？　(A) 期貨與遠期都是採集中市場交易　(B) 買賣選擇權都須繳交權利金　(C) 買賣期貨都須繳交保證金　(D) 交換合約是由多期期貨合約所組成。

( ) 20.下列敘述何者有誤？　(A) 黃金期貨是一種金融期貨商品　(B) 期貨交易是採保證金交易制度　(C) 買選擇權須繳權利金　(D) 交換合約是由多期遠期合約所組成。